普通高等教育“十三五”规划教材

风景园林与园林系列

# 风景园林概论

郑永莉　高　飞　主编

刘晓东　审

化学工业出版社

·北京·

本书共九章，在内容结构上主要分为三大部分：第一部分主要阐述园林学科的基本内容和园林发展历史；第二部分着重阐述园林规划设计的美学理论，包括园林设计的形式美法则和造景手法、布景方式、园林设计的基本要素、构图设计及构成要素等内容；第三部分主要介绍园林艺术在实际中的运用，包括城市绿地、居住区、机关单位、道路等的景观规划设计，最后简要介绍了园林施工的部分知识。

本书可作为高等院校风景园林、园林、城乡规划、环境艺术设计等专业的教材，也可作为相关科研、工程、设计、管理人员的参考用书。

**图书在版编目（CIP）数据**

风景园林概论／郑永莉，高飞主编．—北京：化学工业出版社，2015.8（2023.1重印）
普通高等教育“十三五”规划教材·风景园林与园林系列
ISBN 978-7-122-24345-4

Ⅰ．①风…　Ⅱ．①郑…　②高…　Ⅲ．①园林设计-教材
Ⅳ．①TU986.2

中国版本图书馆CIP数据核字（2015）第135720号

责任编辑：尤彩霞　　装帧设计：韩　飞
责任校对：王　静

出版发行：化学工业出版社（北京市东城区青年湖南街13号　邮政编码100011）
印　　装：北京科印技术咨询服务有限公司数码印刷分部
787mm×1092mm　1/16　印张14　字数366千字　2023年1月北京第1版第4次印刷

购书咨询：010-64518888　　售后服务：010-64518899
网　　址：http://www.cip.com.cn
凡购买本书，如有缺损质量问题，本社销售中心负责调换。

定　　价：39.00元

# 《风景园林概论》

## 本书编写人员名单


主　　　编：郑永莉　高　飞

副 主 编：王　莹　耿丽丽　朱春福

其他参编人员：王　雷　李　伟　陈宏伟　李　鹤

# 前 言

中国第一个真正意义上的风景园林学科名称是造园专业，这在国际上也算是设立的比较早的风景园林专业。从20世纪80年代中期开始，中国的风景园林领域进入了蓬勃发展时期。1983年我国成立了中国建筑学会园林学会，并与国际风景园林师联合会（IFLA）建立了通讯联系。1987年园林学会正式向建设部申请，要求加入IFLA组织，1989年年底，国家民政部正式批准成立“中国风景园林学会”，它是中国科协的组织部分，属国家一级学会。到1995年，中国风景园林师考试注册制度被纳入建设部工作计划。随后风景园林规划与设计学科不断发展、完善、壮大，全国各大农林院校纷纷建立了风景园林规划与设计专业。直到2012年教育部统一审批风景园林学科与城乡规划、建筑学并列为一级学科。

随着我国经济的迅速发展，风景园林学科必将朝着更加专业、更加国际化的方向发展。结合我国的实际情况，今后我国园林专业教育仍需加强以下几个方面：提升风景园林专业人才的培养质量；加强对各相关交叉学科的研究与融合，扩大人才培养的知识面；尽快建立风景园林专业人才注册机制。

《风景园林概论》是园林专业的基础课之一，在专业中占有重要地位，是从事园林行业的人员了解园林的基本理论与技术的必修课程，能够使学生对整个专业有很好的认知度，对于提高专业素质和增加就业机遇具有积极的意义。

本教材的编写本着培养实用型人才的原则，将常识性的知识与专业性的内容结合在一起，很好地使知识与技能有机衔接，增加了教材的可读性与实用性。

本书第一章、第五章、第九章由郑永莉编写，第二章至第四章由耿丽丽编写，第六章由朱春福编写，第七章和第八章由王莹编写，高飞负责全书图片处理，王雷、李伟、陈宏伟、李鹤负责部分资料整理。全书由郑永莉统稿。

特别感谢东北林业大学刘晓东教授审阅了本书并提出宝贵意见！

由于时间和编者水平所限，书中不足之处敬请读者批评指正。

编 者

2015年9月

# 目录

# 第一章

# 园林学概述

## 第一节 园林学科的起源

园林学是人类经济、政治、生活发展到一定阶段的产物，是伴随着人类建设活动和社会发展而不断丰富、完善、提高的实践性学科，是一门历史悠久的学科，也是一门自然科学、生命科学、工程科学和人文艺术相结合的综合性学科。学科体系虽然建立只有百年，但已经发展成为比较完善的、适应近现代社会发展需要的、应用性极强的学科专业。

农耕经济的发展，使人类从早先的游牧生活转为定居生活。统治阶级把狩猎变为再现祖先生活方式的一种娱乐活动，同时还兼有征战演习、军事训练的意义。帝王、贵族喜欢大规模的狩猎，同时大量的土地归帝王、贵族拥有，为避免毁坏农田，因此，才有了园林的雏形——囿的建置。

种植业的发展出现了园圃。园圃最初的作用是种植果树、蔬菜、草药，后来又种植观赏树木、花草，使园圃的作用从物质实用性功能转变为精神享受性。囿、台、圃是中国古典园林的雏形，它的产生与生产与经济发展有着密切的关系，它们本身已经包含着园林的物质因素，体现朴素的自然观。随着经济的发展，城市规模的不断扩大，帝王、贵族、士大夫与自然接触的机会越来越少，离宫别苑建在大自然中的需求越来越多，促进了皇家园林、私家园林的建设与发展，工程技术的不断发展与创新使园林艺术达到至臻完美的高峰。

园林与社会密不可分，与自然又紧密相连，起初为统治者所占有，既具有使用的功能，又具备精神功能。春秋时吴王夫差建造的消夏湾、馆娃宫和诸多离宫别苑，与山水密切地联系起来，开宫苑园林之先河。自秦始皇建立中央集权国家后，皇家园林作为帝王日常生活、活动的重要场所，封建帝王的思想在一定程度上会通过苑囿的建设反映出来。从“囿”到“苑囿”至“建筑宫苑”，其主要功能是为帝王服务的，形式是以皇家园林为主线而发展的。

私家园林在魏晋南北朝时异军突起，其中以“竹林七贤”为代表，出现了庄园、别墅，既是物质财富，又是他们的精神家园。但私家园林多为官僚、贵族所经营，代表着一种奢华的风格和争奇斗富的倾向。因此，从商周到清朝末代皇帝，贯穿整个社会发展的园林建设，始终突出天子诸侯的权力，显示富人对物质享受的追求。

我国园林在漫长的发展历程中，积累了大量宝贵的实践作品和理论著作。明朝初期，出现了为他人造园的职业园林师，明末造园家计成就是其中的佼佼者，他结合自己的造园实践，撰写了中国园林艺术第一名著——《园冶》，是集美学、艺术、科学、技术于一体的中国古典造园专著。

在西方，基督教把伊甸园作为人类生活的“极乐世界”“理想天国”，西方人也有把“园”视为一种欢乐美好的自然天地。西方园林的起源可以上溯到古埃及，古埃及人把几何概念用于早期的园林——果蔬园中，一块长方形平地被灌溉水渠划分成方格，方格中整整齐齐地种植着果树和蔬菜。到公元前16世纪，农业性质的园子逐渐演变为专门供统治阶级享乐的观赏性园林，成为世界上最早的规则式园林。

大约公元前5世纪，在巴尔干半岛、小亚细亚西岸和爱琴海的岛屿上，园林进一步发展。其中雅典是最具代表性的，古希腊造园具有强烈的理性色彩，崇尚人的力量，追求有序的和谐。公元前1世纪末，建立了强大的罗马帝国，古罗马的造园艺术继承了古希腊的造园艺术成就，并添加了西亚造园因素，发展了大规模庭院。至此，西方园林的雏形基本上形成了。

公元14世纪是伊斯兰园林的鼎盛时期，其间建造了著名的泰姬陵。15世纪是欧洲商业资本的上升期，意大利出现了许多以城市为中心的商业城邦，政治上的安定和经济上的繁荣必然带来文化的发展，随着“文艺复兴”时代的到来，意大利台地园风靡一时。17世纪，意大利文艺复兴式园林传入法国，法国继承和发展了意大利的造园艺术，出现了勒•诺特尔式宫苑。18世纪欧洲文学艺术领域中兴起浪漫主义运动，在这种思潮的影响下，英国开始欣赏纯自然之美，重新恢复传统的草地、树丛，于是产生了自然风景园，西方园林有了进一步的发展。

总的来说，无论是中国园林还是西方园林，其产生的根本原因是在私有制产生以后，为满足统治者和上层阶级物质、精神上的享受，其服务的对象是极少数的统治阶级和达官贵人，缺乏广泛的社会参与性。园林得以持续演进的契机是经济、政治、意识形态这三者之间的平衡和再平衡，它逐渐完善的主要动力得之于三者的自我调整而促成的物质文明和精神文明的进步。

## 第二节　园林学科的形成与发展

### 一、园林学科的形成

18世纪初期，英国第一位造园家赖普敦提出了“风景造园学”（landscape gardening）和“风景造园师”（landscape gardener）的专门名词，园林成为一门学科。从18世纪中叶开始，欧洲的大城市出现了公园。

工业革命源于英国而盛于美国。到了19世纪，美国出现了许多新城市，工业生产使社会发生了巨变，一方面造成了城市迅速膨胀，城市环境日趋恶化，形成了城市中人口密集与自然完全隔绝的单一环境；另一方面工人阶级出现，“城里人”不再是少数贵族和侍从们，对自然与农耕景观之美的感知已不再为少数贵族所独有，而更重要的是，聚居在城市中的人们需要一个身心放松的空间，用奥姆斯特德（Olmsted）的话来说：“文明人在不断发展医药、战胜种种疾病的同时，他们的健康和幸福却日益受到某种更为严惩的病魔的损害，对此，医药无能为力，只有通过阳光和温和的锻炼来平衡血液循环和放松大脑，使人再生和获得健康与欢乐”。因此，设计为公众共享的风景式园林，将自然引入城市，改善人类聚居的环境成为现代园林的内涵。

园林学发展史上的一个重要突破是职业园林设计师的出现，其代表人物是美国园林之父奥姆斯特德，他与合伙人完成了纽约中央公园的设计。奥姆斯特德于1865年在美国开创了园林设计事务所，坚持把自己所从事的专业与传统的“造园”（gardening）区别开来，把自己所从事的专业称为“风景园林”（landscape architecture），把自己称为“风景园林师”（landscape architect），而不是“园丁”（gardener）。1898年，美国风景园林师学会（American Society of Landscape Architect，ASLA）成立。

奥姆斯特德还努力发展园林专业教育，于1900年在哈佛大学首开风景园林学（Landscape Architecture）课程，设立的风景园林学学士学位与建筑学学士学位相并列。出现了为社会服务的、同时是为事业而创作的职业设计师队伍。这意味着园林已形成一门独立的专业和具有特定内涵的学科，标志着现代园林学的建立。

## 二、园林学科的发展

随着后工业时代的到来，公园绿地已不足以改善城市的环境，对城市的恐惧，加之交通与通讯的发展和工业生产方式的改变，促使郊区被恶性发展，大地景观支离破碎，自然的生态过程受到严重威胁，生物多样性逐渐消失，同时人类自身的生存和延续受到威胁。随之而来的国际化使千百年来发展起来的文化多样性遭受灭顶之灾，也湮没了人类对自然适应途径的多样性，这同样威胁到人类生存的可持续性。

因此，园林学的服务对象不再限于某一群人的身心健康和再生，而是人类作为一个物种的生存和延续，这又依赖于其他物种的生存和延续以及多种文化基因的保存。维护自然过程和其他生命最终是为了维护人类自身的生存。作为园林学研究的对象这时已扩展到大地综合体，它是多个生态系统的镶嵌体，由人类文化圈与自然生物圈交互作用而形成。协调不同空间尺度上的文化圈与生物圈之间的相互关系成为园林专业所必须面对的紧迫问题。

1969年美国风景园林师麦克哈格（I.L.Charger）发表了《设计结合自然》（Design with Nature），提出以生态原理作为各项建设的设计和决策的依据，使人类的建设活动对自然的破坏减少到最低程度，标志了园林学勇敢地承担起后工业时代重大的人类整体生态环境规划设计的重任，园林学在奥姆斯特德奠定的基础上又大大扩展了施展空间。遵从自然的设计模式在生态学和人类活动之间架起了一道桥梁，也使园林学在环境主义运动中成为中坚。

1978年美国风景园林师学会主席西蒙兹（J.O.Simonds）发表了他的《大地景观：环境规划指南》（Earthscape：a Manual of Enviromental Planning），对大地景观规划作了系统的论述。信息时代的眼界和新的驾驭世界的科技手段，使风景园林学科的领域又延伸到“大地景观规划”的阶段，这与毛泽东主席在20世纪50年代提出的“实行大地园林化”的号召不谋而合。如今的园林学科已经发展成为研究合理运用自然因素（特别是生态因素）、社会因素来创建优美的、生态平衡的人类生活境域的学科。

园林是人类理想的生活场所，是社会政治、经济、思想文化的现实物质和精神的反映。园林学发展的总趋势有以下5个方面。

（1）继承与创造相结合　世界各国的造园艺术在不断地交流与融合，如意大利、法国、中国，不但互相借鉴，而且相互变通，形成新的园林风格。在继承各自优秀传统的园林艺术、保持相对特色的基础上，融合各国之长进行新的创造。

（2）新造园要素的运用　随着科学的发展，人的审美意识的转变，综合运用各种新技术、新材料、新艺术手段，对园林进行科学规划、科学施工，将创造出丰富多样的新型园林。

（3）生态个性化设计　世界美学规律表明，越是民族的，越是世界的。园林的生态设计思想也促使各地园林更为个性化，园林设计具有更大的灵活性。

（4）科学与艺术相辉映　20世纪60年代以来，由于片面强调科学性，园林设计的艺术感染力日渐下降；同时由于人类认识的局限性，设计的科学性并不能得到切实保证。近些年来，人们开始注意到科学设计的负面效应，生态设计向艺术回归的呼声日益高涨。科学设计与艺术设计定位将趋于结合，园林的科学研究与理论建设将综合生态学、美学、建筑学、心理学、社会学、行为科学、电子学、声学等多种学科而有新的突破与发展。园林的生态效益、社会效益和经济效益的相互结合、相互作用将更为紧密、向更高程度、更深层次上发展。

（5）宏观与微观相补充　传统园林以封闭性的“园”为其主要形式，现代园林以开敞的公共园林、城市绿化为主要特征。园林的范畴随着人类对自然认识的加深而不断扩大。未来园林的发展趋势不仅包括微观的园林设计，如街头小游园、街头绿地、花园、庭园、园林小品等；中观的场地规划，如旅游度假区、城市公园、主题园、城市带状空间、广场设计等；而且还包括宏观的大地景观、大尺度的景观工程、风景名胜区、旅游区域的规划。

## 第三节　园林学科的定义

### 一、园林学的概念

#### （一）学科的概念

1. 学科的名称

园林的概念，古今中外不同。在我国现代园林学研究中，不断赋予园林新的内涵，园林学科的知识体系不断综合诸多知识领域内容。近代园林学的研究与实践是开放性的，参加园林学研究与园林建设项目的实践者来自许多不同专业，如建筑学、城市规划、林学、工艺美术、园艺和园林专业，学者们往往从不同的角度出发，对园林的概念加以定义，因此尚无统一的定义。但对园林学这个学科的起源却基本没有分歧。

由于园林规划设计涉及的领域不断扩大，促使园林事业发展，园林学已远远突破传统的领域，同时中国的园林学又存在和国际上“Landscape Architecture”学科“接轨”的问题，我国关于园林学的称谓出现了“景观建筑学”“景观学”“景观规划设计学”“景观营建学”“景观设计”“风景园林”等，这样就产生了一些混乱的观念和概念。汪菊渊院士将园林学定义为“研究如何合理运用自然因素（特别是生态因素）、社会因素来创建优美的、生态平衡的人类生活境域的学科”。全国自然科学名词审定委员会考虑到“园林学”的概念在我国沿用多年，虽然其学科内容不断扩大，为保持学科的持续性，在1989年颁布的《林学名词》行业规范中，仍采用“园林学”，英文名称定为“Landscape Architecture”。但应注意的是，当今的园林学，其内涵和外延都发生了扩展。

园林学的内涵是综合利用科学、技术、艺术手段保护和营造人类美好的室外境域；园林学的外延随着人类活动范围的扩大经历了传统园林、城市绿地、大地景观规划3个层面的发展，而处理这3层问题所必需的知识面是不尽相同的。园林学的基础是人类生活空间与自然的关系，核心是室外人居环境的规划、设计、建造、管理。

中国园林历史悠久，但作为一门学科它又很年轻。在汉文化圈内的国家和地区中，韩国称之为“造景”，日本称之为“造园”，中国台湾称之为“景园”；名称虽略有不同，但是其所研究的内容是一致的。因此，我们仍然沿用中国传统的“园林”一词，作为学科的名称。

作为研究园林理论和技术的综合学科，现代园林学包括：传统园林学、城市园林绿化学和大地景观规划。传统园林学主要包括园林历史、园林艺术、园林植物、园林工程、园林建筑等分支学科。现代园林学运用相关的成果创造、保护和管理各种园林，选育优良品质的植物，研究表现良好的植物群落组合，研究植物生境特点及相关栽培管理技术，提高园林绿地的规划设计水平和绿地的生态效益。城市园林绿化学研究的是园林绿化在城市建设中的作用；调查研究居民游憩、健身时对园林绿地的需求和文化心理；测定园林绿化改善和净化环境能力的计量化数据，合理地确定城市中所需的绿量并合理布局，构成系统；研究并实施城市规划和城市设计；研究城市中各类园林绿地的建设、管理技术；分析评估城市园林绿化在宏观经济方面的投资和效益以及研究制定推进城市园林绿化的政策、措施等。大地景观规划是发展中的课题，其任务是把大地的自然景观和人文景观当作资源来看待，从生态价值、社会经济价值和审美价值3方面来进行评价和环境敏感性分析；最大限度地保存典型的生态系统和珍贵濒危生物种的繁衍栖息地，保护生物多样性，保存自然景观和珍贵的自然、文化遗产，最合理地使用土地。规划范围包括风景名胜区、国家公园、休养度假胜地、自然保护区及其他迹地的景观恢复等。

2. 园林的内涵

园林一词始见于西晋。在历史上，有过囿、猎苑、苑、宫苑、园、园池、庭园、宅园、别业等名称。现代园林包括庭院、宅园、小游园、公园、附属绿地、生产防护绿地等各种城市绿地。随着园林学科的发展，其外延扩大到风景名胜区、自然保护区的游览区以及文化遗址保护绿地、旅游度假休闲、休养胜地等范围。

从物质形态来看，山（地形）、水、植物（生物）和建筑是园林组成的四大要素。园林不是对相关要素进行简单叠加，而是对它们进行有机整合之后创造出的艺术整体。

园林学与园林、园的关系。“园林学”是关于园林发生、发展一般规律的学问。

园林是历史形成的，园林学科是综合利用科学、技术和艺术手段保护和营造人类美好的室外境域的一门学科。

园林的内涵是随着社会的发展而不断扩展的，在国外大体经历了“Gardening”和“Landscape Architecture”两个阶段，目前正在向“Earthscape Planning”演变。在我国园林也经历了3个过程：从私家所有的传统园林到以公共享用为主的城市绿地，现在扩展到国土大地的生态功能和景观的统一规划。

3. 园林的外延

园林的外延也是随着内涵的发展而扩展的，国外基本经历了私家园林、城市绿地、国土大地的三步扩张。

根据这个理念，城市广场、停车场等开放空间应属于园林的范畴，并不必依据它是否成为所谓绿化广场而转移。

国家现行标准《园林基本术语标准》（CJJ/T 91—2002）中园林学的定义为：综合运用生物科学技术、工程技术和美学理论来保护和合理利用自然环境资源，协调环境与人类经济和社会发展，创造生态健全、景观优美、具有文化内涵和可持续发展的人居环境的科学和艺术。所以，园林学致力于保护和合理利用自然环境资源，创造生态健全、景观优美、反映时代文化和可持续发展的人居环境，为协调人与自然的关系，发挥着其他学科不能代替的作用，产生着巨大的经济效益、社会性效益和环境效益。

### （二）相关概念

1. 绿化（greening，planting）

绿化即栽种植物以改善环境的活动，包括国土绿化、城市绿化、四旁绿化和道路绿化等。绿化改善环境包括改善生态环境和一定程度地美化环境。

绿化与园林的关系。绿化单指植物因素，而植物是园林的重要组成要素之一，因此，绿化是园林的基础，是局部；园林包括综合因素，园林是对其各组成要素的有机整合，是各个组成要素的最高级表现形式，是整体。绿化注重植物栽植和实现生态效益的物质功能，同时也含有一定的“美化”意思；园林则更加注重精神功能，在实现生态效益的基础上，特别强调艺术效果和综合功能。因此，在国土范围内，一般将普遍的植树造林称为“绿化”，将具有更高审美质量的风景名胜区等优美环境称为“园林”；在城市范围内，一般将郊区的荒山植树和农田林网建设称为“绿化”，将市区的绿色空间称为“园林”；在市区范围内，将普通的植物种植和美学质量一般的绿色空间建设称为“绿化”，将经过精心规划、设计和施工管理的公园、花园称为“园林”。

园林与绿化在改善生态环境方面的作用是一致的，在审美价值和功能的多样性方面是不同的。“园林绿化”有时作为一个名词使用，即用行业中最高层次的和最基础的两个方面来描述整个行业，其意思与“园林”的内涵相同。园林可以包含绿化，但绿化不能代表园林。

2.城市绿化（urban greening，urban planting）

城市绿化即栽种植物以改善城市环境的活动。城市绿化相对于城市园林而言，其形式较为简单，功能较为单一，美学价值比较一般，管理比较粗放，以生态效益为主，兼有美化功能，是城市园林的组成部分和生态基础。

3.城市绿地（urban green space）

城市绿地即以植被为主要存在形态，用于改善城市生态，保护环境，为居民提供游憩场地和美化城市的一种城市用地。广义的城市绿地，指城市规划区范围内的各种绿地，包括：公园绿地、生产绿地、防护绿地、附属绿地和其他绿地。狭义的城市绿地，指面积较小、设施较少或没有设施的绿化地段，区别于面积较大、设施较为完善的“公园”。

城市绿地不包括以下方面。

① 屋顶绿化、垂直绿化、阳台绿化和室内绿化。

② 以物质生产为主的林地、耕地、牧草地、果园和竹园等地。

③ 城市规划中不列入“绿地”的水域。

上述内容属于“城市绿化”范畴。

4.城市绿地系统（urban green system）

① 公园绿地（public park）：向公众开放，以游憩为主要功能，兼具生态、美化、防灾等作用的各种公园和城市绿地。包括综合公园、社区公园、专类公园、带状公园和街旁绿地，含其范围内的水域；不包括附属绿地、生产绿地、防护绿地和其他绿地。

公园绿地中除“小区游园”之外，都参与城市用地平衡，相当于“公共绿地”。在国家现行标准《城市用地分类与规划建设用地标准》GBJ—137中，“公共绿地”被列为“绿地”大类下的一个中类。包括“公园绿地”和“街头绿地”两个小类。

② 儿童公园（children park） 单独设置，为少年儿童提供游戏及开展科普、文化活动的公园。附属于公园绿地中的儿童活动场地不属于儿童公园。

③ 动物园（zoo） 在人工饲养条件下，保护野生动物，供观赏、普及科学知识、进行科学研究和动物繁育，并具有良好设施的绿地。动物园包括城市动物园和野生动物园等。动物园指独立的动物园。附属于公园中的“动物角”不属于动物园，普通的动物饲养场、马戏团所属的动物活动用地不属于动物园。

④ 植物园（botanical garden） 以植物观赏为主要功能的小型绿地。可独立设园，也可附属于宅院、建筑物或公园内。侧重科学研究的植物园以收集植物物种为主，侧重植物观赏的植物园以展示植物的景观多样性为主。附属于公园内的植物展览区不属于植物园。

⑤ 墓园（cemetery garden） 园林化的墓地。墓园不包括烈士陵园。

⑥ 盲人公园（park for the blind） 以盲人为主要服务对象，配备安全的设施，可以进行触觉感知、听觉感知和嗅觉感知等活动的公园。

⑦ 花园（garden） 花园指以观赏花卉植物为主要功能的园林。花园与公园的区别为：花园的规模相对较小，也可附属在公园内；花园的职能较为单一，公园的职能较为综合；在国外，花园可能是私有的、收费的，而公园是公共的，向公众免费开放的。

⑧ 历史名园（historical garden and park） 历史悠久、知名度高，体现传统造园艺术并被审定为文物保护单位的园林。历史名园一定是国家级、省（自治区）级、市（区）级或县级文物保护单位。没有被审定为各级文物保护单位的园林不属于历史名园。

⑨ 风景名胜公园（famous scenic park） 位于城市建设用地范围内，以文物古迹、风景名胜点（区）为主形成的具有城市公园功能的绿地。我国的风景名胜区多数在城市郊区，位于城市建设用地之外，而公园多数位于市区，位于城市建设用地之内。当二者在空间上交叉时，往往会形成风景名胜公园。位于或部分位于城市建设用地内，依托风景名胜点形成的公园或风景名胜区按照城市公园职能使用的部分属于此类。风景名胜公园的用地属于城市建设用地，参与城市用地平衡。属于风景名胜区但其用地又不属于城市建设用地的部分，不属于风景名胜公园。

⑩ 纪念公园（memorial park） 以纪念历史事件、缅怀名人和革命烈士为主题的公园。纪念公园包括烈士陵园，不包括墓园。

⑪ 街旁绿地（roadside green space） 又名街头绿地，是位于城市道路用地之外，相对独立成片的绿地。街旁绿地包括小型沿街绿地、街道广场绿地等。街旁绿地有两个含义：一是指属于公园性质的沿街绿地，二是指该绿地必须不属于城市道路广场用地。

⑫ 带状公园（linear park） 沿城市道路、城墙、水系等，有一定游憩设施的狭长形绿地。带状公园位于规划的道路红线以外。带状公园的最窄处必须保证游人的通行、绿化种植带的延续以及小型休息设施的布置。

⑬ 专类公园（theme park） 具有特定内容或形式，有一定游憩设施的公园。

⑭ 岩石园（rock garden） 模拟自然界岩石及岩生植物的景观，附属于公园内或独立设置的专类公园。

⑮ 社区公园（community park） 为一定居住用地范围内的居民服务，具有一定活动内容和设施的集中绿地。包括“居住区公园”和“小区游园”，不包括居住组团绿地等分散式的绿地。

⑯ 生产绿地（productive plantation area） 为城市绿化提供苗木、花草、种子的苗圃、花圃、草圃等圃地。生产绿地不管是否为园林部门所属，只要是被划定为城市建设用地，为城市绿化服务，能为城市提供苗木、草坪、花卉和种子的各类圃地或科研实验基地，均应作为生产绿地。临时性的苗圃和花卉、苗木市场用地不属于生产绿地。

⑰ 防护绿地（green buffer，green area for environmental protection） 城市中具有卫生、隔离和安全防护功能的绿化用地。防护绿地针对城市的污染源或可能的灾害发生地而设置，一般游人不宜进入。防护绿地包括：卫生隔离绿带、道路防护绿地、城市高压走廊绿带、防风林带等，不包括城市之间的绿化隔离带。

⑱ 附属绿地（attached green space） 城市建设用地中除绿地之外各类用地中的附属绿化用地。根据国家现行标准《城市用地分类与规划建设用地标准》GBJ—137的规定，附属绿地不列入城市用地分类中的“绿地”类型，而从属于各类建设用地之中。包括附属在公共设施用地、工业用地、仓储用地、对外交通用地、道路广场用地、市政公用设施用地和特殊用地中的绿化用地。附属绿地不单独参与城市用地平衡，其功能服从于其所附属的城市建设用地的性质。

⑲ 居住绿地（green space attached to housing estate，residential green space） 城市居住用地内除社区公园之外的绿地。“居住用地”包括居住小区、居住街坊、居住组团和单位生活区等各种类型的成片或零星的用地。居住绿地属附属绿地性质，包括组团绿地、宅旁绿地、配套公建绿地、小区道路绿地。居住区级公园和小区游园属于社区公园，不属于居住绿地。居住区级公园参与城市用地平衡。

⑳ 道路绿地（green space attached to urban road and square） 城市道路广场用地内的绿地。道路绿地包括：道路绿带、交通岛绿地、广场绿地和停车场绿地。道路绿带指道路红线

范围内的带状绿地；交通岛绿地指可绿化的交通岛用地；广场绿地和停车场绿地指交通广场、游憩集会广场和社会停车场库用地范围内的绿化用地。道路绿地位于规划的道路广场用地之内，属于附属绿地性质，不单独参与城市用地平衡。

㉑ 屋顶花园（roof garden） 在建筑物屋顶上建造的花园。狭义的屋顶花园是指以绿化为主，主要功能是植物观赏，游人可以进入的花园。广义的屋顶花园也包括以铺装为主、结合绿化，适宜游人休憩的或完全被植物覆盖、游人不能进入的屋顶空间。

㉒ 立体绿化（vertical planting） 利用除地面资源以外的其他空间资源进行绿化的方式。立体绿化是相对于地面绿化而言的，它包括棚架绿化、墙面垂直绿化、屋顶绿化等多种绿化形式。

㉓ 风景林地（scenic forest land） 具有一定景观价值，对城市整体风貌和环境起改善作用，但尚没有完善的游览、休息、娱乐等设施的林地。风景林地仅限于具有景观价值的林地。

5.城市绿地系统规划（urban green space system planning）

（1）城市绿地系统（urban green space system） 由城市中各种类型和规模的绿化用地组成的整体。城市绿地系统包括各种类型和规模的城市绿化用地，其整体应当是一个结构完整的系统，并承担城市的以下职能：改善城市生态环境、满足居民休闲娱乐要求、组织城市景观、美化环境和防灾避灾等。

现在的绿地系统往往与城市开放空间的概念相结合，将城市的绿化用地、广场、道路系统、文物古迹、娱乐设施、风景名胜区和自然保护区等因素统一考虑。不同的系统结构会产生不同的系统功效，绿地系统的整体功效应当大于各个绿地功效之和，合理的城市绿地系统结构是相对稳定而长久的。

（2）城市绿地系统规划（urban green space system planning） 对各种城市绿地进行定性、定位、定量的统筹安排，形成具有合理结构的绿色空间系统，以实现绿地所具有的生态保护、游憩休闲和社会文化等功能的活动。

城市绿地系统规划一般有两种形式。

第一种属城市总体规划的组成部分，是城市总体规划中的专业规划。其任务是调查与评价城市发展的自然条件，协调城市绿地与其他各项建设用地的关系，确定城市公园绿地和生产防护绿地的空间布局、规划总量和人均定额。这实际是一种对城市部分绿地进行的规划或不完全的系统规划。

第二种属专项规划，《城市规划编制办法实施细则》第十六条提出的“必要时可分别编制”的城市绿地系统规划指第二种形式。其主要任务是以区域规划、城市总体规划为依据，预测城市绿化各项发展指标在规划期内的发展水平，综合部署各类各级城市绿地，确定绿地系统的结构、功能和在一定的规划期内应解决的主要问题；确定城市主要绿化树种和园林设施以及近期建设项目等，从而满足城市和居民对城市绿地的生态保护和游憩休闲等方面的要求。这是一种针对城市所有绿地和各个层次的完全的系统规划。

（3）绿化覆盖面积（green coverage） 城市中所有植物的垂直投影面积，只能计算一次，不得重复相加计算。

（4）绿化覆盖率（percentage of greenery coverage） 一定城市用地范围内，植物的垂直投影面积占该用地总面积的百分比。计算公式：

绿化覆盖率＝区域内的绿化覆盖面积/该区域用地总面积×100%

“用地总面积”指垂直投影面积，不应按山坡地的曲面表面积计算。

（5）绿地率（greening rate，ratio of green space） 一定城市用地范围内，各类绿化用地

总面积占该城市用地面积的百分比。计算公式：

绿地率＝区域内的绿地面积/该区域用地总面积×100%

绿化用地面积指垂直投影面积，不应按山坡地的曲面表面积计算。

绿化覆盖率和绿地率的区别。绿化覆盖率指植物冠幅的投影面积占城市用地的百分比。绿地率指用于绿化种植的土地面积占城市用地的百分比，是描述城市用地构成的一项重要指标。一般绿化覆盖率高于绿地率并保持一定的差值。

（6）绿带（green belt） 在城市组团之间、城市周围或相邻城市之间设置的用以控制城市扩展的绿色开敞空间。仅指城市之间或城市外围以绿化为主的建设控制地带，目的是控制城市“摊大饼”式地盲目连片发展，防止城市环境恶化。绿带不包括其他功能的带状绿地。

（7）楔形绿地（green wedge） 从城市外围嵌入城市内部的绿地，因反映在城市总平面图上呈楔形而得名。楔形绿地将城市内外相连，其基本功能是将郊区的新鲜空气引进城市，并形成廊道。

（8）城市绿线（boundary line of urban green space） 在城市规划建设中确定的各种城市绿地的边界线。

6. 园林规划与设计（landscape planning and design）

（1）园林史（landscape history，garden history） 园林及其相关因素发生、发展和演变的历史。

① 古典园林（classical garden） 对古代园林和具有典型古代园林风格的园林作品的统称，曾称为传统园林。包括中国古典园林和西方古典园林。古典园林不同于古代园林，它既可以是建于古代的园林，也可以是建于现代而具有古代园林风格的园林。

② 囿（hunting park） 中国古代供帝王贵族进行狩猎、游乐的一种园林类型。中国古代园林中，把种花木的叫园，养禽兽的叫囿。囿是最早见于中国史籍记载的园林形式，也是中国皇家园林的雏形。通常在选定地域后划出范围或筑界垣，囿中草木鸟兽自然滋生繁育。囿中有自然景象、天然植被和鸟兽的活动，可以赏心悦目，得到美的享受，帝王贵族进行狩猎既是游乐活动，也是一种军事训练方式。

③ 苑（imperial park） 在囿的基础上发展起来的，建有宫室和别墅，供帝王居住、游乐、宴饮的一种园林类型。

④ 皇家园林（royal garden） 古代皇帝或皇室享用的，以游乐、狩猎、休闲为主，兼有治政、居住等功能的园林。包括古籍中所称的苑、宫苑、苑囿、御苑等。

⑤ 私家园林（private garden） 古代官僚、文人、地主、富商所拥有的私人宅园。包括古籍中所称的园、园亭、园野、池馆、草堂、山庄、别业等，是相对于皇家园林而言的。

⑥ 寺庙园林（monastery garden） 指寺庙、宫观和祠院等宗教建筑的附属花园。寺庙园林的功能要服从于寺庙宗教环境的要求，寺庙园林即宗教化了的园林。寺庙园林不同于园林寺庙，园林寺庙指园林化的寺庙，即美化了的宗教环境。

（2）园林艺术

① 园林艺术（garden art） 在园林创作中，通过审美创造活动再现自然和表达情感的一种艺术形式。

② 相地（site investigation） 泛指对园址场地条件的勘察、体察、分析和利用。中国古代造园用语。除了通常意义上设计者将园址作为客体进行研究外，园址同时也成为设计者自身的一部分被体察、体悟。这里包含着中国古代“天人合一”和“物我齐观”的认识论和方法论。

③ 造景（landscape） 使环境具有观赏价值或更高观赏价值的活动。使环境从没有观赏价值到具有观赏价值，或从较低的观赏价值到较高的观赏价值的活动。

④ 借景（borrowed scenery，view borrowing） 对景观自身条件加以利用，或借用外部景观从而完善园林自身的方法。“借”有借用、因借、依据和凭借的意思。借景可分为：近借、远借、邻借、互借、仰借、俯借和应时而借等。

⑤ 园林意境（poetic imagery of garden） 通过园林的形象所反映的情感，使游赏者触景生情，产生情景交融的一种艺术境界。园林意境对内可以抒己，对外足以感人。园林意境强调的是园林空间环境的精神属性，是相对于园林生态环境的物质属性而言的。

园林造景并不能直接创造意境，但能运用人们的心理活动规律和所具有的社会文化积淀，充分发挥园林造景的特点，创造出促使游赏者产生多种优美意境的环境条件。

⑥ 透景线（perspective line） 在树木或其他物体中间保留的可透视远方景物的空间。透景线与透视线有所不同。透景线远方空间的终点是可以被观赏的具体景物，而透视线仅仅是远方的可透视空间。

⑦ 盆景（miniature landscape，pending） 呈现于盆器中的风景或园林花木景观的艺术缩制品。盆景大多用植物、水、石等材料，经过艺术加工，种植或布置在盆中，使之成为自然景物缩影的一种陈设品。日本的盆栽又称盆栽植物，与我国的植物盆景相似。

⑧ 插花（flower arrangement） 以植物为主要材料，经过艺术加工而成的作品。

⑨ 季相（seasonal appearance of plant） 植物在不同季节表现出的外观。

（3）规划设计

① 园林规划（garden planning，landscaping planning） 综合确定、安排园林建设项目的性质、规模、发展方向、主要内容、基础设施、空间综合布局、建设分期和投资估算的活动。园林规划包括风景名胜区规划、城市绿地系统规划和公园规划。面积较大和复杂区域的规划，按照工作阶段一般可以分为规划大纲、总体规划和详细规划。

园林规划的重点为：分析建设条件，研究存在问题，确定园林主要职能和建设规模，控制开发的方式和强度，确定用地和用地之间、用地与项目之间、项目与经济的可行性之间合理的时间和空间关系。

② 园林布局（garden layout） 确定园林各种构成要素的位置和相互之间关系的活动。

园林布局是园林规划、设计的一部分，主要是对于园林各个要素进行空间安排，将园林中的空间资源进行合理配置。包括园林山水骨架的形成，不同功能用地的划分、园林主景的位置、出入口、园林建筑、园路和基础设施布置等。园林布局很大程度上决定着园林的艺术风格。根据园林布局手法的不同，分为规则式园林、自然式园林和抽象式园林三种形式。

③ 园林设计（garden design） 使园林的空间造型满足游人对其功能和审美要求的相关活动。园林设计指对组成园林整体的山形、水系、植物、建筑、基础设施等要素进行的综合设计，而不是指针对园林组成要素进行的专项设计。

园林设计包括总体设计（方案设计）和施工图设计两个阶段。方案设计指对园林整体的立意构思、风格造型和建设投资估算；施工图设计则要提供满足施工要求的设计图纸、说明书、材料标准和施工概（预）算。

规划与设计的关系。从工作程序上看，一般是规划控制设计，设计指导施工，即总体规划、详细规划、总体设计（方案设计）、施工图设计。从工作深度上看，一般图纸的比例小于1/500为园林规划，比例大于1/500为园林设计。园林规划偏重宏观的综合部署和理性分析，园林设计偏重感性的艺术思维，主要通过造型来满足园林的功能和审美要求。规划所涉及的空间一般比较大，时间比较长。设计所涉及的空间一般比较小，时间就是建设的当时。

规划是基础，设计是表现。规划和设计在中间层次有可能产生一定的工作交叉。

④ 公园最大游人量（maximum visitors capacity in park） 在游览旺季的日高峰小时内同时在公园中游览活动的总人数。公园最大游人容量是计算公园各种设施数量、规模以及进行公园管理的依据。

⑤ 地形设计（topographical design） 对原有地形、地貌进行工程结构和艺术造型的改造设计。地形设计往往和竖向设计相结合，包括确定高程、坡度、朝向、排水方式等。同时，地形设计还应当考虑工程上的安全要求、环境小气候的形成以及游人的审美要求等。

⑥ 园路设计（garden path design） 确定园林中道路的位置、线形、高程、结构和铺装形式的设计活动。

⑦ 种植设计（planting design） 按植物生态习性和园林规划设计的要求，合理配置各种植物，以发挥它们的园林功能和观赏特性的设计活动。种植设计是园林设计的重要部分。植物配置除了讲求构图、形式等艺术要求和文化寓意外，更重要的是考虑植物的生态习性及植物种类的多样性，注重人工植物群落配置的科学性，形成合理的复层混合结构。

a. 孤植（specimen planting，isolated planting）：单株树木栽植的配植方式。

b. 对植（opposite mass planting）：将两株树木按一定的轴线关系相互对称或均衡地配植方式。

c. 列植（linear planting）：沿直线或曲线以等距离或按一定的变化规律而进行的植物种植方式。

d. 群（丛）植（group planting，mass planting）：由多株树木成丛、成群的配植方式。

（4）园林植物（landscape plant） 适于园林中栽种的植物。园林植物通常指绿化效果好，观赏价值高或具有经济价值的植物。园林植物要有形体美或色彩美，适应当地的气候、土壤条件，在一般管理条件下能发挥上述功能。

① 观赏植物（ornamental plant） 具有观赏价值，在园林中供游人欣赏的植物。常见的观赏植物分为观赏蕨类、观赏松柏类、观形树木类、观花树木类、观赏草花类、观果植物类、观叶植物类、观赏棕榈类及竹类。

② 古树名木（historical tree and famous wood species） 古树泛指树龄在百年以上的树木。名木泛指珍贵、稀有或具有历史、科学、文化价值以及有重要纪念意义的树木，也指历史名人和现代名人种植的树木，或具有历史事件、传说及神话故事的树木。

③ 地被植物（ground cover plant） 株丛密集、低矮，用于覆盖地面的植物。地被植物包括贴近地面或匍匐地面生长的草本和木本植物，一般不耐践踏。

狭义的地被植物指株高50cm以下、植株的匍匐干茎接触地面后，可以生根并且继续生长、覆盖地面的植物。广义的地被植物泛指株形低矮、枝叶茂盛，并能较密地覆盖地面，可保持水土、防止扬尘、改善气候，并具有一定的观赏价值的植物。草本、木本植物都可以作为地被植物。

④ 攀援植物（climbing plant，climber） 以某种方式攀附于其他物体上生长，主干茎不能直立的植物。攀援植物又称藤蔓植物，包括缠绕类、卷须类和吸附类。其中属于木本的称为藤本类，属于草本的称为蔓草类。

⑤ 温室植物（greenhouse plant） 在当地温室或保护地条件下才能正常生长的植物。

⑥ 花卉（flowering plant） 具有观赏价值的草本植物、花灌木、开花乔木以及盆景类植物。花卉可分为木本花卉、草本花卉和观赏草类。原指具有一定观赏价值的草本植物。

⑦ 行道树（avenue tree，street tree） 沿道路或公路旁种植的乔木。行道树一般成行等距离种植，具有遮阴、防尘、护路、减弱噪声和美化环境等作用。

⑧ 草坪（lawn） 草本植物经人工种植或改造后形成的具有观赏效果，并能供人适度活动的坪状草地。草坪应当具备3个条件：人工种植或改造（非天然）、具有观赏效果（美学价值）和游人可以进行适度活动（承受踩踏）。

⑨ 绿篱（hedge） 成行密植，作造型修剪而形成的植物墙。根据植物性状的不同，绿篱又可以分为花篱、刺篱、果篱等，可用以代替篱笆、栏杆和墙垣，具有分隔、防护或装饰作用。

⑩ 花篱（flower hedge） 用开花植物栽植、修剪而成的一种绿篱。

⑪ 花境（flower border） 多种花卉交错混合栽植，沿道路形成的花带。花境也称花缘、花边、花带。一般多用宿根花卉，栽植在绿篱灌丛栏杆、草地边缘、道路两侧或建筑物前。

⑫ 人工植物群落（man-made planting habitat） 模仿自然植物群落栽植的、具有合理空间结构的植物群体。

7. 园林建筑（garden building）

园林中供人游览、观赏、休憩并构成景观的建筑物或构筑物统称为园林建筑。

（1）园林小品（small garden ornaments） 园林中供休息、装饰、景观照明、展示和为园林管理及方便游人之用的小型设施。

园林小品与园林建筑相比结构简单，一般没有内部空间，体量小巧，造型别致，富有特色，并讲究适得其所。根据其功能分为供休息的小品、装饰性小品、结合照明的小品、展示性小品和服务性小品。如园灯、园椅、园桌、园凳、汲水器、垃圾箱、指路牌和导游牌等。有些体量较小的园林建筑、雕塑、置石等也被泛称为园林小品。

（2）园廊（veranda，gallery，colonnade） 园林中屋檐下的过道以及独立有顶的过道。原指中国古代建筑中有顶的通道，包括回廊和游廊，基本功能为遮阳、防雨和供人小憩。

（3）水榭（waterside pavilion） 供游人休息、观赏风景的临水园林建筑。

（4）舫（boat house） 供游玩宴饮、观景之用的仿船造型的园林建筑。

（5）园亭（garden pavilion，pavilion） 供游人休息、观景或构成景观的开敞或半开敞的小型园林建筑。

（6）园台（platform） 利用地形或在地面上垒土、筑石成台形，顶部平整，一般在台上建屋宇房舍或仅有围栏，供游人登高览胜的园林构筑物。通常为登高览胜游赏之地。台上的木构房屋称为榭，两者合称台榭。

（7）月洞门（moon gate） 开在园墙上，形状多样的门洞。有的月洞门只有门框，没有门扇；有的具有多种风格的门扇。用圆形门洞除了具有装饰的意思外，还表示游人通过月洞门进入了月宫般的一种仙境。

（8）花架（pergola，trellis） 可攀爬植物，并提供游人遮阳、休憩和观景之用的棚架或格子架。

（9）园林楹联（couplet written on scroll，couplet on pillar） 悬挂或张贴在园林建筑壁柱上的联语。

（10）园林匾额（biane in garden） 挂在厅堂或亭榭等园林建筑上的题字横牌。

8. 园林工程（garden engineering）

园林工程（garden engineering）即园林中除建筑工程以外的室外工程。园林工程以园林建设中的工程技术为主要研究对象，其特点是以工程技术为手段，塑造园林艺术的形象。园林工程包括土方工程、筑山工程、理水工程、园路工程、种植工程等。

（1）绿化工程（plant engineering） 有关植物种植的工程。

（2）大树移植（big tree transplanting） 将胸径在20cm以上的落叶乔木和胸径在15cm以

上的常绿乔木移栽到异地的活动。

（3）假植（heeling in，temporary planting） 苗木不能及时栽植时，将苗木根系用湿润土壤作临时性填埋的绿化工程措施。

（4）基础种植（foundation planting） 用灌木或花卉在建筑物或构筑物的基础周围进行绿化、美化栽植。种植的植物高度一般低于窗台。

（5）种植成活率（ratio of living tree） 种植植物的成活数量与种植植物总量的百分比。计算公式如下：

种植成活率＝一定时期内植物种植成活的数量/植物种植总量×100%

（6）适地适树（planting according to the environment） 因立地条件和小气候而选择相适应的植物进行的绿化。

（7）造型修剪（topiary） 将乔木或灌木做修剪造型的一种技艺。

9.园艺（horticulture）

园艺（horticulture）指蔬菜、果树、观赏植物等的栽培、繁育技术和生产管理方法。指园林中的栽植技艺。园艺不是“园林艺术”的简称。

（1）假山（rockwork，artificial hill） 园林中以造景或登高览胜为目的，用土、石等材料人工构筑的模仿自然山景的构筑物。用土、石或人工材料结合建造的隆出地面的地形地貌，一般坡度在15%以上，区别于微地形。

（2）置石（stone arrangement，stone layout） 以石材或仿石材料布置成自然露岩景观的造景手法。置石还可以具有挡土、护坡和作为种植床等实用功能，用以点缀园林空间。置石比假山小，可以是孤石。

（3）掇山（piled stone hill，hill making） 用自然山石掇叠成假山。一般经过选石、采运、相石、立基、拉底、堆叠中层和结顶等工序叠砌而成。

（4）塑山（man-made rock work） 用艺术手法将人工材料塑造成假山。

（5）园林理水（water system layout in garden） 造园中的水景处理。园林理水既包括模拟自然界的江、河、湖、海等自然式的水体景观，也包括人工提炼、抽象出的规则式的水体景观。

（6）驳岸（revetment in garden） 保护园林水体岸边的工程设施。按照断面形式，园林驳岸可分为整形式和自然式两类。

（7）喷泉（fountain） 经加压后形成的喷涌水流。原指泉的类型之一，其水受自然的压力向外喷涌。

10.风景名胜区（landscape and famous scenery）

风景名胜区（landscape and famous scenery）指风景名胜资源集中、环境优美、具有一定规模和游览条件，经县级以上地方人民政府批准公布，可供人们游览欣赏、休憩娱乐或进行科学文化活动的地域，简称风景区。按照风景资源的观赏、文化、科学价值，环境质量和风景区规模、游览条件的不同，分为国家、省和市（县）三级风景名胜区。

国家重点风景名胜区（national park of China）：指经国务院审定公布的风景名胜区，我国的国家重点风景名胜区相当于海外的国家公园。

省级风景名胜区：指经省、自治区、直辖市人民政府审定公布的风景名胜区。

市（县）级风景名胜区：指经市、县人民政府审定公布的风景名胜区。

（1）风景名胜区规划（landscape and famous scenery planning） 保护培育、开发利用和经营管理风景名胜区，并发挥其多种功能作用的统筹部署和具体安排。

（2）风景名胜（famous scenery，famous scenic site） 著名的自然或人文景点、景区和风景区域。

（3）风景资源（scenery resource） 又称景观资源。能引起审美与欣赏活动，可以作为风景游览对象和风景开发利用的事物的总称。

（4）景物（view，feature） 具有独立欣赏价值的风景素材的个体。

（5）景点（feature spot，view spot） 由若干相互关联的景物构成、具有相对独立性和完整性，并具有审美特征的基本境域单元。

（6）景区（scenic zone） 根据风景资源类型、景观特征或游人观赏需求而将风景区划分成的一定用地范围。在风景名胜区规划中，往往将整个地域空间划分成风景区—景区—景点—景物若干个层次，逐层进行规划。景区是对风景区按照风景资源类型，景观特征或游览需求的不同而进行的空间划分。景区是仅次于风景区的一级空间层次，它有着相对独立的分区特征和明确的用地范围。景区包含较多的景物，景点和景点群。它与旅游中景区的概念不同，旅游中的景区是对旅游区（点）或风景区（点）的一种泛称。

（7）景观（landscape，scenery） 可引起良好视觉感受的某种景象。

景观包括三种含义：指具有审美特征的自然和人工的地表景色，意同风光、景色、风景；自然地理学中指一定区域内由地形、地貌、土壤、水体、植物和动物等所构成的综合体；景观生态学的概念中指由相互作用的拼块或生态系统组成，以相似的形式重复出现的一个空间异质性区域，是具有分类含义的自然综合体。园林学科中所说的景观一般指第一种含义。

（8）游览线（touring route） 为游人安排的游览、欣赏风景的路线。

（9）环境容量（environmental capacity） 在一定的时间和空间范围内所能容纳的合理的游人数量。指环境对游人的承载能力。一般可以分为三个层次：生态的环境容量，指生态环境在保持自身平衡下允许调节的范围；心理的环境容量，指合理的、游人感觉舒适的环境容量；安全的环境容量，指极限的环境容量。

## 二、园林学的研究范畴

园林是一门实践先行、理论和学科的发展远远落后于园林实践活动的学科，园林学科的研究范畴是随着社会活动和科学技术不断发展而不断扩大的，实践领域的扩展带动学科理论知识的丰富，理论体系的完善促使学科的建立与发展。园林学的研究范畴包括4个分支学科，分别为传统园林学、风景园艺学、城市绿化、大地景观规划。

### （一）传统园林学（landscape gardening）

传统园林学即最原始的园林学科，经过长期发展，内容不断丰富，迄今仍是园林学的核心基础。

1.传统园林学的定义

园林运用植物、地形、山石、水体、建筑等素材，营造优美的生活、游憩空间，适应人们精神文化需求，是园林学的根源和基础。

2.传统园林学的研究内容

① 研究世界上各个国家和地区园林的发展历史，考察园林内容和形式的演变，总结造园实践经验，探讨园林理论遗产，从中汲取营养作为创作的借鉴。

② 研究园林创作的艺术理论，其中包括园林作品内容和形式，园林设计的艺术构思和总体布局，园景创作的各种手法，形式构图原理在园林中的运用等。

③ 研究应用植物来创造园林景观。在掌握园林植物的种类、品种、形态、观赏特点、生态习性、群落构成等植物科学知识的基础上，研究园林植物配置的原理，植物的形象所产

生的艺术效果，植物与山石、水体、建筑、园路等相互结合、相互衬托的方法等。

④ 研究园林建设的工程技术，包括体现园林地貌创作的土方工程、园林筑山工程（掇山、塑山、置石等）、园林理水工程（如驳岸、护坡、喷泉等工程）和园林的给水排水工程、园路工程，园林铺地工程及种植工程（包括种植树木花卉、造花坛、铺草坪等）。

⑤ 研究在园林中成景的，同时又为人们赏景、休息或具有交通作用的建筑和建筑小品的设计，如园亭、园廊等。

园林建筑不论单体或组群，通常是结合地形、植物、山石、水池等组成景点、景区或园中园，它们的形式、体量、尺度、色彩以及所用的材料等，与所处位置和环境的关系特别密切。

### （二）风景园艺学（landscape horticulture）

风景园艺学包括园林植物的发展历史，栽培、养护、繁殖、引种、育种等方面的科学技术。

#### 1.风景园艺学的定义

风景园艺学以风景园林所涉及的植物为对象，如观赏树木、花卉等，研究其分类、栽培、育种、生产、应用、经营管理以及植物物种与其他种群发生联系的方式，土壤条件和气候对生物种群影响的因素，生物演替的可见现象等理论与技艺的综合性学科。

#### 2.风景园艺学的研究内容

加强园林绿化植物材料的引种、育种、驯化的研究，改善我国引种、育种科技的落后现状，解决实际运用的园林绿化植物物种相对贫乏的问题。研究园林绿地植物配置模式，设计建设植物配置丰富、生态效益高的园林绿地、广场，成为当前园林学发展的重要环节。

研究植物物种的生长以及与其他种群发生联系的方式，以及生物种群与土壤条件和气候相关性，并且观察和记录生物演替的可见现象。调查研究地域内分布稳定的植物群，发现其中的建群种、优势种和群落之间的生态位，从而在设计和维护中促使植物群落的健康和稳定。同时为了提高园林绿地的绿化水平。研究和推广考核园林绿地三维（生物）量的办法，提高园林绿地的生态效益。

### （三）城市绿化专业（urban gardening）

城市绿化专业包括城市绿化功能效益的有关理论和园林绿地系统规划、建设、管理的理论和科学技术。

#### 1.城市绿化性质的界定

城市绿化是城市园林在城市整体范围内的拓展，将城市作为对象，按照园林的手法进行绿化和美化，形成城市实体空间的组成部分，成为城市环境建设的重要内容；城市绿化是现代城市必要的基础设施，而且是唯一的具有生命的基础设施，用以在城市再造第二自然，起到改善和调节城市生态环境，协调人与自然关系的作用。城市绿化对于城市环境已超越了被动治理的局限，是以积极、有效的主动姿态塑造人居环境，以构建城市绿地系统为主要手段，是城市社会服务和保障系统的重要组成部分，主体属于第三产业，不以物质产出为目标，具有社会公益性质，系政府的主要管理职能，广大市民和各行各业都有共同参与的义务并享用其成果。

#### 2.城市绿地系统研究内容

（1）各级各类公园绿地　按不同服务半径分布的各级基本公园和不同类型特点的专类公园共同组成城市公园系统。它们是方便实用、造园和绿化水平都比较高的城市公用绿地。

（2）各类绿地的纽带构成的系统　规划道路、河渠、水体岸畔带状绿地，进行科学布局，设置连接各类绿地基本单元，构成城市绿地整体系统，成为城市气流良性循环的通道和具有本城市特色的风光带。

（3）城郊一体化的自然生态系统　将城市绿地系统与郊区的自然山川地貌、林地、湿地、农牧区紧密连接，形成一个以自然要素为主体的整体系统，将一切对改善城市生态有积极作用的因素都调动起来。

（4）城镇体系的环境系统　一些大城市的辖区已经形成城镇体系，对这些城市的绿地系统，除了要考虑各自城区和郊区的一体化外，还要将整个城镇体系的环境加以规划，使之形成整体系统。实际上这已经是进入大地景观规划的领域。

（5）城市绿化所需地带性植物材料规划　编制绿地系统规划时还要对本区域地带性植物材料进行深入调查研究，认真规划乔木、灌木、地被植物、草本植物系列，包括引种和育种规划，确保城市绿化有一个坚实的物质基础。

**（四）大地景观规划专业（earthscape planning）**

大地景观规划专业包括大地景观价值评估，功能区划、利用、保护管理和风景名胜区、休闲区的规划理论、技术等。

1.大地景观的定义

大地景观指的是一个地理区域内的地形和地面上所有自然景物和人工景物所构成的总体特征。既包括岩石、土壤、植被、动物、水体、人工构筑物和人类活动的遗迹，也包括其中的气候特征和大气形象。

2.大地景观规划的研究内容

大地景观规划是土地利用规划的重要组成部分，但它所要规划的不是土地利用的全部内容，而是要解决两方面的问题。

第一，妥善解决资源开发（包括植物采伐，矿产采掘，农业垦殖，水资源利用，城市、居民点或工业建设，道路修建等）与保护景观现状之间的矛盾。比较保护与开发在当前和长远的利害得失，从而决定究竟是开发还是保护。一旦决定开发，则要提出最充分的保护利用和最少破坏景观现状的途径，如保护地形植被和避免生态失衡，避免对水体和大气的污染等。在施工中采取最少破坏景观和生态的措施，如保护水土避免流失等。对矿产等资源开采则要提出处理采掘废弃地、恢复植被和生态平衡的措施。

第二，对应保护的现存景观的使用价值进行研究并提出合理利用的途径，包括规划风景名胜区、自然保护区、休闲度假区等。在理论和科学技术方面，大地景观规划的内容应包括：大地景观功能评价（从生态、审美、科学、文化诸方面分析大地景观的价值和它们的经济效益）、大地景观美学（从审美角度研究人与大地景观的关系和审美的内容实质）、大地景观规划学（研究大地景观功能分类和区划的原则、方法，合理的利用和开发途径以及开发中、开发后的保护管理措施等）、开发地区的大地景观设计（研究开发地区内对原有景观的保护、利用和需改造部分的具体工程内容，改造后对自然生态的恢复、再创造方法等）、风景名胜区规划、自然保护、生态保护（规定为风景名胜区、天然公园等区域及周边的利用、保护、培育详细规划）及休闲区规划（研究划定为休闲区的土地使用、设施建设规划，包括对所凭借、利用的原有自然景观及人文景观的保护、培育、整理措施等）等。

## 第四节　园林的基本属性

园林有着十分丰富的内涵与外延，这些内涵与外延可以用它的诸属性建立起一个系统。园林的基本属性大体可以包括3方面：自然属性、社会属性和科技属性。

## 一、园林的自然属性

园林是与自然有着密切关系的学科，人类与自然环境和人工环境是相互联系、相互作用的。在人与自然和谐发展中，从人定胜天到人应顺天的矛盾关系演变中，当代园林师的主要工作与任务是创造天地人和的游憩与生活境域。园林的自然属性表现在以下3方面。

### （一）人类的物质需求

① 人类最早是生活在纯自然的环境之中，人类与动物混处，没有独立屋宇，往往借洞穴作为其栖身之所。在以洞穴及后来构筑的简易茅屋中，人类凭借渔猎活动，直接从自然界中获得生活资料来维系生存。然而随着原始农业的出现，人类的生活物资则间接地来源于自然，来源于对原生自然界的模仿：野生的稻麦被移植到农田里，野生稻麦的自然本性优于野生的环境。同样，也必须按照牲畜自然本性的需求去饲养牲畜，农业与原生的自然开始分离。

农耕经济的发展，使人类从早先的游牧生活转化为定居生活。开始有了村落，附近有种植蔬菜、瓜果的园圃，有圈养驯化野兽的场所，虽然是以食用和祭祀为目的，但客观上具有观赏的价值，这就是原始的园林，如中国的苑囿、古巴比伦的猎苑等。园林的雏形，其产生便与生产、经济有着密切的关系，它们本身已经包含着园林的物质因素，体现朴素的自然观。

随着经济的发展，城市规模的扩大，帝王、贵族、士大夫、宗教人士等与自然接触的机会越来越少，离宫别墅建在自然的需求越来越多，促进了庭院园林、皇家园林、私家园林、山庄园林、教会园林、寺庙园林的建设与发展，工程技术的不断发展与创新使园林艺术达到至臻完美的高峰。

传统园林是为了补偿人类与大自然环境相对隔离而人为创造的“第二自然”，是人们依据艺术原则进行创造而形成的、保留着某种美的自然因素的生活环境。

② 城市化的快速推进，人口的聚集，使得城市里高楼林立，车水马龙，空气污浊，烟尘和噪声笼罩，热岛效应严重，城市环境恶化，城市无序蔓延，城市形成与自然完全隔绝的单一环境。如何将自然引入城市？如何提高城市的环境质量？如何保证人们的身心健康？这要求园林不仅为美而创造，更重要的是为城市居民的身心健康而创造。成为公众共享的公共性园林，自然融入城市，改善人类聚居的环境遂成为现代园林的内涵。

奥姆斯特德设计的纽约“中央公园”、费城的“斐德公园”、布鲁克林的“前景公园”的建设，标志着城市开放绿色空间的形成。以自然园林为形式将自然引入城市，奥姆斯特德又进行了波士顿公园系统设计。在城市滨河地带形成2000多公顷的一连串绿色空间。从富兰克林公园、波士顿大公园再到牙买加绿带，仿佛蜿蜒的项链围绕城市连接了查尔斯河，构成了“宝石项链”，两者是城市绿地系统的绿地雏形。无价的风景重构了日渐丧失的城市自然景观系统，有效地推动了城市生态的良性发展。受其影响，从19世纪末开始，依附于城市的自然脉络——水系和山体，成为自然式设计的主要目标，通过开放空间系统的设计将自然引入城市。

城市中多种类型的园林绿地是城市的主要自然因素。其中的绿色植物是氧气的唯一源泉，并能在吸收$CO_2$、净化大气和水体中的有害成分方面发挥独到的作用。此外，绿地还能在缓解热岛效应、组织气流良性循环、调节气候、涵养水源、减隔噪声、防灾避灾等方面发挥巨大功能，因而在产生环境效益的同时也创造出巨大的宏观经济效益。

因此，城市对园林的物质需求是一种寻求物质性、自然性的表现。建设园林城市是城市发展的必由之路，也是人类生存环境构建的主要方向。

③ 人类进入工业社会，对自然资源无节制地开发索取，对自然环境肆意地污染破坏，

大规模的建设扰动了自然界的平衡秩序，造成了严重的后果，已威胁到人类自身的可持续发展，成为人与自然的关系最为紧迫的现实课题。园林勇敢地承担工业时代重大的人类生态环境规划设计的重任，积极参与对自然环境保护和改善，园林规划设计广泛利用生态学、环境学以及各种先进的技术（如GIS、遥感技术等）而成为环境主义运动中的中流砥柱，最大限度地保存典型的生态系统和珍贵濒危生物物种的繁衍栖息地，保护生物多样性，保护自然景观，保存珍贵的文化、自然遗产，最合理地使用土地。

开发时，在全面调查和评价区域生态、自然景观资源和人文资源的基础上，首先将最有价值的典型景观地域（如山岳、冰川、峡谷、原始森林、草原、河流、湖泊、湿地等）和生态环境最脆弱的地域（如江河源头、荒漠化地区、水土流失地区等）划作不得触动的保全区，最大限度地保存自然景观。此外，对一些需要的自然景观资源和人文景观资源如风景名胜区、文化和自然遗产、耕地、牧场、城市周边和江河沿岸的防护地（林）带等划作保护区，保护区的自然地形、自然特征和自然植被应受到保护，在以保护为主的前提下，进行有限度的开发利用。

园林是与自然有着密切关系的行业，肩负着保护自然、管理自然、恢复自然、改造自然和再现自然等多重使命。园林设计师工作的范围已扩大到城乡和原野，关系着全人类的生存环境。

**（二）人类的精神需求**

园林的形成不仅来源于社会的物质需求，也同样扎根于社会的精神需求。园林的形成离不开人们的精神追求，这种精神追求来自美好生活环境，来自宗教信仰，来自体现自身社会地位，来自对现实田园生活的回归、理想环境的向往以及精神追求。

在人类衣食住行四大需求中，园林与“住”的关系比较密切，但远不及房子那样不可或缺。可是为什么在世界上人类文明发达的区域，不仅都有园林出现，而且还在很长的历史时期得到持续不断的发展，形成了不同的风格呢？因为人们在现实的物质需求基本得到保障的情况下，就会产生为自己的理想王国营造一个真实图景的愿望。西方的“伊甸园”和中国的“蓬莱仙境”都是出自人们想象的理想王国。

在中国古代，“天人合一”思想在西周已出现，孟子将天道与人性合二为一，寓天德于人心。人生的理想和社会的运作应该做到人与自然的协调，保持两者的亲和关系，既要利用大自然的各种资源使其造福人类，又要尊重自然，保护自然。“君子比德”思想起源于儒家，儒家认为大自然之所以会引起人们的美感，在于它们的形象能够表现出与人的高尚品德相似的特征。把“泽及万民”的理想德行赋予大自然而形成的山水风格，这种“人化自然”的哲理必然会使人们对山水更尊重。神仙思想起源于战国，当时社会处于大变动时期，人们对现实不满，企盼成为神仙而得到解脱，表达破旧立新的愿望。园林是人们摆脱现实、寄托理想的精神家园。“一池三山”的仙境最终成为园林山水布局的格式。

在西方，古希腊神话中的爱丽舍田园和基督教的伊甸园，都为人们描绘了天使在密林深处，在山谷水涧无忧无虑地跳跃、嬉戏的场景；佛教的净土宗《阿弥陀佛》描绘了一个珠光宝气、莲池碧树、重楼架屋的极乐世界；伊斯兰教的《古兰经》提到安拉修造的“天园”，果树浓郁，四条小河流淌园内。这些神话与宗教信仰表达了人们对美好未来的向往，也对园林的形成有深刻、生动的启示。“天园”的旖旎风光便成为后来伊斯兰园林的基本模式。古埃及的园林是从对农业景观的模仿开始的。西方古典园林则是统治者和贵族阶层炫耀财富和权势的结果。因此，此时的园林大都是建筑庭院的延伸。

现代公园的普及对促进和保持社会和谐具有非常正面的甚至是不可替代的积极作用。现代人快节奏的工作、生活更加需要在周围的生活空间中得到释放和解脱。自然的清闲、无我的意境很容易让人全身心释放，在疲惫的工作中足不出户，依然享受着阳光、天空、土壤、海洋、河流、树木、花草、空间、山石构成的人们所崇尚的自然环境。“回归自然”已成为人们在信息时代的一种精神文化追求趋势。

园林自从成为真正意义的园林之日起，就是人类意识中理想王国的形象模式，是人类解读人与自然关系的艺术模式。

**（三）园林的构成要素**

从自然属性看，无论古今中外，园林都是表现美、创造美、实现美、追求美的艺术环境。园林中浓郁的林冠，鲜艳的花朵，明媚的水体，动人的鸣禽，俊秀的山石，优美的建筑及栩栩如生的雕像艺术等都是令人赏心悦目、流连忘返的艺术作品。园因景胜，景以园异。虽然各园的景观千差万别，但是都由园林要素构成，也都体现了美的本质。

园林构成的四大要素山、水、植物、建筑中前三项也是构成自然风景的基本要素，园林的创造不是模仿这些自然构景要素的原始状态，而是通过审美意识和造型艺术的应用，有意识地改造、加工、调整和吸取大自然景观精华，创造出一个概括的、典型的、精练的自然景观。

在大型人工山水园中挖湖堆山的山水布置，是模拟自然山水关系而建立的，遵循“山脉之通按其水境，水道之达理其山形”的自然之理，来确定山水骨架，因地制宜形成山水相依、山环水抱的自然环境。山水景观设计选取山岳组成元素，应用天然山岳、自然水体构成的规律，进行山体组成元素、水体的组合，创造出合乎自然之理，具有天然情趣的山水环境。

小型人工山水园中，因基地的限制，自然山水相依的关系，只要靠对真山的抽象化、典型化的缩移模拟，对水体的曲折布置，追求“疏源之去由，察水之来历”水体布局体现。因此，常以水面为构图中心，模拟真山的全貌或截取真山一角，选择自然石材，通过叠石技艺，组成象征自然山岳的假山景观，形成园林主景。

植物配置以展示植物个体姿态与周围环境协调美，以及体现四季变换的天然植被景观为主。植物造景以树木为主调，翳然林木能让人联想到大自然的生机勃勃。树木栽植的形式，也采用自然林地方式进行种植，形成寓意深远、变化万千的自然环境。

建筑是园林中唯一的人工景观，但园林建筑在园林中，无论多寡，其性质、功能如何，都力求与山、水、植物这三项造园要素有机地组织在一系列风景画面中。在园林总体布局中，力求建筑美与自然美融合，达到人工与自然高度协调的境界。

中国传统木结构建筑，建筑的内墙、外墙可有可无，空间可虚可实、可隔可透。匠师们充分利用这种灵活性和随意性创造了千姿百态、生动活泼的外观形象，获得与自然环境的山、水、植物密切嵌合的多样性。同时，还利建筑内部空间与外部空间的通透、流动性，将建筑物的小空间与自然界的大空间沟通起来。为了更好地把建筑协调、融糅于自然环境之中，还创造了独特的园林建筑——亭、舫、廊，这使得建筑物与自然环境之间有和谐的过渡和衔接。

同时，园林都离不开自然，但中西方对自然的理解却很不相同。西方美学著作中虽也提到自然美，但这只是美的一种素材或源泉，自然本身是有缺陷的，不经过人工的改造，便达不到完美的境地，也就是说自然本身并不具备独立的审美意义。黑格尔在他的《美学》中曾专门论述过自然美的缺陷，因为任何自然界的事物都是自在的，没有自觉的心灵灌注生命和主题的观念性统一于一些差异并立的部分，因而便见不到理想美的特征。“美是理念的感性显现”，所以自然美必存在缺陷，不可能升华为艺术美。而园林是人工创造的，它理应按照人的意志加以改造，才能达到完美的境地。

## 二、园林的社会属性

园林是人类文明所创造的社会物质财富。它既要满足人们的生活需要，又要满足人们一定的审美要求。因而兼具物质功能和审美需求的双重性。在社会发展进程中，园林的发展和变化虽然依赖于一定的生产力水平，但更是生产关系、社会思想意识和每个时代民族的文化特征的反映与表现，所以它又具有社会性。它由民族性、地域性、历史性、时代性以及文化艺术特征诸方面反映出来。

### 1.民族特征

不同的民族有不同的园林形式，不同的地域有不同的园林形式和风格。

地理气候环境和自然资源等条件往往使聚居的人群产生共同的生活方式，形成特有的风俗和文化，也会有共同的园林艺术形式。各民族在对自然的认知过程中形成的哲学、美学等生活方式和生存理念，由于地理环境和人文历史的不同，其表现形式有很大的区别。园林艺术是各民族理解人与自然关系的艺术形式，其本质是民族文化的延伸和体现。各民族不同的文化，使园林艺术从一开始就循着不同的道路发展，营造出了风格各异的园林艺术形式。

创作园林的民族形式，既要继承真正优秀的成就又要面向现代的生活和文化成就，同时不排斥吸收其他民族的成功经验。民族形式是不断发展的，它不同于对古典形式的照抄照搬，甚至忽略当前人民生活的需要，摒弃科学技术新的成就而墨守成规。

### 2.地域特征

地域特征是特定区域的土地上自然和文化的特征，它包括在这块土地上天然的、由自然成因构成的大地景观。

由于世界上各区域气候、水文、地理等自然条件不同，形成了各具特色的地域特征，也形成了丰富多彩的人文风情和地域景观。基于地域特征的园林设计，造就风格各异的园林景观。

中国北方的皇家园林占地广阔、恢弘大气；江南私家园林尺度较小、清新雅致。意大利的台地园林，法国的古典主义园林，英国的自然风致园，日本园林的含蓄、简洁，给观者留下深刻的印象。

### 3.历史特征

在不同的历史时期都有不同的园林形态。从社会属性看，古代园林是皇室贵族和高僧们的奢侈品，主要是供少数富裕阶层游憩、享乐的花园和别墅庭园，没有出现真正为民众享用的园林。园林的社会属性从私有性质到公有性质的转化，园林的服务对象也从为少数贵族享乐到为全体社会公众服务的转变，必然影响到园林的表现形式、风格特点和功能等方面的变革。

### 4.时代特征

时代的不同，园林的风格也有不同的潮流特征。时代在发展，园林景观的设计也必须与时俱进。优秀的园林设计能反映时代特征，满足此时此地社会和民众的需求，体现出高度的社会责任感，它具体表现在园林的定位、功能分区和服务设施的安排等方面。

### 5.文化特征

园林是一种文化，是实用对象，也是审美对象，具有文化与艺术的特征。哈格里夫斯曾说："园林表达的是我们的文化如何与自然打交道。"这可以理解为不同文化思想对园林的风格有着不同的影响。

中国古代山川秀美，如神仙思想、天人合一思想、君子比德思想、隐逸文化等，都将中国文化与大自然的山水草木联系在一起。中国园林起源于对原始自然，即第一自然的模仿，并且沿着自然风景式的方向发展了几千年。

西方传统园林中的要素，如花坛、水渠、喷泉等实质是从农业景观中的种植畦和灌溉设施发展来的。因而西方园林模仿的是第二自然，或者更确切地说最初的园林的本身就是第二自然。

6.艺术特征

园林要创造可观、可行、可居、可游、有理想寄托的自然环境，因此，园林景观既需要"静观"，也要"动观"，在游动、行进中领略观赏，故园林是时空综合的艺术，是整体环境艺术。

园林艺术的基本单元是景象，在园林的发展中，园林艺术分别对地形、水景植物配置、园林建筑、园林色彩和园林布局（空间时序）等景象形成了独特的艺术要求，园林把这些艺术要素又组成了具有独立存在的价值的艺术整体。并且园林艺术的整体效果是与时间联系在一起的，园林表达出的那种"理性精神"和"诗情画意"是园林的基本内容，它也支配着物质内容，是一种四度空间的艺术。

## 三、园林的科技属性

园林学的发展一方面是自然科学中的植物学、生态学、建筑学等学科的新理论、原理，以主艺术流派的发展，扩展园林的研究内容，指导园林营建，相关学科的发展将各种新技术、新材料和表现方法引入园林学，用于园林营建；另一方面在对园林的进一步研究中，要将各种自然因素和社会因素相互关联，引入心理学、社会学和行为科学的理论，更深入地探索人对园林的需求及其解决途径。

### （一）科学性

美国的霍布森教授对科学的定义有一个精辟、严格的概括：一切观念都要接受经验的考验和批判的理性思维的挑战。园林经历了从艺术向科学演化的过程。

19世纪世界园林史的主要事件是美国及欧洲公园运动的兴起。伴随着同时代的科学热潮，比如马克思把科学引入社会学，西方的园林工作者开始注意"科学"问题，将工程学、医药学、卫生学以及社会学等科学成果引入园林。20世纪初，园林学正式确立为一门学科，似乎与科学的关系更近了。整个20世纪，不断有人将各种可能借用的科学概念引入园林。特别是环境学和生态学兴起后，更成为一种热门趋势。

社会学中哲学的发展，促进民主思想的进一步发展，为园林开辟了为大众服务的新天地。现代社会民主、人文关怀思想渐入人心，园林设计不再是贵族们隐居休闲或者寻欢作乐的场所，它作为民主社会的社会基础设施来到了公众的生活之中。

后现代主义的根本特征是填平精英文化和大众文化之间的现代主义鸿沟。它消解了崇高和神圣、秩序和等级。在20世纪70年代后社会逐渐多元化的背景下，面对多样的选择，如何满足大多数人的喜好，如何保证每个人的需求在未来实现的规划设计中不被排斥在外，如何使规划结果实现最大程度上的公正和社会满足，成为那些受到后现代主义浸染的，具有平民情结的设计师们最关注的问题，个人的或少数人的理性分析和判断遭到质疑。公众参与可以说是这一种社会学层次的后现代设计途径。

公众参与的设计方法首先在城市规划、建筑设计领域兴起，随着园林设计的理念不断地趋于多样化，面向公众和社会的园林设计理念也在不断地发展，精英意识逐渐被平民情结取代，公众参与的呼声日渐高涨，越来越多的设计师在以自己的实践探索着当代园林设计的社会学途径。

### （二）技术性

技术讲究的是实际，只要能在实际工作中成功应用就是技术，不一定必须有所谓科学理论基础。技术促使园林产生并不断发展，并使园林景观多姿多彩和园林功能得以实现。

古代园林的出现有赖于农业技术发展到一定水平，但是人类最早普遍栽培的植物绝大部分是食用的种类，其次是药草和可作为加工原料的种类。农业技术的发展是园林形成的重要基础。其中不仅包括多种木本和草本植物的栽培，还包括选优和扦插、嫁接等无性繁育技术以及灌溉系统的建造等。

在当代，许多新技术应用于园林水景的营造，比如水景的实现需要污水处理技术的支持，必须按照污水处理工艺流程进行水系的布局，才能实现美轮美奂的水景观。

新材料的应用也丰富了园林表达的语汇，强化了景观的视觉魅力，超越了传统意义上的地貌、水体、植被、建筑等自然景观要素，更加注重挖掘隐喻与象征等深层文化内涵的表达。

3S技术在园林中的应用：遥感（RS）、地理信息系统（GIS）和全球定位系统（GPS）称为“3S”技术。GIS技术在园林中应用于景观分析评价，辅助绿地规划，绿地信息属性数据库及信息管理系统的建立和辅助制图。RS在园林中应用于城市绿地资源信息调查、辅助园林设计和规划、环境数据的对比和分析。在园林中GPS是取代传统测量方法的最佳工具。

## 思考题

1. 简述园林学科的起源与发展过程。
2. 园林学的概念是什么？
3. 园林的相关概念有哪些？
4. 园林的基本属性有哪些？
5. 简述不同类型园林的特征。

# 第二章

# 东方园林体系的发展历史

## 第一节　中国园林发展史

中国古典园林包含的内容极为丰富，可以归纳为许多类型。其主要有三种类型：皇家园林、私家园林、寺观园林。皇家园林属于皇帝个人和皇室私有；私家园林属于民间的私人所有，古籍里面所说的园、园亭、园墅、池馆、山池、山庄大抵都归于这个类型；寺观园林即佛寺和道观的附属园林，也包括寺观内部庭院和外围地段的园林化环境。这三个主要类型在中国古代园林文化中，无论造园艺术或技术均具有典范性作用。

中国园林的发展研究在国内主要有冯纪忠的“五时期说”，他从古人对自然的态度与认识、审美的标准与取向、艺术的表现与手法和造园的探索与成就等方面，将中国园林的发展历史划分为“形、理、情、神、意”五个时期。周维权的“四阶段说”将园林发展归纳为原始社会时期、形成和发展时期、古典园林成熟期、风景园林拓展期四个阶段。俞孔坚的“三阶段说”是依据社会和经济发展的形态，造园形式、手法和服务对象等方面，将中外园林的发展历程大致划分为农业时代、工业时代、后工业时代三个阶段。

为了便于掌握和理解中国园林的发展脉络，结合国内外众多权威学者的研究，本书主要把中国园林的发展历史归纳为萌芽期、形成期、转折期、兴盛期、成熟期五个方面进行阐述。

### 一、中国园林的萌芽期

人类社会的原始文明持续了二百多万年。原始文明后期，出现了原始的农业公社和人类聚居的部落。人们把采集到的植物种子选择园圃种植，把猎获的鸟兽圈围起来养殖。于是在部落附近及房前屋后有了果园、菜圃、兽场等，在逐渐满足了人们祭祀温饱需要之后，其中某些动、植物的观赏价值日益突出，园林由此得到孕育，进入萌芽状态。

原始文明后期的园林萌芽状态的特点：① 种植、养殖、观赏不分；② 为全体部落成员共同管理，共同享受；③ 主观为了祭祀崇拜和解决温饱问题，而客观有观赏功能。

园林最初的形式为商周时期的“囿”。“囿”就是在一定的地域范围内，让天然的草木和鸟兽滋生繁育，还挖池筑台，供帝王贵族们狩猎和游乐。“囿”是园林的雏形，除部分人工建造外，大片的还是朴素的天然景色。“囿”的出现可以说是园林发展史萌芽时期的开始。

周代的天子、诸侯、士大夫等贵族奴隶主均经营园林供自己享用。东周时，诸侯国的势力强盛，各地的诸侯国在其封地都邑附近营建的贵族园林的规模都很宏大，其中最著名的当推吴王夫差的“姑苏台”（图2-1-1）和楚灵王

图2-1-1　姑苏台

修建的“章华台”。前者在今苏州西南部，高三百丈，宽八十四丈，有九曲路拾级而上，登上巍巍高台可饱览方圆二百里范围内湖光山色和田园风光，其景冠绝江南，闻名天下。高台四周还栽上四季之花，八节之果，横亘五里，还建灵馆、挖天池、开河、造龙舟、围猎物，供吴王逍遥享乐。

春秋战国时期的园囿出现了一些新的时代特色：一是重视利用水景，在水边建造台阁，作泛舟水嬉之游；二是娱乐方式的变化，吴王在馆阁中主要是欣赏伎乐，聆听舞步踏出的节奏等，开后世“周游事园林”之法门，重视精神上的享受和文化上的陶冶，显示了社会文化的进步；三是主题景致以人工池塘，馆阁楼台为主，路径环绕，取代了纯粹的自然山泽水泉，也不同于中原规划板带的灵台、灵沼。园林完成了由自然生态到人工模拟的转变，从原始的生活文化形态走向自然模仿的文化形态；四是园林摆脱了生息的物欲需求，注重利用自然的美妙山水，注意人工景点与自然之间的和谐。

## 二、中国园林的形成期

秦汉时期开始有了大量建筑与山水相结合的布局，我国园林的这一传统特点开始出现了。

最初起源于秦始皇统一六国后，他梦想成为长生不老的神仙，听信方士们的谎言，自称是不死的自由之神“仙真人”。“仙真人”的行动要诡秘，生活起居在高低溟林的山林云雾之中，外人不得而知。于是，他令人在咸阳四周二百里范围内的二百七十处宫、观之间，修起了“甬道”，相互连接，专供自己秘密通行。为了寻求长生不老之药，先后派遣卢生、侯公、韩终等两批方士携童男童女入海求仙。还听信东滨海商人方士徐福等的海上神仙之说，令徐福等带童男童女数千人，到海上去寻找神话中的神仙。

秦始皇首先将神话中的“蓬莱仙境”建进宫苑，帝王宫苑又成为象征神仙居住的仙苑。“始皇都长安，引渭水为池，筑为蓬、瀛……”，“蓬莱山”和“蓬瀛”模拟的是神似的神仙海岛。“筑”，说明这些“蓬、瀛仙岛”都是夯土而成的假山。中国园林以人工堆山的造园手法即开始于此时。

汉武帝刘彻时期，大汉帝国如日中天，汉武帝继秦始皇的衣钵，笃信海中有长生不老药的神仙仙苑，曾多次东临大海，遥想位于神秘大海中的缥渺仙岛。他也将成为“仙人”的梦想在地上的园林中实现。

汉武帝将山林苑扩建成苑中有苑、苑中有宫、苑中有观的规模更宏大的建筑群。苑址跨占长安、咸阳等吴县耕地，范围四百余里。水体在其中占据了重要的位置。建章宫北的太液池，池广十顷，象征北海，池中出现了象征海中三座神山的景观：瀛洲、蓬莱、方丈。

这种神仙方士们的理想境界，丰富并提高了园林艺术的构思，促进了园林艺术的发展。

图2-1-2　阿房宫

秦始皇开其端，而汉武帝集其成的“一池三山”布局纳入了园林的整体布局，从而形成为中国人造景观的一种样式，也成为皇家园囿中创作宫苑池山的一种传统模式，成为“秦汉典范”。

园林景观创作中的这种仙境界的趣味，随着道教思想的形成，得到了进一步的发展与充实。这一时期可以说是中国园林的形成期。历史上有名的宫苑有“上林苑”“阿房宫”（图2-1-2）“长乐宫”“未央宫”等。

### 三、中国园林的转折期

东汉以来独立的庄园经济日益巩固和发展，出现了一批世族和世俗地主，他们是文化和财富的拥有者，为私家园林的构筑提供了文化及雄厚的经济基础。

由于汉末中央集权崩溃，权力分散，使政治对学术与艺术的干预弱化，钦定标准被废弃，被压抑数百年的先秦诸子学说，尤其是老庄哲学重新为人们所重视。以此为契机而带来的多元化文化走向，为山水文化园的发展，提供了有利的社会环境。士大夫尚玄之风日炽，“以玄对山水”，山水的自然美开始作为独立的审美对象，从自然山水中领悟“道”，唤起了人的自觉、文学的自觉。

在这种时代精神气候下，世人讲究艺术的人生和人生的艺术，诗、书、画、乐、饮食、服饰、居室和园林，融入到人们生活领域，特别是悠远清幽的山水诗、潇洒玄远的山水画和士人山水园林，作为士人表达自己体玄识远、萧然高寄的襟怀的精神产品，呈现出诗画兼容的发展态势。

中国社会频繁改朝换代，造就了许多为顾全气节而隐居山林的“隐士”，但大批隐士的出现，或是为了追求清高和自由不羁的个人生活，或是为了保持独立的人格或理想而终身不仕，最多的是为了避危图安。魏晋时很多文人逃入深山，住土穴，进树洞，或是依树搭起窝棚做居室。

两晋特别是东晋时期，士人开始抛开往日价值观中的圣贤理想，淡化了“捐躯赴国难”的冲动，挣脱了礼法教条的束缚，更多地考虑到人生命的价值，重视人的永恒——精神的“永恒”与肉体的“永恒”。

求生命的永恒和超功利的人生境界的道教深入人心。谈玄论道，崇尚隐逸。但拥有土地、金钱的贵族使隐居方式产生了重大变化：有“山居”“岩栖”“丘园”和“城傍”四种形式，这种隐居方式，既能享受大自然的乐趣，又能享受城市的社会文明，彻底改变了与鸟兽同群的原始隐居方式。

东晋、南北朝士人、官僚、富商的私园在这种精神气候的沐浴下，如雨后春笋，绽芽破土。特别是时代文化的代表——士大夫们，更能引领时代潮流之先，普遍追求“五亩之宅，带长阜，倚茂林”的高品位精神生活。

最能代表园林新的文化模式的是“面城”“进市”，却是“闭门无哗”“寂寞人外”，为“且适闲居之乐”的士人小园。吴中的“顾辟疆园”当时号称“吴中第一私园”，以美竹闻名。北魏张伦所造景阳私园，重岩复岭，深溪洞壑，旖旋连接，俨然真山，高树巨林，足使日月避云。

士人园的书卷气和文化的高品位，对皇家宫苑都产生了巨大的文化冲击。在时代文化气候的浸染下，帝王宫苑的面貌发生了巨大的变化。

魏晋六朝时期的帝王宫苑，布局和使用内容上既继承了汉代苑囿的某些特点，又增加了较多的自然色彩和写意成分开始走向高雅。如魏文帝曹丕筑洛阳城内东北隅的华林园，园中种植松竹草木，捕禽兽以允其中，掘土堆山凿池，引谷水绕于殿前，形成园内完整的水系，追求自然野趣。

魏晋南北朝是历史上的一个大动乱时期，也是思想十分活跃的时期。儒家、道家、佛家、法家诸家争鸣，彼此阐发。思想解放促进了艺术领域的开拓，也给予园林很大的影响，加之庄园经济发展和“士族”的形成，使得造园活动由宫廷逐渐普及于民间。这时候，文人士大夫知识阶层深受老庄佛玄思想的浸润，持着超脱的、出世的心态，大多崇尚自然，寄情山水，向往隐逸，从而导致行动上游山玩水的风尚。在这种时代背景的影响下，经过东晋之初北方向南方的一次大移民即所谓“衣冠南渡”之后，江南一带的山水风景陆续开发出来。

山水风景的开发拓展了山水艺术的领域，标志着人们对自然美的鉴赏已趋于成熟。于是，有关山水的各个艺术门类相继兴起，包括山水文学、山水画、山水园林。

园林方面，除了皇家园林外，私家园林和寺观园林异军突起，形成了这三大类鼎足的发展态势。造园逐渐摆脱秦汉时的粗放状态，趋向于精致而完全臻于艺术创作的境地。园林的发展，已经出现明显的转折。

三国、两晋、十六国、南朝相继建立的大小政权都在各自的首都进行宫苑建置。其中建都比较集中的三个城市有关皇家园林的文献记载也比较多：北方为邺城、洛阳，南京为建康。这三个地方的皇家园林大抵都经历了若干朝代的变迁，规划设计上达到了这一时期较高水平，华林园便是典型一例。

私家园林兴盛，已出现宅院和别墅园之分，贵戚官僚纷纷在城市修建豪华宅邸，有宅必有园。无论南方和北方，宅院之见于文献记载的不在少数。

在城郊之外，随着庄园经济的发展，依附于庄园或者单独建置的别墅园亦逐渐增多。他们远离城市的喧嚣，那些属于士族文人名流所有的则更因园主人具备的高雅文化素质和对自然美的鉴赏能力而显示其意在追求山林泉石之怡性畅情，成为后世“文人园林”的滥觞。

## 四、中国园林的兴盛期

### （一）隋唐时期的园林

隋至盛唐，是中国封建社会的鼎盛时期，出现了民族文化大融合、大发展，社会政治、民族文化等在总体上都呈现出多元化的特点，思想界儒、道、释三教并存。艺术审美理论有了突破性发展，诗画高度发达，诗画艺术开始与园林艺术结合，园林数量多、质量高。据宋代李格非《洛阳名园记》记载，唐开元后，仅东京洛阳城郊的邸园就有千余处。

隋唐时期园林的艺术风格也多姿多彩。人生社会体验和审美情感开始渗透进园林风景之中，为中国传统园林艺术体系的成熟奠定了基础。

盛唐士人对自然美的认识有了完全的自觉，园林与士大夫们的生活也结合得更为密切。私家园林中士人园林在诗人画家直接参与构筑下，讲究意境创造，力求达到“诗情画意”的艺术境界。从其美学宗旨到艺术手法都进入了成熟阶段。

私家园林较之魏晋南北朝更兴盛，普及面更广，艺术水平大为提高。唐代，科举取仕确立，文人做官很多，他们都刻意经营自己的园林，因而私家园林受到文人趣味、爱好的影响也就较上个朝代更为广泛深刻。中唐以后，文人已有直接参与造园的，如白居易和王维等人，由于他们的介入，诗画的情趣渗入私家园林，从而把园林的艺术素质提高了一大步，奠定了宋以后“文人园林”的基础。

城市私园多为宅园，也称为“山池院”，规模大者占去半坊以上。洛阳城内河道纵横，为私家造园提供了优越的供水条件，园林亦多以水景取胜。而文人所经营的则更透出一种清纯雅致的格调，白居易在任“太子宾客”官职时建造的履道坊宅院便是一个很有代表性的例子。

1.士人园林的发展

士人园林已经进入园中有诗、园中有画的艺术境界，从美学宗旨到艺术手法都开始走向成熟；大体上都是借助真山实景的自然环境，加上人工的巧妙点缀，诗画意境的熏染，虽然依然属于自然风景庭园的范畴，但已经呈现出园林艺术从自然山水园向写意山水园的过渡趋势。

盛唐画家张璪在《绘境》中提出了“外师造化，中得心源”的著名艺术创作观点。运用到艺术上，则强调了“心悟”“顿悟”等心理体验，艺术成为一种“自娱”的产物和一种寻找内心解脱的方式。

张瑜将晋人在艺术实践中的“以形写形，以色貌色”。追求“形似”发展为“畅神”指导下的“神似”，自此，“外师造化，中得心源”遂成为中国艺术包括构园艺术创作所遵循的原则。

山水田园诗派的代表，被推为“南宗文人画之祖”的王维的“辋川别业”（图2-1-3），位于今陕西蓝田县西南10公里处的辋川山谷，当时辋谷之水，北流入灞水。园林就建在山岭起伏、树木葱郁、冈峦环抱的山谷之中。王维以画设景，以景入画，使辋水周于堂下，各个景点建筑诸如孟城坳、华子冈、文杏馆、斤竹岭、鹿柴、木兰柴、茱萸沜、宫槐陌、临湖亭、南垞、攲湖、柳浪、栾家濑、金屑泉、白石滩、北垞、竹里馆、辛夷坞、漆园、淑园等都散布于水间、谷中、林下，隐露相合。

**图2-1-3　辋川别业图局部（原载《关中胜迹图志》）**

中唐开始，文人的山水园已经大量出现。既有位于城外的山庄别墅，又有城市宅园——城市山林。醉心于造园手法的发挥和着意于形式美的追求，开始以小中见大的造园理论与手法，创造变化丰富的艺术空间。

著名诗人白居易在贬官江州司马之时（宪宗元和十二年），选择了天然名胜之区庐山香炉峰下构筑草堂，作为他谪官后的居住之所。草堂建筑十分简易，仅三间两柱。二室四墉，木不加丹，墙不粉白，堂内仅“木榻四，素屏一，漆琴一张，儒、道、佛书各三两卷”，但草堂周围“云水泉石，胜绝第一”，堂前“乔松十一数株，修竹千余竿”。却“仰观山，俯听泉，旁睨竹树云石。自辰及酉，应接不暇”“春有‘锦绣谷’花，夏有‘石门涧’云，秋有‘虎溪’月，冬有‘炉峰’雪”，完全是一派天然景色。

2. 皇家园林的发展情况

隋唐皇家宫苑吸收私家园林追求诗画意境的构园经验，讲求山池、建筑、花木的配置设计和整体规划，注重建筑美、自然美之间的协调。

隋唐宫苑，气势非凡，隋炀帝的西苑，规模宏大，周围二百里，内有十六院。隋洛阳会通苑，北距邙山，西至孝水。伊洛支渠，交会其间，周围一百二十六里。

隋唐宫苑中的宫殿与园景紧密结合，寓变化于严整之中。如宫苑本身仍袭仙海神山传统格局，但在以山水为骨架的格局中，都是以绵延的水景为主。

如隋洛阳的西苑，苑内龙鳞渠南流入海，海周十余里，水深数丈，海中有方丈、蓬莱、瀛洲三山，各相去三百步，山高出水面百余尺。山上有通真观、习灵台、总仙宫等，又有风亭、月观，并装有机械装置，可以升起或隐没，“若有神变”。以龙鳞渠贯通十六个苑中之院。

唐大明宫（图2-1-4）的宫苑，以太掖池的浩渺湖水为主要景观，太掖池又称蓬莱池。池中筑有蓬莱山，山上有蓬莱亭。池南有蓬莱殿、珠镜殿、郁仪殿、拾翠殿等。建筑与山水花木结合，人工美融于自然美之中。

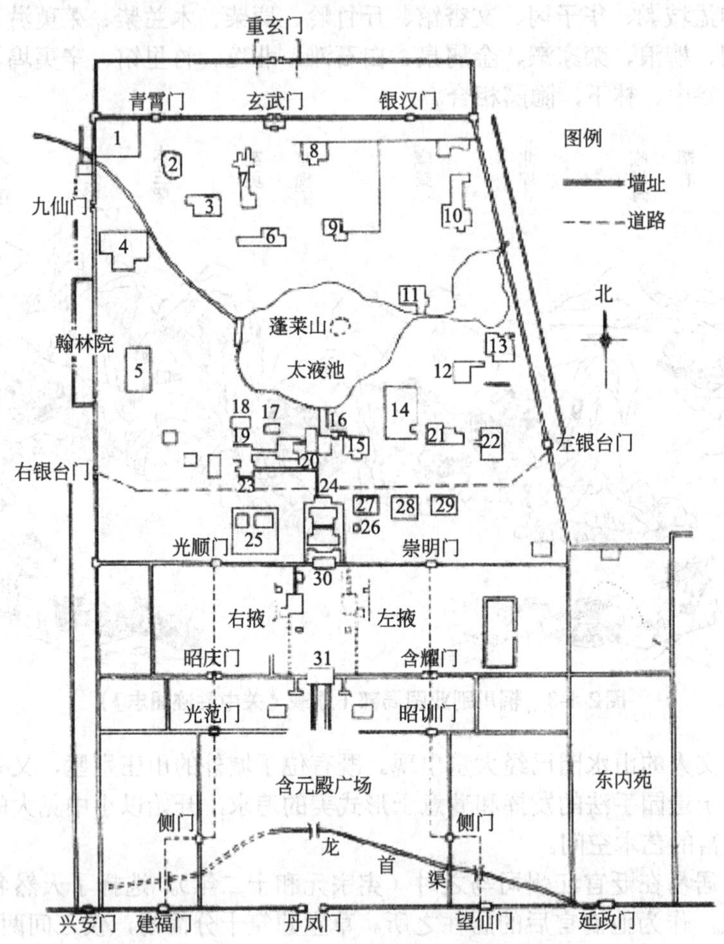

1.大福殿；2.三清殿；3.含水殿；4.拾翠殿；5.麟德殿；6.承香殿；7.长阁；8.元武殿；9.紫兰殿；10.望云楼；11.含凉殿；12.大角观；13.玄元皇帝庙；14.珠镜殿；15.蓬莱殿；16.清晖阁；17.金銮殿；18.仙居殿；19.长安殿；20.还周殿；21.清思殿；22.太和殿；23.承欢殿；24.紫宸殿；25.延英殿；26.望仙台；27.凌绮；28.浴堂；29.宣徽；30.宣政殿；31.含元殿

**图2-1-4 唐大明宫**

隋西苑各院围龙鳞渠屈曲周绕，庭内种植名花；秋冬之时，叶落花谢，复剪彩阜予以装缀，甚至还以人工剪制出水上的青荷。龙鳞渠宽二十步，各院均开西、东、南三门，门俱面水，水上架飞桥以达彼岸。过桥百步，即有杨柳修竹，郁茂隔护。

苑中有五湖，每湖各十里见方；湖中积土石为山，并构筑屈曲的亭殿，“穷极人间华丽”。另有曲水池、曲水殿、冷泉宫、青城宫、凌波宫、积翠宫、显仁宫等游赏景点，以及“八面合成，结构之丽，冠绝今古”的逍遥亭等巧构。

隋唐宫苑也有直接建于山麓的，如建于骊山山麓的华清宫，为一以温泉浴为主的离宫苑囿，园内引骊山泉汇为莲花池，池周各依地势，布置亭台楼阁掩映于绿荫之中，并以坡道、台阶相连。池在园中央，西有船亭、飞霞阁、杨妃池。山坡有五间轩、杨轩等；东有旗亭、碑亭、飞虹桥、望河亭等。

当时，每到十月，唐代皇帝即来此避寒游览，直到过年，始回长安。华清宫是中国皇家园林史上最早的“宫”“苑”分置，兼作政治活动的行宫御苑，对后代皇家宫苑产生重大影响。

3. 寺观园林

盛唐以宏阔的气魄，三教并行，“疏松影落空坛静，细草香闲小洞幽”的道观庭园，“四角碍白日，七层摩苍穹”的寺院，以及景教、祆教、摩尼教和伊斯兰教等的园林，散置于繁华的市井和幽静的名山，已经完成了园林化的过程，装点着意态爽朗与朝气蓬勃的盛世，引来无数文人墨客。

隋唐的寺院园林比魏晋南北朝更为普及，这是宗教世俗化的结果，同时也反过来促进了宗教和宗教建筑进一步的世俗化。城市寺观具有城市公共交往中心的作用，寺观园林亦相应地发挥了城市公共园林的职能。郊野寺院的园林包括独立建置的小园，庭院的绿化和外围的园林化环境是寺院本身由宗教活动的场所转化为点缀风景的手段，吸引香客和游客，促进了原始旅游的发展，也在一定程度上保护了生态环境。宗教建设与风景建设在更高层次上的结合，促成了山岳风景名胜区普遍开发的局面。

风景名胜区继魏晋南北朝向天然水的开阔更为普及与提高。城郊有踏青区禊饮和登高处；“江湖之远”也有美阁名楼。唐长安城沿著名的乐游原、曲江池，地势高、烟水明媚。更有芙蓉园、杏园与青龙、慈恩等寺院园林形成风景名胜系统。“曲江畅游”“雁塔题名”“杏园赐宴”等一代风流盛举，至今仍传为美谈。

## （二）宋代的园林

南宋时期，借助优越的自然条件，园林风格一度表现为清新活泼，自然风景与名胜得到进一步的开发利用。江南出现了文人园林群，南宋都城临安（今杭州）的西湖及近郊一带，在绿荫掩映下，散置着五百六十多处的皇家宫苑和贵族富豪的园林，还点缀着寺院园林，这些利用自然风景名胜区的旖旎风光，再进行加工点缀，成为“古今难画亦难诗”的园林艺术佳境。

对中国园林影响很大的“西湖十景”也在此时定出，即平湖秋月、苏堤春晓、断桥残雪、曲苑风荷、雷峰夕照、南屏晚钟、花港观鱼、柳浪闻莺、三潭印月、双峰插云，景观皆两两相望，平仄对仗。

宋徽宗崇宁二年（1103年），李诫作《营造法式》，对建筑设计与施工经验进行了理论上的总结，是中国古代最杰出的的建筑著作之一。它以模数衡量建筑，使建筑有比例地形成了一个整体，组合灵活，拆换方便。

1. 文人园林

宋代文人广泛参与造园，促成了私家园林中的“文人园林”的兴起，所谓文人园林，仍是文人营造的园林，更侧重赏心悦目而寄托思想，陶冶性情，表现隐逸者，也泛指那些受到文人的审美趣味浸润而“文人化”的园林。如果把它视为一种艺术风格，则后者意义更为重要。文人园林源于魏晋南北朝，萌芽于唐代，到南宋时已经形成其主要特征：简远、疏朗、雅致、天然——这是个特征也是文人趣味在园林中的集中表现，与宋代兴起的文人画的风格特点有某些类似之处。

2. 皇家园林

宋代的皇家园林集中在东京和临安两地，若论园林的规模和造园的气魄，远不如隋唐，但规划设计的精致则有过之而无不及。园林的内容少了些皇家气派，更多地接近于私家园林，南宋皇帝经常把行宫御苑赏赐臣下或者把臣下的私园收归皇室作为御苑。

北宋经济发展较好，城市繁华。皇家宫苑，太祖建设为求奢侈，而多豪装；太宗时规模愈大，启北宋崇奉道教奢华宫殿之端，美轮美奂，金碧辉煌，加之能诗善画的宋徽宗性好奢丽工巧，所建殿阁亭台园苑，“叠石为山，凿池为海，作石梁以升山亭，筑土冈以植杏林，又为茅亭鹤庄之属”，以仿天然。

北宋御苑规模建制远逊于唐，但艺术和技法则过之，作风渐趋绮丽纤巧，多去汉唐之硕大、朴素大方而易之以纤靡，重在刻意进行细部装饰，而不魁伟。

3. 寺观园林

宋代的寺观园林继唐之后进一步世俗化而达到“文人化”的境地，他们与私家园林之间的差异，除了尚保留着的一点烘托仙界的功能之外，基本上已经完全消失了。宋代，佛教禅宗崛起，禅宗教义着重于现世的内心自我解脱，尤其注意从大自然的陶冶欣赏中获得超悟。禅僧的这种深邃玄远、纯净清雅的情操，使得他们更向往于远离城镇尘俗的幽谷深山。道士讲究清净简陋，栖息山林犹如闲云野鹤，当然也具有类似禅僧的情怀。再加上僧道们的文人化的素养和对自然美的鉴赏能力，从而掀起了继两晋南北朝之后的又一次在山野风景地带建置景观的高潮。而在山野风景地带建造的寺观一般都精心建造园林，庭院绿化和外围的园林化环境，杭州西湖的众多佛寺便是典型的例子。

园林的观赏树木和花卉的栽培技术，已出现嫁接和引种驯化的方式，当时的洛阳花卉甲天下，素有花城之称。周叙《洛阳花木记》记载了近六百个品种的观赏树木。石材已成为普遍使用的造园素材，江南的地区尤甚。相应地出现了专以叠石为业的技工，吴兴称为“山匠”，苏州称为“花园子”。园林叠石技艺水平大为提高，人们更重视石的鉴赏品玩并刊行出版了多种“石谱”。所有这些都为园林的广泛性提供了技术上的保证。因为私家造园活动远远多于前代，艺术上和技术上均取得了前所未有的成就。

**（三）元代的园林**

元代是传统的中原农耕文化和特点鲜明的蒙古游牧文化并存的时代，也是两种文化激烈碰撞、融合的过程，其中主要以蒙古文化的汉化为特征。

元朝统治者实行民族压迫歧视政策，将民族分为蒙古、色目、汉人和南人四等，科举制度停止了七八十年，汉族文人失去了传统的“学而优则仕”的晋升之路，加上元朝对宗教采取兼容并蓄的优礼政策，除了禅宗、道教外，萨满教、喇嘛教、伊斯兰教、基督教亦皆在国内流行，文人中消极遁世以及复古主义思想泛滥。

经过宋元易代，特别是一向信守夷下之别的汉族文人，思想苦闷，民族情绪终元之世，没有消减，他们“思肖”（肖者，赵宋也），画无士之兰，发泄愤懑。许多人走向山林，既然是“兴亡千古繁华梦”，那就去做“酒中仙、林间友、尘外客”，“树间茅舍，藏书万卷，投老村家”，去享受松花酿的酒、春水煎的茶。艺术上，更加追求抒发内心的意趣和超逸意境，文人在倪云林为代表的“元四家”手里更发展了诗的表现性、抒情性和写意性这一美学原则，逸笔草草，直泄心中逸气。

1. 文人园林

由于儒学的沉沦、文人地位的下降，文人园林一度比较萧条。元初有赵孟頫在归安的莲庄，元末有倪云林在无锡的卿桂阁，常熟有陆庄和贾氏园等，留存至今的苏州狮子林，虽然已非原貌，但作为中国早期禅宗寺庙园林的代表，具有很高的文化艺术价值。

北方有元汝南王张柔在河北保定市中心开凿的“古莲花池”，引城西北鸡距泉与一亩泉之水，种植荷莲，构筑亭榭，广蓄走兽鱼鸟，名为“雪香园”。

2.皇家园林

元代的皇家宫苑主要有禁苑、御苑和后苑。公元1215年元代统治者攻陷了中都，到忽必烈至元四年（1267年），由于全国逐步统一，便决定在金中都的东北建设都城，命名为大都。大都的规划与建设即是以金的琼华岛海子为中心的，它建置了许多宫殿建筑。于是这里便由辽金时代的郊外苑囿，变成了包围在城市内部的一座封建帝王的禁苑，称之为“上苑”。

## 五、中国园林的成熟期

元、明、清初，文人园林风格涵盖民间的造园活动，导致私家园林的艺术成就达到了更高的境界。江南的私家园林更具有代表性。文人园林的大发展无疑是促成江南园林艺术达到高峰境地的重要因素，它的影响甚至涉及皇家园林和寺观园林，同时还造就了一批高水平的造园匠师，系统的造园理论著作也相继问世。

明代中叶以前，由于朱元璋在建国之初，废除了有一千多年历史的宰相制度和七百多年历史的三省（中书、门下、尚书）制度，将军政大权独揽一身。此后又建立内阁制度，削弱诸王权利，还建立锦衣卫、东厂和西厂，对群臣和百姓进行监视，实行恐怖的特务统治。经济上，采取传统的“重农轻商”政策，商业经济一度受挫。朝廷限制营造私家园林，加上一般人做官超不过八年，所以，鲜有私家园林出现。

明代中期，官方抑商政策出现了一定松动，苏州“机户”崛起。隆庆后海禁一度废除，海外贸易不断发展，苏州等城市成为商品集散地之一，手工业、商人、作坊、文人士子人数众多。商人中附庸风雅，“与贤士大夫倾盖交欢”。

另外，士子留恋繁华城市，出入市井，乐意与商人、能工巧匠、出色艺人等交游，越来越具有一种世俗平民化的特征，张扬个性的思潮已经抬头，文人市民化，审美趣味世俗化。艺术趣味发生了深刻变化，文学艺术创作商品化，唐寅“不炼金丹不坐禅，不为商贾不种田。闲来画幅丹青卖，不使人间造孽钱。”士大夫们有了金钱，便将造园作为重要的大事。中国园林也由此出现了新的繁荣局面。

私家园林经过明初一段时期的沉寂，到明代正德、嘉靖前后勃郁而起。中国“四大名园”中的两座私家园林，苏州的拙政园和留园分别建于明初年和嘉靖年间，其他诸多名园如豫园、无锡寄畅园和西林、南林等，皆初建于明代中叶。中国特色的园林文化体系基本成熟，园林艺术也日臻完美。

### （一）明末至清代的园林

1.园林发展的总体情况

明末和清朝，是中国的封建社会极盛而衰、传统文化向近代文化转型的时期。

自耕农业的普遍发展，庶族地主力量的增长，屯田向私有和民田的转化，资本主义生产关系的萌芽开始在封建制度母体内出现，古典文化成熟，也包含着文化大总结的意蕴。

由于宗法专制社会政治结构的强固以及伦理型文化传统的深厚沉重，士人园林在明末清初出现了新的高潮，进一步精致化、理论化。

清乾隆时期，中国古典园林艺术到了集成和定型阶段，古典园林再度辉煌。但也呈现出老态龙钟的衰败征兆，停滞不前，缺乏创新活力。

虽然“西学东渐”在古典园林的肌体中也注入了“异质”文化因子，但传统艺术及其结构依然有着顽强的生命力。

2.鼎盛的私家园林

明代末年，由于政治的腐败，在中国政治思想领域已经失控，越来越多的士人冲破了僵化的思维，于是，明晚期出现高扬个性和肯定人欲的思潮。

文人市民化，审美趣味世俗化，更多的文人将目光引向“穿衣吃饭”“百姓日用”上，士人园林也再度掀起高潮。园林创作中的主题意识得到进一步强化。但同时，文人园林也出现建筑化、城市化的倾向，弱化了自然野趣。

建于宅地旁的私家园林，北方以北京为中心，北京西郊除了皇家园林、寺庙园林以外，私家园林也点缀其间。如澄怀园（今东北义园），蔚秀园、承泽园、朗润园、勺园（均在今北京大学校园内），镜春园、熙春园（今清华大学内），一亩园、自得园（今中央党校内）等，方圆二十余里，鸟语花香。江南私家园林以南京、苏州、扬州、杭州、吴兴、常视为重点。其中以苏州、扬州最为著称，也最具有代表性。

在乾隆南巡期间，扬州园林曾盛极一时，瘦西湖至平山堂一带，曾是楼台画舫，十里不断，官僚富商、文人园林星罗棋布，有大小园林百余处，时有“扬州以园亭胜”之说。扬州地处南北之间，它综合了南北造园的艺术手法，形成了北雄南秀的独特园林风格。

地处江南水乡、太湖流域的苏州，宋代就有“苏州熟，天下足”的谚语，又有“上有天堂，下有苏杭”之说。

清朝皇家园林的高潮，奠定于康熙，完成于乾隆，是中国封建社会的最后一个繁荣时期。清代乾隆以后，皇家园林以北京西郊的三山五园、皇城西侧的三海御苑和长城外的避暑山庄为代表。

乾隆在位六十年，从未停止过造园活动，他凭借皇家的特权主持兴造的大型自然山水园不仅数量多而且规模大，展现出气魄恢宏的皇家气派。

乾隆时已建成“三山五园”，西面以香山静宜园为中心形成东麓的风景区，东面为万泉河水系内的圆明园、畅春园等人工山水园林，之间是玉泉山静明园和万寿山清漪园。静宜园宫廷区、玉泉山主峰、清漪园的宫廷区三者构成了一条东西走向的中轴线，再往东延伸交汇于圆明园与畅春园之间南北轴线的中心点。这个轴线系统将三山五园之间的20 $km^2$的园林环境串联成整体的园林集群。

圆明园号称万园之园，建于清代盛世，以建筑造型的技巧取胜，园内15万平方千米建筑中个体建筑的形式就有五六十种之多，而一百余组的建筑群的平面布置也无一雷同，可以说囊括了中国古代建筑可能出现的一切平面布局和造型式样。但却万变不离其宗，都是以传统的围合院落作为基本单元。

圆明园等园林艺术征服了世界，法国大文学家雨果惊叹：“一个近乎超人的民族所能幻想的一切都汇集于圆明园。圆明园是规模巨大的幻想原型，如果幻想也可能有原型的话。只要想象出一种无法描绘的建筑物，一种如同月宫似的仙境，那就是圆明园。假如有一座集人类想象力之大成的灿烂宝库，以宫殿庙宇的形象出现，那就是圆明园。”

“三山五园”毁于1860年，此后的35年，颐和园在清漪园的废墟上重建。颐和园以万寿山为中心，分前后山区和湖区。前山为全园的中心，正中是一组巨大的建筑群，自山顶智慧海往下为佛香阁、德辉殿、排云殿、排云门、云辉玉宇坊以至湖面，构成一条明显的中轴线。

在中轴线建筑的两边，又建了许多陪衬的建筑物，各抱地势，彼此辉映。东边以转轮藏为中心，西边以宝云阁（即铜亭）为中心，顺山势而下，并有许多假山邃洞上下穿行，人行其中便觉清凉有味。前山最为壮丽的是一栋二百七十三间的环湖长廊，依山带水。

**（二）造园实践的理论总结**

明后期文人对“穿衣吃饭”等日常生活十分关注，讲究怡情养性，重视生活艺术。诸如居住环境、居室雅化、艺花赏花、收藏鉴赏等，精神上的贵族化，生活上的享乐化达到极致。大批有关园林艺术美的著作也应运而生了。如明末王象晋的《群芳谱》、高濂的《遵生八笺》、计成的《园冶》、林有麟的《素园石谱》、李渔的《闲情偶寄》（居室、器玩两部）、高士奇的《北墅抱瓮录》、钱泳的《履园丛话》（园林部分）。

还有屠隆、郑板桥、袁枚、曹雪芹、沈复、乾隆等著作中均有精辟的造园理论。明清时期，还出现了一批园记文集，颇多理论色彩，如明田汝成的《西湖游览志》，王世贞的《游金陵诸园记》《娄东园林志》，张岱的《西湖梦寻》《陶庵梦忆》，刘侗的《帝京景物略》等，清李斗的《扬州画舫录》、钱咏的《履园丛话》等。其中，就造园问题作综合及系统的叙述的尤以《园冶》《长物志》《花镜》三部著作最著名。

其中《园冶》是中国第一部园林艺术理论的专著。明末造园家计成著，崇祯四年（公元1631年）成稿，崇祯七年刊行。全书共3卷，附图235幅。主要内容为园说和兴造论两部分。其中园说又分为相地、立基、屋宇、装拆、门窗、墙垣、铺地、掇山、选石、借景10篇。该书首先阐述了作者造园的观点，进而详细地记述了作者造园的观点，次而详细地记述了如何相地、立基、铺地、掇山、选石，并绘制了两百余幅造墙、铺地、造门窗等的图案。书中既有实践的总结，也有他对园林艺术独创的见解和精辟的论述。

计成不仅能以画意造园，而且也能诗善画，他主持建造了三处当时著名的园林——常州吴玄的东帝园、仪征汪士衡的嘉园和扬州郑元勋的影园。将园林创作实践总结提高到理论的专著，全书论述了宅园、别墅营建的原理和具体手法，反映了中国古代造园的成就，总结了造园经验，是一部研究古代园林的重要著作，为后世的园林建造提供了理论框架以及可供模仿的范本。同时，《园冶》采用以“骈四骊六”为其特征的骈体文，在文学上也有其一定的地位。

《园冶》一书的精髓，可归纳为“虽由人作，宛自天开”“巧于因借，精在体宜”两句话。这两句话的精神贯穿于全书。

“虽由人作，宛自天开”，说明造园所要达到的意境和艺术效果。计成处于封建社会的后期，所以在《园冶》中，属于封建士大夫阶层闲情逸趣的内容很多。如何将“幽”“雅”“闲”的意境营造出一种“天然之趣”，是园林设计者的技巧和修养的体现。以建筑、山水、花木为要素，取诗的意境作为治园依据，取山水画作为造园的蓝图，经过艺术剪裁，以达到虽经人工创造，又不露斧凿的痕迹。

例如在园林中叠山，就“最忌居中，更宜散漫”。亭子是园林中不可少的建筑，但“安亭有式，基立无凭”，建造在什么地方，如何建造，要依周围的环境来决定，使之与周围的景色相协调，使环境显得更丰富自然。例如在厅堂前置山，“耸起高高三峰，排列于前”，那就是败笔。长廊是游览的路线，“宜曲宜长则胜”。要“随形而弯，依势而曲，或蟠山腰，或穷水际，通花渡壑，蜿蜒无尽”。楼阁必须建在厅堂之后，可“立半山半水之间”“下望上是楼，山半拟为平屋，更上一层，可穷千里目也”。

造园不是单纯地模仿自然，再现原物，而是要求创作者真实地反映自然，又高于自然。尽可能做到使远近、高低、大小互相制约，达到有机的统一，要体现出大地的多姿。它有的似山林，有的似水乡，有的庭院深深，有的野味横溢，各具特色。如苏州拙政园，经过造园家的巧妙布置，这一带原来的一片洼地便形成了池水迂回环抱，似断似续，崖壑花木屋宇相互掩映、清澈幽曲的园林景色，真可谓“虽由人作，宛自天开”的佳作。

“巧于因借，精在体宜”，是《园冶》一书中最为精辟的论断，亦是我国传统的造园原则和手段。“因”是讲园内，即如何利用园址的条件加以改造加工。《园冶》说：“因者，随基势高下，体形之端正，碍木删桠，泉流石注，互相借资；宜亭斯亭，宜榭斯谢，小妨偏径，顿置婉转，斯谓‘精而合宜’者也。”而“借”则是指园内外的联系，《园冶》特别强调“借景”“为园林之最者”“借者，园虽别内外，得景则无拘远近”，它的原则是“极目所至，俗则屏之，嘉则收之”，方法是布置适当的眺望点，使视线越出园垣，使园之景尽收眼底。如遇晴山耸翠的秀丽景色，古寺凌空的胜景，绿油油的田野之趣，都可通过借景的手法收入园中，为我所用。这样，造园者巧妙地因势布局，随机因借，就能做到得体合宜。

虽然《园冶》对中国近现代园林的造园手法有着极强的借鉴作用，但是园林意境创作如同绘画，必须意在下笔之先，先构思出极好的腹稿，才能创作出极尽美景的园林艺术空间。园林绿化是造园极重要的方面，是园林的生命所在。可以说，没有树木花草，也就没有园林，而《园冶》一书对此论述甚少。水同样是园林的生命所系，没有水，同样不能称其为园林，而书中没有讲到“理水”。所以从造园学的全面内容来看，此书是有局限性的，但它仍不失为一本很有价值的关于中国造园学的教科书。

## 第二节　日本园林发展史

日本历史分成古代、中世、近世和现代4个时代，每个时代又分成若干朝代。园林历史阶段亦据此而分成古代园林、中世园林、近世园林和现代园林4个阶段。古代园林指大和时代、飞鸟时代、奈良时代和平安时代的园林，中世园林指镰仓时代、室町时代和南北朝的园林，近世园林指桃山时代和江户时代的园林。

### 一、古代园林

1.大和时代园林（300—592年）

按中国《史记》记载，日本远古时代（约公元一世纪）曾有100多个小国家，东汉（57年）日本派使者向东汉王朝称臣，东汉光武帝赐之以“汉倭奴国王”金印，此印至今仍存。至公元三世纪，其中之一的大和民族在广袤的大和平原上兴起，经过多年征战，在公元五世纪，终于统一了日本，建立大和国。大和国亦不断向中国派出使者，向中国学习文化，其中园林艺术就是一项。日本最早的史书《古事记》成书于712年，它与720年成书的《日本书记》都提到了皇家园林情况，虽然细节不清，但亦可追到一丝踪迹，如掖上池心宫、矶城瑞篱宫、泊濑列城宫等。

掖上池心宫是孝照天皇（传说公元三至四世纪天皇）的皇宫，宫内有园池；矶城瑞篱宫是崇神天皇（传说公元二至三世纪天皇）皇宫，宫内有篱笆；泊濑列城宫是武烈天皇（年代未知）的皇宫，内有洲岛。这些皇家园林特点是宫馆环池、环墙或环篱，苑内更有池、泉、游、岛及各种动植物。穿池起苑，池内放养鲤鱼，苑内奔走禽兽，天皇在园内走狗试马，远足田猎。史记履中三年（403年）条下载：“天皇在余盘市的矶池中，造两只游船，携皇后妃子，浮泛其中。”显宗元年（485年）条下载：“举行曲水宴。”曲水宴指的是仿中国园林中在每年春天三月三上巳日举行文人会集的游园活动，所有人环立于曲水之侧，待上游流下酒杯时作诗一首，否则罚酒一杯。武烈八年（506年）条载：“皇居内穿凿水池，构筑苑园，饲养禽兽。”

从类型上看，大和时代正值中国的魏晋南北朝时代（220—581年），故园林在带有中国殷商时代苑囿特点的同时，也带有该期的自然山水园风格，属于池泉山水园系列，而且园中有游船，表明日本园林一开始就与舟游结下了不解之缘。从源流上看，日本园林一开始就很发达，并未经过像中国那样长久的苑囿阶段，而且园中活动也很丰富和时髦，进一步表明了日本园林源于中国的史实。从技术上看，当时园林就有池、矶，而且是纯游赏性的，可谓技术先进。从活动上看，曲水宴的举行和欣赏皆是文人雅士所为，显出当时上层阶级的文化层次之高足以达到审美的境界。

2.飞鸟时代园林（593—710年）

此期园林亦属于池泉山水园系列，所有古园今已不存，但是，园林史料还是清楚地记载了这一时代的园林，有藤原宫内庭、飞鸟岛宫庭园、小垦宫庭园、苏我氏宅园等。

从造园水平上看，此期造园远胜于大和时代。从技术源流上看，来源于中国经朝鲜传入。从内容上看，依旧是以池为中心，增设岛屿、桥梁建筑，环池的滨楼是借景之所，也是池泉园的标志之一。从文化上看，在池中设岛，与《怀风藻》中所述的蓬莱神山是一致的，表明园林景观受到中国神仙思想的影响已在园林中表现；还有，在水边建造佛寺及须弥山都表明佛教开始渗透园林。从类型上看，不仅皇家有园林，私家园林也出现；不仅在城内有园林，在城外的离宫之制亦初见端倪。从传承上看，池泉式和曲水流觞与前朝一脉相承。从手法上看，该时代还首创了洲浜的做法，成为后世的宗祖。另外，动植物的橘子和灵龟都因其吉祥和长寿而登堂入室。

3.奈良时代园林（711—794年）

在唐文化影响下，《古事记》《日本书记》《怀风藻》和《万叶集》等最古老的一批史籍出现。此期日本全面吸取中国文化，整个平城京就是仿照当时中国的首都长安而建，史载园林有平城宫南苑、西池宫、松林苑、鸟池塘和城北苑等，另外还有平城宫以外的郊野离宫，如称德天皇（718—770年）在西大寺后院的离宫。城外私家园林还有橘诸兄（684—757年）的井手别业、长屋王（684—729年）的佐保殿和藤原丰成的紫香别业等。不过，这些往日庭园皆成过眼烟云，埋入历史的尘土之中。

考古发掘的平城宫东院庭园和平城京内几处庭园让人们更加详细地了解了奈良时代不到百年的皇家园林作为和所达到的成就。昭和五十年（1976年）发掘的平城京左京三条二坊4200m$^2$，结果发现东西60m、南北70m的范围内为奈良前期到后期时存在的庭园，园北高南低，凿一条细长曲水，北方从菰川引水，先入一个石组围成的沉淀池，从木管暗道流出，再经300 ∶ 1的坡度向南流去，曲流平均宽1.5m，最宽处为5 m，流长55 m，流时约为3min。曲流做法上还是如前朝，池底为小卵石，池壁为大卵石，池中还有种植水生植物的石砌植坛。平城市的另外几处庭园的考古发掘，如平城京左京三条一坊四坪庭园，面积东西10 m、南北5m的园池内有铺卵石的中岛；左京区一条三坊十五坪和十六坪的庭园有园池，池边有卵石铺成的洲浜。

从造园数量上看，奈良时代建园超过前朝。从喜好上看，还是热衷于曲水建制。从做法上看，神山之岛和出水洲浜并未改变。从私园上看，朝廷贵族是建园的主力军。

4.平安时代园林（794—1185年）

在模仿皇家园林的过程中，在国风时代创造了私家园林的寝殿造园林。寝殿造园林形式依旧是中轴式，轴线方向为南北向。园中设大池，池中设中岛，岛南北用桥通，池北有广庭，广庭之北为园林主体建筑寝殿，寝殿平面形式与唐风时期不同，不再是左右对称，而是较自由的非对称，池南为堆山，引水分两路，一路从廊下过，一路从假山中形成瀑布流入池中，池岸点缀石组，园中植梅、松、枫和柳等植物，园游以舟游为主。平安中期公卿藤原兼家（929—990年）的东三条殿始创于平安前期，焚后于藤原时代再建，重建后打破原来对称格局，中心建筑寝殿一侧衰退，重心偏移，形成非对称配置方式。与其同时期建造的堀河殿与东三条殿格局相似，而土御门殿则是藤原兼家五子，平安中期公卿和摄政藤原道长（966—1027年）建造的宅园，其寝殿左右东西对屋皆存，显然为早期寝殿造型格局。

在佛教进一步巩固地位的过程中，末期（12世纪70年代）源空开创净土宗。佛家按寝殿造园林格局演化为净土园林，流行于寺院园林之中。当然净土园林的来源也有说是源于净土变的院前池沼的佛画，不管如何，它还是与寝殿造园林有十分相像的格局，只不过把寝殿改为金堂而已。许多舍宅为寺的寺园和皇家敕建或贵族捐建的寺院大多体现了净土园林特点。园林格局依旧是中轴式、中池式和中岛式，但建筑的对称性明显保留下来。轴线上从南至北依次是大门、桥、水池、桥、岛、桥、金堂和三尊石（指仿佛教的三座菩萨的石组）。为与宗教仪式相结合，园林与戒坛结合，用植栽、木牌、垣墙、地形、地物、道路或帷幕把道佛界和俗界分开，石组布局用三尊佛教菩萨作为象征物。

平安时代的现存园林大多以寺院园林形式保存下来，如藤原时期的净土园林的作品有藤原道长的法成寺庭园、藤原赖通的平等院庭园、白河院的六胜寺园、鸟羽院的安乐寿院、胜光明院、待贤门院的法金刚院、藤原基衡的毛越寺庭园、藤原秀衡的无量光院、藤原基衡夫人的观自在院、藤原成衡夫人（德尼）的白水阿弥陀堂、一乘院惠信的净琉璃寺庭园、藤原忠通的法性寺殿庭园、后白河院的法住寺殿庭园等，另外，还有仿观自在王院和平等院的无量光院（平泉）、法金刚院（京都）、净琉璃寺（奈良）、园成寺（奈良）等。其中以法成寺、法胜寺和平等院最为典型。法成寺用围墙围成佛界，中轴明显，用四周回廊围合中心水池，水池中设中岛，金堂在北，左右对称。法胜寺三面围墙，一面沟壑，中轴明显，水池偏心，但中岛居中，上设九重塔，金堂出两庑，左右对称，水池曲折向东北，池边建钓殿。平等院则中轴很弱，前池不规则，名阿池（即阿弥陀佛池），中间建中岛，上面建左右对称，平面如凤凰展翅的凤凰堂（又名阿弥陀堂），以应凤凰涅槃的佛语。

总之，平安时代的园林总体上受唐文化影响十分深刻，中轴、对称、中池、中岛等概念都是唐代皇家园林的特征，在平安初的唐风时期表现更为明显，在平安中后的国风时期表现更弱，主要变化就是轴线的渐弱，不对称地布局建筑，自由地伸展水池平面。所以说，由唐风庭园发展为寝殿造庭园和净土庭园是平安时代的最大特征。当然，平安时代后期（11世纪）出现的世界上第一部造园书籍《作庭记》，作者橘俊纲（1028—1094年）是藤原赖通的儿子，在其父复建高阳院（1040年）时才14岁，但他跟随其父左右，出入造园现场，把对寝殿造庭园的亲身体验写成造园法典，影响后世。

## 二、中世园林

### 1.镰仓时代园林（1185—1333年）

如果说飞鸟时代和奈良时代是中国式自然山水园的引进期，那么平安时期就是日本化园林的形成时期和三大园林（皇家、私家和寺院园林）的个性化分道扬镳时期，中世的镰仓时代、南北朝时代和室町时代是寺院园林的发展期。近世的桃山时代是茶庭露地的发展期，近世的江户时代是茶庭、石庭与池泉园的综合期。也可以是说，飞鸟、奈良时代是中国式山水园舶来期，平安期是日本式池泉园的“和化”期，镰仓时代、南北朝时代、室町时代是园林佛教化的时期，桃山时代是园林的茶道化期，江户时代是佛法、茶道、儒意综合期。

在镰仓时代的前期，也就是在12世纪初，赖源朝任征夷大将军（1192年）时，日本的文化中心仍在京都的平安京。这时的居住形态虽然有些改变，但是，仍是按照前一时代的形式。因此，园林的设计思想也是寝殿造园林的延续，寺院园林也是净土园林的延续。

只是到了镰仓时代的后期，也就是说到了13世纪初，与禅宗相应地产生了以组石为中心追求主观象征意义的抽象表现的写意式山水园，这种写意式山水园的方向与中国当时园林的写意式山水园是不同的。它追求的是自然意义和佛教意义的写意，而中国的写意园林是追求社会意义和儒教意义（在文学艺术方面为主）的写意，最后发展固定为枯山水式庭园（图2-2-1）。

2.南北朝时代园林（1333—1392年）

南北朝时代，庄园制度进一步瓦解，乡间武士阶层抬头，分割庄园主土地领有权，并向幕府一元领导迈进。同时，各地守护大名纷纷扩大自己势力范围，建立独立王国，大名之间激烈征战。人们在不安和惊慌中寄托于佛教世界，寺院及其园林与前朝比更多地受到各阶层共识的欢迎。

图2-2-1　枯山水式庭园

同时，寺院园林作为战乱时期世人的避难所而相对稳定，从而成为枯山水的试验场。作为时代的造园巨匠，梦窗疎石被尊称为国师，他不仅禅理、诗画兼备，而且建筑和造园皆精，他的活跃年代一直从镰仓时代延续到南北朝时代的中期，当然，他大量的枯山水实践也是在这一时期完成的，如天龙寺庭园、西芳寺庭园、临川寺庭园、吸江庵庭园等。

这一时期园林最重要的是枯山水的实践，枯山水与真山水（指池泉部分）同时并存于一个园林中，真山水是主体，枯山水是点缀。池泉部的景点命名常带有禅宗意味，喜用禅语，枯山水部分用石组表达，主要用坐禅石表明与禅宗的关系，而西芳寺庭园则用多种青苔喻大千世界。

3.室町时代园林（1392—1573年）

室町时代，园林风尚发生了本质的变化，前朝产生的枯山水在此朝得到广泛的应用，独立枯山水出现；室町时代末期，茶道与庭园结合，初次走入园林，成为茶庭的开始；书院建造在武家园林中崭露头角，为即将来临的书院造庭园揭开序幕。从手法上看，园林日本化成熟，表现几方面：轴线式消失，中心式为主，以水池为中心成为时尚，枯山水独立成园，枯山水立石组群的岩岛式、主胁石成为定局。从传承上看，枯山水与池泉并存式，或池泉为主，只设一组枯瀑布石组的园林多种形式都存在，表明枯山水风格形成，而且独立出来，特别是枯山水本身式样由前期的受两宋山水画影响到本国岛屿模仿和富士山模仿都是日本化的表现。从景点形态上看，池泉园的临水楼阁和巨大立石显出武者风范。从游览方式上看，舟游渐渐被回游取代，园路、铺石成为此朝景区划分与景点联系的主要手段。从人物上看，这一朝代涌出的造园家如善阿弥祖孙三人、狩野元信、子健、雪舟等杨、古岳宗亘等都是禅学很深、画技很高的人物，有些人还到中国留过学。从理论上看，增圆僧正写了《山水并野形式图》，该书与《作庭记》一起初称为日本最古老的庭园书，另外，中院康平和藤原为明合著了《嵯峨流庭古法秘传之书》。

### 三、近世园林

1.桃山时代园林（1573—1603年）

这一时期的园林有传统的池庭、豪华的平庭、枯寂的石庭、朴素的茶庭。桃山时代不长，武家园林中人的力量的表现有所加强，书院建筑与园林结合使得园林的文人味渐浓。这一倾向也影响了后来江户时代皇家和私家园林。但是，由于皇家园林和武家园林仍旧以池泉为主题，但这一时期持续时间不长，只露出苗头就灭亡了。而且从茶室露地的形态看来，园林的枯味和寂味仍旧弥漫在园林之中，与明朝的以建筑为主的诗画园林相比，显而易见地是自然意味和枯寂意味重多了。此期的理论著作有矶部甫元的《钓雪堂庭图卷》和菱河吉兵卫的《诸国茶庭名迹图会》。

2.江户时代园林（1603—1867年）

江户时代的园林，从园主来看，表现为皇家、武家、僧家三足鼎立的状态，尤以武家造园为盛，佛家造园有所收敛，大型池泉园较少，小型的枯山水多见，反映了思想他移、流行时尚转变、经济实力下降等几方面因素。从思想来看，儒家思想和诗情画意得以抬头，在桂离宫及后乐园、兼六园等名园中显见。从仿景来看，不仅有中国景观，也有日本景观。从园林类型上看，茶庭、池泉园、枯山水三驾马车齐头并进，互相交汇融合，茶庭渗透入池泉园和枯山水，呈现出胶着状态。从游览方式上看，随着枯山水和茶庭的大量建造，坐观式庭园出现，虽有池泉但观者不动，但因茶庭在后期游览性的加强以及武家池泉园规模扩大和内容丰富等诸多原因，回游式样在武家园林中却一直未衰，只是增添坐观式茶室或枯山水而已。从技法上看，枯山水的几种样式定型，如纯沙石的石庭、沙石与草木结合的枯山水。型木、型篱、青苔、七五三式、蓬莱岛、龟岛、鹤岛、茶室、书院、飞石、汀步等都在此朝大为流行。从造园家上看，小堀远州、东睦和尚、贤庭、片桐石州等取得了令人瞩目的成就，尤以小堀远州为最。从园林理论上看，有北村援琴的《筑山庭造传》前篇，东睦和尚的《筑山染指录》，离岛轩秋里的《筑山庭造传》后篇、《都林泉名胜图》、《石组园生八重垣传》，石垣氏的《庭作不审书》，以及未具名的《露地听书》《秘本作庭书》《庭石书》《山水平庭图解》《山水图解书》和《筑山山水传》等，数量之多，涉及之广远远超过前代。

## 思考题

1.试述中国园林的形成过程。
2.试述中国园林的分类。
3.试述不同园林类型在中国园林史上的不同作用。
4.试述中国园林的主要特点。
5.举出五个有代表性的中国古典园林。
6.试述日本园林的形成过程。
7.试述日本园林的分类。
8.试述不同园林类型在日本园林史上的不同作用。
9.试述日本园林的主要特点。
10.举出五个有代表性的日本古典园林。
11.试述中日园林的异同点。

# 第三章

# 西方园林体系的发展历史

世界上最早的园林可以追溯到公元前16世纪的埃及，从古代墓画中可以看到祭司大臣的宅园采用方直的规划，规则的水槽和整齐的栽植。西亚的亚述确猎苑，后演变成游乐的林园。

巴比伦、波斯气候干旱，重视水的利用。波斯庭园的布局多以位于十字形道路交叉点上的水池为中心，这一手法被阿拉伯人继承下来，成为伊斯兰园林的传统，流布于北非、西班牙、印度，传入意大利后，演变成各种理水法，成为欧洲园林的重要内容。

古希腊通过波斯学到西亚的造园艺术，发展成为住宅内布局规则方整的柱廊园。古罗马继承希腊庭园艺术和亚述林园的布局特点，发展成为山庄园林。

欧洲中世纪时期，封建领主的城堡和教会的修道院中建有庭园。修道院中的园地与建筑功能相结合，如在教士住宅的柱廊环绕的方庭中种植花卉，在医院前辟设药圃，在食堂厨房前辟设菜圃，此外还有果园、鱼池和游憩的园地等。在今天，英国等欧洲国家的一些校园中还保存这种传统。13世纪末，罗马出版了克里申吉著的《田园考》，书中有关于王侯贵族庭园和花木布置的描写。

在文艺复兴时期，意大利的佛罗伦萨、罗马、威尼斯等地建造了许多别墅园林。以别墅为主体，利用意大利的丘陵地形，开辟成整齐的台地，逐层配植灌木，并把它修剪成图案形的植坛，顺山势运用各种水法，如流泉、瀑布、喷泉等，外围是树木茂密的林园。这种园林通称为意大利台地园。

法国继承和发展了意大利的造园艺术。1638年，法国布阿依索写成西方最早的园林专著《论造园艺术》。他认为“如果不加以条理化和安排整齐，那么人们所能找到的最完美的东西都是有缺陷的”。17世纪下半叶，法国造园家勒诺特尔提出要“强迫自然接受匀称的法则”。他主持设计凡尔赛宫苑，根据法国这一地区地势平坦的特点，开辟大片草坪、花坛、河渠，创造了宏伟华丽的园林风格，被称为勒诺特尔风格，各国竞相仿效。

18世纪欧洲文学艺术领域中兴起浪漫主义运动。在这种思潮的影响下，英国开始欣赏纯自然之美，重新恢复传统的草地、树丛，于是产生了自然风景园。英国申斯诵的《造园艺术断想》，首次使用“风景造园学”一词，倡导营建自然风景园。初期的自然风景园创作者中较著名的有布里奇曼、肯特、布朗等，但当时对自然美的特点还缺乏完整的认识。

18世纪中叶，钱伯斯从中国回英国后撰文介绍中国园林，他主张引入中国的建筑小品。他的著作在欧洲，尤其在法国颇有影响。18世纪末英国造园家雷普顿认为自然风景园不应任其自然，而要加工，以充分显示自然的美而隐藏它的缺陷。他并不完全排斥规则布局形式，在建筑与庭园相接地带也使用行列栽植的树木，并利用当时从美洲、东亚等地引进的花卉丰富园林色彩，把英国自然风景园推进了一步。

从17世纪开始，英国把贵族的私园开放为公园。18世纪以后，欧洲其他国家也纷纷仿效。自此西方园林学开始了对公园的研究。

19世纪下半叶，美国风景建筑师奥姆斯特德于1858年主持建设纽约中央公园时，创造了“风景建筑师”一词，开创了“风景建筑学”。他把传统园林学的范围扩大了，从庭园设计扩大到城市公园系统的设计，以至区域范围的景物规划。他认为城市户外空间系统以及国家公园和自然保护区是人类生存的需要，而不是奢侈品。此后出版的克里夫兰的《风景建筑学》也是一本重要专著。

1901年，美国哈佛大学创立风景建筑学系，第一次有了较完备的专业培训课程表，其他一些国家也相继开办这一专业。1948年，国际风景建筑师联合会成立。

## 第一节　西亚园林发展历史

公元前三千多年——地中海东部沿岸古埃及产生世界上最早的规则式园林，地中海东部沿岸地区是西方文明发展的摇篮。当时古埃及在北非建立奴隶制国家。尼罗河沃土冲积，适宜于农业耕作，但国土的其余部分都是沙漠地带。沙漠居民把在一片炎热荒漠的环境里有水和遮荫树木的“绿洲”作为模拟的对象。尼罗河每年泛滥，退水之后需要丈量土地，因而发明了几何学。于是，古埃及人也把几何的概念用于园林设计。水池和水渠的形状方整规则，房屋和树木都按几何形状加以安排，是世界上最早的规整式园林设计。

### 一、古埃及园林

#### （一）古埃及园林类型

古埃及园林可以划分为宫苑园林、圣苑园林、陵寝园林和贵族花园4种类型。

1.宫苑园林

宫苑园林是指为埃及法老休憩娱乐而建筑的园林化的王宫，四周围以高墙，宫内再以墙体分隔空间，形成若干小院落，呈中轴对称格局。各院落中有格栅、棚架和水池等，装饰有花木、草地，畜养水禽，还有凉亭的设置。图3-1-1是一座古埃及底比斯的法老宫苑的复原平面图。

整个宫苑呈正方形，中轴线顶端呈弧状突出。宫苑建筑用地紧凑，以栏杆和树木分隔空间。走进封闭厚重的宫苑大门，首先映入眼帘的是夹峙着狮身人面像的林荫道。林荫道尽端接宫院，宫门处理成门楼式的建筑，称为塔门，十分突出。塔门与住宅建筑之间是笔直的甬道。构成明显的中轴对称线。甬道两侧及围墙边行列式种植着椰枣、棕榈、无花果及洋槐等。宫殿住宅为全园中心，两边对称布置着长方形泳池。池水略低于地面，呈沉床式。宫殿后为石砌驳岸的大水池，池上可荡舟，并有水鸟、鱼类放养其中。大小池的中轴线上设置码头和瀑布。园内因有大面积的水面、庭荫树和行道树而凉爽宜人，又有凉亭点缀，花台装饰，葡萄悬垂，甚是诱人。

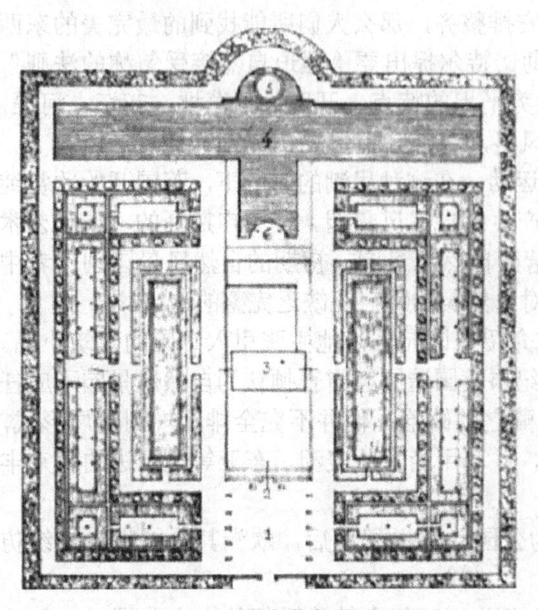

图3-1-1　法老宫苑复原平面图

2.圣苑园林

圣苑园林是指为埃及法老参拜天地神灵而建筑的园林化的神庙，周围种植着茂密的树林以烘托神圣与神秘的色彩。宗教是埃及政治生活的重心，法老即是神的化身。为了加强这种宗教的神秘统治，历代法老都大兴圣苑，拉穆塞斯三世（Ramses III，公元前1198年—公元前1166年在位）设置的圣苑多达514座，当时庙宇领地约占全国耕地的1/6。图3-1-2是著名的埃及女王哈特舍普苏（Hatsheput，约公元前1503年—公元前1482年在位）为祭祀阿蒙神（Amon）在山坡上修建的宏伟壮丽的德力·埃尔·巴哈里神庙复原图。

图3-1-2　德力·埃尔·巴哈里神庙复原图

神庙的选址为狭长的坡地，恰好躲避了尼罗河的定期泛滥。人们将坡地削成三个台层，上两层均有以巨大的有列柱廊装饰的露坛嵌入背后的岩壁，一条笔直的通道从河沿径直通向神庙的末端，串联着三个台阶状的广阔露坛。入口处两排长长的狮身人面像，神态威严。神庙的线性布局充分体现了宗教的神圣、庄严与崇高的气氛。神庙的树木配置据说遵循阿蒙神的旨意，台层上种植了香木，甬道两侧是洋槐排列的林荫树，周围高大的乔木包围着神庙，一直延伸到尼罗河边，形成了附属于神庙的圣苑。古埃及人视树木为神灵的祭品，用大片树木绿化表示对神灵的崇拜。许多圣苑在棕榈、埃及榕等乔木为主调的圣林间隙中，设有大型水池，驳岸以花岗岩或斑岩砌造，池中栽植荷花和纸莎草，放养着象征神灵的鳄鱼。

3.陵寝园林

陵寝园林是指为安葬埃及法老以享天国仙界之福而建筑的墓地。其中心是金字塔，四周有对称栽植的林木。古埃及人相信灵魂不灭，如冬去春来，花开花落一样。所以，法老及贵族们都为自己建造了巨大而显赫的陵墓，陵墓周围一如生前的休憩娱乐环境。著名的陵寝园林是尼罗河下游西岸吉萨高原上建筑的80余座金字塔陵园。

金字塔是一种锥形建筑物，外形酷似汉字“金”，故名。它规模宏大、壮观，显示出古埃及科学技术的高度发达。其中，胡夫金字塔（古埃及第四王朝国王）为世界之最，高146m，边长232m，占地5.4hm$^2$，用230万块巨大的石灰岩石砌成，平均单块重约2000kg，最大石块重达15000kg。10万多名奴隶，历经30多年劳动方才竣工。其建筑工艺之精湛令人惊叹，虽无任何黏着物，却石缝严密，刀片不入。金字塔陵园中轴线有笔直的圣道，控制着两侧的均衡，塔前设有广场，与正厅（祭祀法老亡灵的享殿）相望。周围成行对称地种植椰枣、棕榈、无花果等树木，林间设有小型水池。

陵寝园林的地下墓室中往往装饰着大量的雕刻及壁画，其中描绘了当时宫苑、园林、住宅、庭院及其他建筑风貌，为了解数千年前的古埃及园林文化提供了珍贵资料。

4.贵族花园

贵族花园是指古埃及王公贵族为满足其奢侈的生活需要而建筑的与府邸相连的花园。这种花园一般都有游乐性的水池，四周栽培着各种树木花草，花木中掩映着游憩凉亭。在特鲁埃尔·阿尔马那（Tell.el-Armana）遗址发掘出一批大小不一的园林，都采用几何式构图，以灌溉水渠划分空间。园的中心乃矩形水池，大者如湖泊，可供泛舟、垂钓和狩猎水鸟。周围树木排行作队，有棕榈、柏树或果树，以葡萄棚架将园林围成几个方块。直线型的花坛中混植着虞美人、牵牛花、黄雏菊、玫瑰和茉莉等花卉，边缘以夹竹桃、桃金娘等灌木为篱。

有些大型的贵族花园呈现宅中有园、园中套园的布局。如古埃及底比斯阿米诺非斯三世（Amenophis Ⅲ，公元前1412—公元前1376年在位）某大臣墓室中发掘出的石刻图，据考证，这幅石刻图正是该大臣的住宅及花园。由图可知，该园林呈正方形，四周围着高墙，入口的塔门及远处的3层住宅楼构成全园的中轴线。园林中的水池、凉亭均采用严格的中轴对称式布局。园内成排地种植着埃及榕、椰枣、棕榈等园林树木，矩形水池中栽培着莲类水生花卉。庭园中心区域是大片成行作队的葡萄园，反映出当时贵族花园浓郁的生活气息。

同一墓室中还出土一幅画，描绘了奈巴蒙花园（Nebamon Garden）的情景，它正是这座大型贵族花园中的一处小花园。矩形的水池位于园林中央，池中养殖水生植物与动物，池边栽植芦苇和灌木，周围种植着椰枣、石榴、无花果及其他果树，对称式有规则地布局，反映出当时埃及贵族王公们的游乐和生活习俗。

**（二）古埃及园林特征**

古埃及园林的形式及其特征，是古埃及自然条件、社会发展状况、宗教思想和人们的生活习俗的综合反映。

在一个比较恶劣的自然环境中，人们首先追求的是如何创造出相对舒适的居住小环境。因此，古埃及人在早期的造园活动中，除了强调种植果树、蔬菜以产生经济效益的实用目的外，还十分重视园林改善小气候的作用。

在干燥炎热的气候条件下，阴凉湿润的环境就能给人以天堂般的感受。因此，庇荫作用成为园林功能中至关重要的部分，树木和水体就成了古埃及园林中最基本的造园要素。此外，棚架、凉亭等园林建筑也应运而生。

水体既可增加空气湿度，又能为灌溉提供水源；水池既是造景要素，又是娱乐享受的奢侈品，成为古埃及园林中不可或缺的组成部分。水池中养鱼、水禽、种植睡莲等，形成水生植物和水禽的栖息地，也为园林增添了自然的情趣和生气。

植物的种类和种植方式丰富多变，如庭荫树、行道树、藤本植物、水生植物及桶栽植物等。甬道上覆盖着葡萄棚架，形成绿廊，既能遮荫、减少地面蒸发，又为户外活动提供了舒适的场所。

早期的埃及园林中，花卉品种比较少，种植数量也不多，其原因或许也是因为气候炎热，不希望园林中有鲜艳的色彩。只是当埃及与希腊接触之后，花卉装饰才成为一种时尚，在园林中大量出现。埃及从地中海沿岸引进了一些植物品种，丰富了园林中的植物品种。

图3-1-3　埃及园林入口形式

由于水体在园林中的重要作用，古埃及园林大多选择建造在临近河流或水渠的平地上。园内一般地形平坦，少有高差上的变化。池水略低于地面，呈沉床式，以台阶联系上下。园地多呈方形或矩形，在总体布局上有统一的构图，采用严整对称的布局形式，显得严谨有序。

大门与住宅建筑之间是笔直的甬道，构成明显的中轴线，两边对称布置着凉亭和矩形水池。主要入口建造成门楼形式的建筑，称为塔门，十分突出（图3-1-3）。

古埃及的宫苑和宅园，不仅四周围以高墙，而且园内也以墙体分隔空间，形成若干个独立并各具特色的小空间，互有渗透和联系。各院落中有格栅、棚架和水池等，装饰有花池和草地。这种将园林分隔成数个小型封闭性空间的布局方式，与后来的伊斯兰园林很相似，也许同样是为不同家庭成员的使用要求而设置的，同时也易于形成荫蔽和亲密的空间气氛。

从社会因素及宗教思想上来看，浓厚的宗教迷信思想及对永恒生命的追求，促使了相应的神苑及墓园产生。

园林中动、植物种类的运用也受到宗教思想的影响。埃及人将树木视为奉献给神灵的祭祀品，以大片树木表示对神灵的尊崇，雄伟而有神秘感的庙宇建筑周围都有大片林地围合而成的圣苑。其中往往还有大型水池，池中种有荷花和纸莎草，并放养作为圣物的鳄鱼。在法老及贵族们巨大而显赫的陵墓周围，有为死者而建的墓园，规模通常不大，也和其他古埃及园林一样，园中以大量的树木结合水池，形成凉爽、湿润而又静谧的空间气氛。

农业生产的需要导致了古埃及引水及灌溉技术的提高，土地规划也促进了数学和测量学的发展，科技的进步在一定程度上也影响到埃及园林的布局。由于天然森林的匮乏，而植物生长又必须开渠引水，进行灌溉。这些都使得埃及园林的形成，从一开始就具有强烈的人工气息，因而其布局也采用了整形对称的规则式，给人以均衡稳定的感受。行列式栽植的树木，几何形的水池，反映出埃及人在恶劣的自然环境中力求以人力改造自然的思想。这正表明东西方园林在不同的环境之下，从一开始就代表着两种思维方法、向两个方向发展的，从而形成世界园林两大体系的先导。

### （三）古埃及园林发展背景

埃及位于非洲大陆的东北部，尼罗河从南到北纵穿其境，冬季温暖，夏季酷热，全年干旱少雨，沙石资源丰富，森林稀少，日照强烈，温差较大。尼罗河的定期泛滥，使两岸河谷及下游三角洲成为肥沃的良田。

大约公元前3100年，南方的美尼斯统一了上、下埃及，开创了法老专制政体，即所谓前王朝时代（约公元前3100年—公元前2686年），并发明了象形文字。从古王国时代（约公元前2686年—公元前2034年）开始，埃及出现种植果树、蔬菜和葡萄的实用园，与此同时，出现了供奉太阳神的神庙和崇拜祖先的金字塔陵园，成为古埃及园林形成的标志。中王国时代（约公元前2033年—公元前1568年）的中前期，重新统一埃及的底比斯贵族重视灌溉农业，大兴宫殿、庙宇及陵寝园林，使埃及再现繁荣昌盛气象。新王国时代（约公元前1567年—公元前1085年）的埃及国力曾经十分强盛，埃及园林也进入繁荣阶段。园林中最初只种植一些乡土树种。如埃及榕、棕榈，后来又引进了黄槐、石榴、无花果等。

从公元前671年开始，埃及又先后遭到亚述人、波斯人和马其顿人的野蛮入侵，到公元前332年终于结束了长达3000多年的“法老时代”。

## 二、阿拉伯园林

公元7世纪，阿拉伯人征服了东起印度河西到伊比利亚半岛的广大地带，建立一个横跨亚、非、拉三大洲的伊斯兰大帝国，虽然后来分裂成许多小国，但由于伊斯兰教教义的约束，在这个广大的地区内仍然保持着伊斯兰文化的共同特点。一方面，阿拉伯人早先原是沙漠上的游牧民族，祖先逐水草而居的帐幕生涯，对“绿洲”和水的特殊感情在园林艺术上有着深刻的反映；另一方面，又受到古埃及的影响，从而形成了阿拉伯园林的独特风格：以水池或水渠为中心，水经常处于流动的状态，发出轻微悦耳的声音。建筑物大半通透开畅，园林景观具有一定幽静的气氛。

阿拉伯文化吸收了水平较高的波斯文化中的许多精华，而波斯文化也带上了伊斯兰教的色彩。产生了一种可称之为“波斯阿拉伯式”的新样式。水、凉亭、绿树荫是庭院最主要的构成要素。

伊斯兰对西班牙的征服始于711年，到716年攻占塞维利亚之后，西班牙被完全征服。在长达700年的穆斯林统治下，阿拉伯人大力移植西亚尤其是波斯、叙利亚的地方文化，使西班牙留下了一些永存在西班牙人心中的思想方式（这是东方文化给欧洲的最大印记），从而创造了富有东方情趣的西班牙阿拉伯式造园。西班牙摩尔人在这片分离的土地上创造了一种新文化以及与之相应的新环境，并将其反映于当时的园林设计理念之中：由厚实坚固的城堡式建筑围合而成的内庭院。这些庭院被白墙环绕，被水道和喷泉切分，并种植了大量的常绿树篱和柑橘树，利用水体和大量的植被来调节庭院和建筑的温度。14世纪的阿尔罕布拉宫庭院（Alhambra）是其典型代表（图3-1-4）。

印度的造园艺术，从伊斯兰教徒715年占领印度西北部，建立统治之后，也逐渐阿拉伯化。印度的阿拉伯式园林的盛期是16世纪和17世纪，那正是莫卧儿帝国时期，其代表园林是夏利玛尔园。同时，陵墓在花园中占有十分重要的地位。著名的泰姬陵是其典型代表（图3-1-5）。

图3-1-4 阿尔罕布拉宫庭院

图3-1-5 泰姬陵

## 第二节 欧洲园林发展历史

欧洲园林，作为世界园林的主要风格系统之一，其有很多方面是值得学习的，这里从其文化精神方面讲述欧洲园林，是为了更加深刻形象地讲述其对世界园林的影响，同时更加生动地把欧洲园林刻在心底。

15世纪后期——欧洲意大利半岛的理水方式和园林小品产生。

15世纪是欧洲商业资本的上升期，意大利出现了许多以城市为中心的商业城邦。政治上的安定和经济上繁荣必然带来文化的发展。人们的思想从中世纪宗教中解脱出来，摆脱了上帝的禁锢，充分意识到自己的能力和创造力。“人性的解放”结合对古希腊罗马灿烂文化的重新认识，从而开创了意大利“文艺复兴”的高潮，园林艺术也是这个文化高潮里面的一部分。

意大利半岛三面濒海而多山地，气候温和，阳光明媚。积累了大量财富的贵族、大主教、商业资本家们在城市修建华丽的住宅，也在郊外经营别墅作为休闲的场所，别墅园遂成为意大利文艺复兴园林中最具代表性的一种类型。别墅园林多半建立在山坡地段上，就坡势而做成若干的台地，即所谓的台地园。园林的规划设计一般都由建筑师担任，因而运用了许多古典建筑的设计手法。主要建筑物通常位于山坡地段的最高处，在它的前面沿山坡而引出的一条中轴线上开辟一层层的台地，分别配置保坎、平台、花坛、水池、喷泉、雕像。各层台地之间以蹬道相联系。中轴线两旁栽植高耸的丝杉、黄杨、石松等树丛作为园林本身与周围自然环境的过渡。站在台地上顺着中轴线的纵深方向眺望，可以看到无限深远的园外借景。这是规整式与风景式相结合并以前者为主的一种园林形式。

理水的手法远较过去丰富。在高处汇聚水源做贮水池，然后顺坡势往下引注成为水瀑、平濑或流水梯，在下层台地则利用水落差的压力做出各式喷泉，最低一层平台地上又汇聚为水池。此外，常有为欣赏流水声音而设的装置，甚至有意识地利用激水之声构成音乐的旋律。

作为装饰点缀的“园林小品”也极其多样，那些雕镂精致的石栏杆、石坛罐、保坎、碑铭以及为数众多的、以古典神话为题材的大理石雕像，它们本身的光亮晶莹衬托着暗绿色的树丛，与碧水蓝天相掩映，产生一种生动而强烈的色彩和质感的对比。

意大利文艺复兴式园林中还出现一种新的造园手法——绣毯式植坛，即在一块大面积的平地上利用灌木花草的栽植镶嵌组合成各种纹样图案，好像铺在地上的地毯。

17世纪——法国的中轴线对称规整的园林布局。

17世纪，意大利文艺复兴式园林传入法国。法国多平原，有大片天然植被和大量的河流湖泊。法国人并没有完全接受台地园的形式，而是把中轴线对称均齐的整齐式园林布局手法运用于平地造园。

17世纪末——法国尽量运用一切文化艺术手段来宣扬君威。

17世纪末，欧洲资本主义的原始积累加速进行着，君主专制政权成了资产阶级和贵族共同镇压农民和城市平民的国家机器。法国在当时已经是世界上最强大的中央集权的君主制国家，国王路易十四建立了一个绝对君权的中央政府，尽量运用一切文化艺术手段来宣扬君主的权威。宫殿和园林作为艺术创作当然也不例外，巴黎近郊的凡尔赛宫（Versallei）就是一个典型的例子。

凡尔赛宫建于路易十四时代（1643—1715年），凡尔赛宫占地极广，大约有600余公顷。包括“宫”和“苑”两部分。广大的苑林区在宫殿建筑的西面，由著名的造园家靳诺特（Andri Le Notre）设计规划。它有一条自宫殿中央往西延伸长达2km的中轴线，两侧大片的树林把中轴线衬托成为一条宽阔的林荫大道，自西向东一直消逝在无垠的天际。林荫大道的设计分为东西两段：西段以水景为主，包括十字形的大水渠和阿波罗水池，饰以大理石雕像和喷泉。十字水渠横碧的北段为别墅园“大特里阿农”（Grand Trianon），南端为动物饲养园。东端的开阔平地上则是左右对称布置的几组大型的“绣毯式植坛”。大林荫道两侧的树林隐藏地布列着一些洞府、水景剧场、迷宫、小型别墅等，是比较安静的就近观赏场所。树林里还开辟出许多笔直交叉的小林荫路，它们的尽端都有对景，因此形成一系列的视景线，故此种园林又叫做视景园（vista garden）。中央大林荫道上的水池、喷泉、台阶、保坎、雕像等建筑小品以及植坛、绿篱均严格按对称均齐的几何格式布局，是规整式园林的典范，较之意大利文艺复兴园林更明显地反映了有组织、有秩序的古典主义原则。它所显示的恢弘的气概和雍容华贵的景观也远非前者所能比拟。

18世纪初期——英国的风景式园林的盛行。

英伦三岛多起伏的丘陵，17世纪和18世纪时，由于毛纺工业的发展而开辟了许多牧羊的草场。如茵的草地、森林、树丛与丘陵地貌相结合，构成了英国天然风致的特殊景观。这种优美的自然景观促进了风景画和田园诗的兴盛。而风景画和浪漫派诗人对大自然的纵情讴歌又使得英国人对天然风致之美产生了深厚的感情。这种思潮当然会波及园林艺术，于是封闭的“城堡园林”和规整严谨的“靳诺特式园林”逐渐被人们所厌弃，而促使他们去探索另一种近乎自然、返璞归真的新园林风格——风景式园林。

英国的风景式园林兴起于18世纪初期。与靳诺特式的园林完全相反，它否定了纹样植坛、笔直的林荫道、方正的水池、整形的树木，摒弃了一切几何形状和对称均齐的布局，代之以弯曲的道路、自然式的树丛和草地、蜿蜒的河流，讲究借景和与园外的自然环境相融合。为了彻底消除园内景观与园外景观的界限，英国人想出一个办法，把园墙修筑在深沟之中即所谓“沉墙”。当这种造园风格盛行的时候，英国过去的许多出色的文艺复兴和靳诺特式园林都被平毁而改造成为风景式园林。

风景式园林再与天然风致相结合，突出自然景观方面有其独特的成就。但物极必反，却又逐渐走向另一个完全极端，即完全以自然风景或者风景画作为抄袭的蓝本，以至于经营园林虽然耗费了大量的人力和资金，而所得到的效果与原始的天然风致并没有什么区别。看不到多少人为加工的点染，虽源于自然但未必高于自然。这种情况也引起了人们的反感。因此，从造园家列普顿（Humphry Replom）开始又使用台地、绿篱、人工理水、植物整形修剪以及日冕、鸟舍、雕像等的建筑小品；特别注意树的外形与建筑形象的配合衬托以及虚实、色彩、明暗的比例关系。甚至有在园林中故意设置废墟、残碑、断碣、朽桥、枯树以渲染一种浪漫的情调，这就是所谓的“浪漫派”园林。

这时候，通过在中国的耶稣会传教士致罗马教廷的通讯，以圆明园为代表的中国园林艺术被介绍到欧洲。英国皇家建筑师张伯斯（William Chambers）两度游历中国，归来后著文盛谈中国园林并在他所设计的丘园（Kew Garden）中首次运用所谓“中国式”的手法，虽然不过是一些肤浅和不伦不类的点缀，终于也形成一个流派，法国人称之为“中英式”园林，在欧洲曾经盛行一时。

**一、法国园林**

法国位于欧洲大陆的西部，国土总面积约为55万平方千米，为西欧面积最大的国家。其平面呈六边形，三边临海，三边靠陆地，大部分为平原地区。由于它位于中纬度地区，故而气候温和，雨量适中，呈明显的海洋性气候。这样独特的地理位置和气候，为与周边地区的交流提供了便利，也为多种植物的生存繁衍创造了有利的条件，从而为造园提供了丰富的素材。此外，在世界园林体系中，由于受法国文化、经济、思想意识等多种因素的影响，法国古典主义造园艺术在世界园林体系中独树一帜，影响深远，它的代表人物是昂德雷·勒诺特尔，代表作品有孚勒维宫和凡尔赛宫园林。但就法国整个古典园林而言，其本身也经历了一个产生与发展的过程。

大约在公元500年，法国就已经有对供游乐的园子的简单描述。当时在王公贵族们的园子中，以实用为主，如栽种果树、蔬菜等植物，这样的形式可以看成是园林的萌芽时期。这与我国的古典园林中最初的园林形式——囿以域养禽兽也是有所区别的。不过，从它的使用者来说，都是为了满足统治者的需要，这一点上又是相同的。此后，虽然在它的园林中增加了观赏植物的品种，并开始了观赏树木的修剪，但总体来说，在12世纪以前，由于整个社会经济和文化因素的制约，园林的经营处于低级水平，在整个发展过程中处于发展的萌芽时期。

12世纪以后，法国领土扩大，王权增强，巴黎渐渐成为全国的经济中心，为法国成为统一的中央集权国家创造了有利的条件，同时手工业和商业也得到了繁荣，随着经济的增长，贵族们逐渐追求更为豪华的生活方式，进一步促进了造园艺术的发展。并出现了利用机械装置设计的类似喷泉的水戏内容和动物园等形式，而且在国王查理五世（1368—1380年）的圣保罗花园里根据记载有利用植物做成的迷宫。不管它当时代表的历史意义如何，我们可以看出这一时期造园技艺有所提高，造园内容更加丰富。1373年，英国向法国发动了战争。战争初期，法国受挫，加上疾病，致使法国人口减少，经济受挫，造园艺术基本处于停滞状态。经过近百年战争，于1453年的法国胜利而告终，开始进入了经济复兴时期，国王路易十一（1461—1483年在位）基本完成了国家的统一。在此期间，王族安茹大公瑞内除了建造豪华的宫廷外，还建造了拉波麦特花园，此花园打破了法国的传统格局，采用了自然式的布局，而且还成功地应用了中国造园中借景的手法，这一点与中国古典园林相似，注重自然和野趣。

文艺复兴运动使法国造园艺术发生了巨大的变化，16世纪上半叶，继英法战争之后，伐落瓦王朝的弗朗索瓦一世和亨利二世又发动了侵略意大利的战争，虽然他们的远征失败，但接触了意大利的文艺复兴文化，并受意大利文化影响深刻，对造园艺术有一定的影响。在花园里出现了雕塑、图案式花坛以及岩洞等造型，而且还出现了多层台地的格局，进一步丰富了园林的内容。比较有代表性的园子像东阿府邸的园子、迦伊翁的园子等。总的来看，这一时期园子的功能除了增加了游憩、观赏的功能外，仍保留着种植、生产的功能，总体规划很粗放。

到了16世纪中叶，随着中央集权的加强，园林艺术也发生了新的变化。首先表现在建筑上，形成庄重、对称的格局，园林的观赏性增强，植物与建筑的关系也较为密切，园林的布局以规则对称为主，这一切主要是由于受意大利造园的影响，比较有名的有阿内府邸花园、凡尔耐伊府邸花园。16世纪到17世纪上半叶，在建筑师木坝阿和园艺家莫莱家族的影响下，法国造园从局部布置转向注重整体布局，并且也有运用题名、图像表达思想的记载，这与我国园林中应用景题、对联等似有同工之处。可见，这时园林的创造力、表达力明显增强。陈志华先生称这一时期为法国早期的古典主义。在倡导人工美、提倡有序的造园理念影响下，造园布局更注重规则有序的几何构图，这一理念同时在植物要素的处理上也有表现，他们运用植物以绿墙、绿障、绿篱、绿色建筑等形式出现，而且技艺高超，充分反映了他们唯理主义思想。

法国庭园自16世纪以来，都采用了严格对称的形式，到17世纪，虽然受意大利的影响，但在整体设计及局部处理上仍未能达到统一，局部的变化也是零散的，勒诺特尔最重要的成就是将庭园与建筑看成一个整体，来设计雄伟而又统一的景观，并在他的具体设计中得到了成功的体现，凡尔赛宫苑的完成确立了法国古典庭园式样。随着路易十四辉煌历史的结束，进入摄政时代以后，凡尔赛宫苑就开始荒废了，直到1747年才得到复兴。

17世纪下半叶，法国的古典主义造园艺术得到极大的发展，最有代表性的是勒诺特尔为法国国王路易十四设计的凡尔赛花园，成为古典主义的代表。宏大、壮丽、稳重，伴随着路易十四的宫廷文化，法国古典主义造园艺术传播到西班牙、俄罗斯、意大利及至整个欧洲，影响极为深远。凡尔赛花园的总体布局是为了体现至高无上的君权，以府邸的轴线为构图中心，沿府邸—花园—林园逐步展开，形成一个完整统一的整体。而且以林园作为花园的延续和背景，可谓构思精巧。而园林布局则强调有序严谨，规模宏大，轴线深远，从而形成了一种宽阔的外向园林，反映了他们的审美情趣。在平展坦荡中，通过尺度、节奏的安排又显得丰富和谐。其宏大规模的功能是为了宫廷举行各种活动以容纳许多人，而国王路易十四喜欢的一处是瓷瓦里阿农便殿，装饰材料的应用是仿中国的瓷器建造的，可见中国的文化在那时就已有深远的影响了。此外，非常有名的花园还有勒诺特尔为富凯设计的孚勒维宫府邸花园，是他的第一个成熟的作品。造园艺术也非常高超。对于凡尔赛花园和孚勒维宫府邸花园的详细设计这里不再赘述，因为大凡喜欢园林艺术的人都解读过他们。纵观法国的历史不难看出，当时法国步入文化高度发展的时期，成为全欧洲的强国，在政治及文化方面都达到了辉煌的巅峰，在这样文化昌盛的时代，涌现这样优秀的园林作品也易于理解了。

18世纪后，法国造园艺术又受到中国和英国的影响而发生了变化，追求亲切而宁静的氛围，是对法国古典主义造园艺术的一种冲击。宫廷式园林也发生了一些变化，增加了许多自然的味道，18世纪中叶，正当法国资产阶级成为一个新兴阶级崛起的时候，法国的启蒙思想家们从中国借用孔孟的伦理道德观念作为反抗宗教神权统治的思想武器，随着海外贸易的开展，欧洲商人从中国带走了大量的工艺品，呈现出一种较高的东方文化。法国造园也进一步受到中国文化的影响。18世纪下半叶，由于受到启蒙运动的思想文化潮流影响，造园艺术又发生了根本的变化，对自然风景园林大为推崇。

总之，从16世纪后半叶以来，大约整整一个世纪，法国的造园既受到了意大利造园的影响，又经历了不断的发展过程，直到17世纪后半叶，勒诺特尔的出现，标志着单纯模仿意大利造园形式时代的结束和勒诺特尔造园形式的开始，并成为在欧洲有深远影响的一种形式，法国的造园艺术也得到了极大的发展。勒诺特尔可以说领导了法国古典主义园林文化，这也是顺应历史潮流的结果，是历史发展的必然趋势。正像中国园林推崇自然景观一样，它在世界园林体系中独树一帜，当我们回首时，依然是那么璀璨与壮丽，它是当时政治、经济、文化等诸多方面作用的产物，不管人们对它们的评价如何，他们对世界园林的影响和作用是不可磨灭的。虽然法国古典园林与我国古典园林从形式到审美情趣等方面可谓大不相同，我们了解其产生的渊源，有利于我们把握传统，寻找文化沉积，进而创造新的作品。

另外，法国的造园艺术开始是出自建筑师之手，特别是古典园林受建筑的影响非常深远；另一方面也说明了法国建筑艺术的高超，有许多我们现在仍然能感受到的不朽之作，除了代表法国艺术精华的凡尔赛宫外，现存的有世界最大的艺术博物馆——卢浮宫，坐落在巴黎，除了在宫内陈列着许多艺术珍品，卢浮宫本身是一座巨大的建筑艺术珍品；波旁宫，是一座气势雄伟的有260多年历史的古典建筑；还有爱丽舍宫、卢森堡宫、巴黎圣母院、巴黎蜡像馆、凯旋门等许多优秀的建筑作品。有如此雄伟壮丽的建筑，建筑师手下的园林自然也脱不了宏大、气派，体现着宫廷文化。此外，如今到法国，我们还可以看到天然的动物园、海水治疗中心、旺多姆圆柱、巴尔扎克故居、枫丹白露、戴高乐广场等许多名胜。现在随着世界文化的融合，虽然有更多的优秀园林作品出现，但我们不能否认法国古典主义园林依然给我们留下了深深的印象。

## 二、意大利园林

文艺复兴是14—16世纪欧洲新兴的资产阶级掀起的思想文化运动。新兴资产阶级以复兴古希腊、古罗马文化为名，提出了人文主义思想体系，反对中世纪的禁欲主义和宗教神学，从而使科学、文学和艺术整体水平，远迈前代。文艺复兴开始于意大利，后发展到整个欧洲。佛罗伦萨是意大利乃至整个欧洲文艺复兴的策源地和最大中心。

文艺复兴使欧洲从此摆脱了中世纪教会神权和封建等级制度的束缚，使生产力和精神文化得到彻底解放。文学艺术的世俗化和对古典文化的传承弘扬都标志着欧洲文明出现了古希腊之后的第二次高峰，在各个领域产生了巨大影响，也为欧洲园林开辟了新天地。

### （一）文艺复兴初期意大利园林概况

意大利位于欧洲南部亚平宁半岛上，境内多山地和丘陵。阿尔卑斯山脉呈弧形绵延于北部边境，亚平宁山脉纵贯整个半岛。北部山区属温带大陆性气候，半岛及其岛屿属亚热带地中海气候。夏季谷地和平原闷热逼人，而山区丘陵凉风送爽。这些独特的地形和气候条件，是意大利台地园林形成的重要自然因素。

文艺复兴的策源地和最大中心是佛罗伦萨，而佛罗伦萨最有影响力的是美第奇家族，家族中最著名的是科西莫·德·美第奇（CODIMO DE MRFIVI，1389—1464年）和罗伦佐·德·美第奇（LORENGO DE MEDICI，1449—1492年）。科西莫是佛罗伦萨无冕王朝的创建者，从此开始了美第奇家族对佛罗伦萨的统治。罗伦佐21岁主政佛罗伦萨，15世纪下半叶在自己的别墅与花园中分别建立了“柏拉图学园”和“雕塑学校”。在罗伦佐的感召下，佛罗伦萨集中了包括米开朗基罗（MICHELANGEL BUONARROTI，1475—1564年）在内的大批文学艺术家，可谓群星灿烂，创作空前。

佛罗伦萨的豪门和艺术家皆以罗马人的后裔自居，醉心于罗马的一切，欣赏乡间别墅生活，追求田园牧歌情趣，并建造了一批别墅与花园，由此推动了园林理论的研究。13世纪末，博洛尼亚的法学家克雷申齐（PIETRO CRESCENGI，1230—1305年）用拉丁文写过一本庭园指导书——*OPUS RURALIUM CIBBIDIRYN*。书中按园主身份及园林规模把花园分成3种类型，并附有具体的造园方案。他认为：花园面积为1.3hm$^2$左右为宜，四周布设围墙，南面应布置建筑、花坛、果园、鱼池，北面设密林以挡风。

真正系统论述园林的是阿尔贝蒂（LEON BATTISTA AIBERTI，1404—1472年），他既是著名的建筑师和建筑理论家，又是人文主义者和诗人。他在1452年完成并于1485年出版的《论建筑》一书中详细阐述了他对理想庭园的构想：在长方形的园地中，以直线道路将其划分成整齐的长方形小区，各小区以修剪的黄杨、夹竹桃或月桂绿篱围边。当中为草地，树木呈直线形种植，由一行或三行组成。园路末端以月桂、桧柏、杜松编织成古典式的凉亭，用圆形石柱支撑棚架，上面覆盖藤本植物，形成绿廊，架设在园路上，可以遮阳。沿园路两侧点缀石制或陶制的瓶饰，花坛中央用黄杨篱组成花园主人的姓名，绿篱每隔一段距离修剪成壁龛状，内设雕像，下面安放大理石的坐凳。园路的交叉点中心位置用月桂修剪成坛，园中设迷园，水流下的山腰处，做成石灰岩岩洞，对面可设鱼池、牧场、菜园、果园。

阿尔贝蒂的构想是以古罗马小普林尼描绘的别墅为主要蓝本的。他所提出的以绿篱围绕草地（称为植坛）的做法，成为文艺复兴时期意大利园林以及后来的规则式园林中常用的手法，甚至在现代的中国园林中也屡见不鲜。他还十分强调园址的重要性，主张庄园应建于可眺望佳景的山坡上，建筑与园林应形成一个整体，如建筑内部有圆形或半圆形构图，也应该在园林中有所体现以获得协调一致的效果。他强调协调的比例与合适的尺度的重要作用。但是，他并不欣赏古代人推崇的沉重、庄严的园林气氛，而认为园林应尽可能轻松、明快、开朗，除了形成所需的背景以外，尽可能没有阴暗的地方。这些论点在以后的园林中有所体现。因此，阿尔贝蒂被看作是园林理论的先驱者。文艺复兴初期那些最著名的别墅庄园都是为美第奇家族的成员建造的，且具有相似的风格和特征。所以我们称这一时期流行的别墅庄园为美第奇式园林。

**（二）文艺复兴中期意大利园林概况**

16世纪，罗马继佛罗伦萨之后成为文艺复兴运动的中心。接受新思想的教皇尤里乌斯二世（PAPE JULIUS Ⅱ，1443—1513年）支持并保护人文主义者，采取措施促进文化艺术发展。一时之间，精英云集，巨匠雨聚，使罗马文化艺术迅速登上巅峰。尤里乌斯首先让艺术大师们的才华充分体现在教堂建筑的宏伟壮丽上，以彰显主教花园豪华、博大的气派。米开朗基罗、拉斐尔（RAFFAELLO SANZIO，1483—1520年）等人就是这个时期离开佛罗伦萨来到罗马的，他们在此留下了许多不朽的作品。尤里乌斯二世还是一位古代艺术品收藏家，他将自己收藏的艺术珍品集中到梵蒂冈宫，展示在附近小山岗的望景楼中，他还委托当时最有才华的建筑师将望景楼与梵蒂冈宫以两座柱廊连接起来，并在柱廊周围规划了望景楼园。柱廊不仅解决了交通问题，也成为很好的观景点，此外可以欣赏山坡上那片郁郁葱葱的森林和梵蒂冈全貌，也可以远眺罗马郊外瑰丽的景象。

文艺复兴中期最具特色的是依山就势开辟的台地园林，它对以后欧洲其他国家的园林发展影响深远。

### （三）文艺复兴后期意大利园林概况

文艺复兴后期，欧洲的建筑艺术追求奇异古怪、离经叛道的风格，被古典主义者称为巴洛克风格。巴洛克风格在文化艺术上的主要特征是反对墨守陈规的陋习，反对保守教条，追求自由、活泼、奔放的情调。由于文艺复兴是从文化、艺术和建筑等方面首先开始的，以后才逐渐波及造园艺术，所以，16世纪末当建筑艺术已进入巴洛克时期，巴洛克式园林艺术尚处于萌芽时期，半个世纪之后，巴洛克式园林才广泛地流行起来。

巴洛克建筑与追求简洁明快和整体美的古典主义风格不同，而流行繁琐的细部装饰，喜欢运用曲线加强立体效果，往往以雕塑或浮雕作品作为建筑物华丽的装饰。巴洛克建筑风格对文艺复兴后期意大利园林产生了巨大的影响，罗马郊外风景如画的山岗一时出现很多巴洛克式园林。

意大利园林类型：我们根据文艺复兴各个时期流行的主要园林风格的差异，将文艺复兴时期意大利园林划分为美第奇式园林、台地园林和巴洛克式园林三大类型。

#### 1.美第奇式园林

代表作品有卡雷吉奥庄园、卡法吉奥罗庄园和菲埃索罗庄园。前两座庄园尚残留着中世纪城堡庄园的某些风格，同时体现出文艺复兴初期园林艺术的新气象。菲埃索罗庄园似乎完全摆脱了中世纪城堡庭园风格的困扰，使美第奇式园林更加成熟、完美，它是迄今保留比较完整的文艺复兴初期的庄园之一。

菲埃索罗庄园（乔万尼庄园）位于菲埃索丘陵的一面山坡上，背风朝阳，缘山势将园地辟为高低不同的三层台地。建筑设在最高台层的西部，这里视野开阔，可以远眺周围风景。由于地势所限，各台层均呈狭长带状，上、下两层稍宽，当中一层更为狭窄。这种地形对园林规划设计极为不利，然而设计者却独具慧眼，进行了非凡的创作。

庄园入口设在上台层的东部，入园后，在小广场的两侧设置了半面八角形的水池，广场后的道路分设在两侧，当中为绿阴浓郁的树畦，既作为水池的背景，又使广场在空间上具有完整性。树畦后为相对开阔的草坪，角隅点缀着栽种在大型陶盆中的柑橘类植物，这是文艺复兴时期意大利园林中流行的手法。草坪形成建筑的前庭，当人们走在树畦旁的园路上时，前面的建筑隐约可见，走过树畦后，优美的建筑忽然展现在眼前。建筑设在西部，其后有一块后花园，使建筑处在前后庭园包围之中。后花园形成一个独立而隐蔽的小天地，当中为椭圆形水池，周围为四块绿色植坛，角落里也点缀着盆栽植物。这种建筑布置手法，减弱了上部台层的狭长感。

由入口至建筑约80m长，而宽度却不到20m，设计者的重要任务就是力求打破园地的狭长感。主要轴线和通道采用顺向布置，依次设有水池广场、树畦、草坪三个局部，空间处理上由明亮（水池广场）到郁闭（树畦），再由豁然开朗（草坪）到封闭（建筑），形成一种虚实变化。这样即使在狭长的园地上，人们仍然感受到丰富的空间和明暗、色彩的变化。每一空间既具有独立的完整性，相互之间又有联系，并加强了衬托和对比的效果。

由建筑的台阶向入口回望，园墙的两侧均有华丽的装饰，映入眼帘的仍是悦目的画面，处处显示出设计者的匠心。

下层台地中心为圆形喷泉水池，内有精美的雕塑及水盘，周围有四块圆形绿丛植坛，东西两侧为大小相同而图案各异的绿丛植坛。这种植坛往往设置在下层台地，便于由上面台地居高临下欣赏，图案比较清晰。

中间台层只有一条4m宽的长带，也是联系上、下台层的通道，其上设有覆盖着攀缘植物的棚架，形成一条绿廊。

设计者在这块很不理想的园地上匠心独运，巧妙地划分空间，组织景观，使每一空间显得既简洁，整体又很丰富，也避免了一般规则式园林容易产生的平板单调、一览无余的弊病。

2. 台地园林

意大利台地园林的奠基人是造园家多拉托·布拉曼特，他设计的第一座台地园林就是梵蒂冈附近的望景楼园。以后，罗马造园家都以布拉曼特为榜样，掀起兴造台地园的高潮。代表作品有玛达玛庄园、红衣教主蒙特普西阿诺的美第奇庄园、法尔奈斯庄园、埃斯特庄园、兰特庄园和卡斯特园庄园。下面以兰特庄园为例，以窥意大利台地园林之一斑。

兰特庄园位于罗马以北96km处的维特尔博城附近的巴涅亚小镇，是16世纪中叶所建庄园中保存最完整的一个。1566年，当维尼奥拉正在建造法尔奈斯庄园之际，又被红衣主教甘巴拉请去建造他的夏季别墅，维尼奥拉也因此园的设计而一举成名。甘巴拉主教花费了20年时间才大体建成了这座庄园。庄园后来又出租给兰特家族，由此得名兰特庄园。

庄园坐落在朝北的缓坡上，园地约为76m×76m的矩形。全园设有四个台层，高差近5m。入口所在底层台地近似方形，四周有12块精致的绿丛植坛，正中是金褐色石块建造的方形水池，十字形园路连接着水池中央的圆形小岛，将方形水池分成4块，其中各有一条小石船。池中的岛上又有圆形泉池，其上有单手托着主教徽章的四青年铜像，徽章顶端是水花四射的巨星。整个台层上无一株大树，完全处于阳光照耀之下。

第二台层上有两座相同的建筑，对称布置在中轴线两侧，依坡而建，当中斜坡上的园路呈菱形。建筑后种有庭荫树，中轴线上设有畸形喷泉，与底层台地中的圆形小岛相呼应。两侧的方形庭园中是栗树丛林，挡土墙上有柱廊与建筑相对，柱间建鸟舍。

第三台层的中轴线上有一长条形水渠，据说曾在水渠上设餐桌，借流水冷却菜肴，并漂送杯盘给客人，故此又称餐园。这与古罗马哈德良山庄内的做法颇为类似。台层尽头是三级溢流式半圆形水池，池后壁上有巨大的河神像。在顶层与第三台层之间是一斜坡，中央部分是沿坡设置的水阶梯，其外轮廓呈一串蟹形，两侧围有高篱。水流由上而下，从“蟹”的身躯及爪中流下，直至顶层与第三台层的交界处，落入第三台层的半圆形水池中。

顶层台地中心为造型优美的八角形水池及喷泉，四周有庭阴树、绿篱和座椅。全园的终点是居中的洞府，内有丁香女神雕像，两侧为凉廊。这里也是储存山水和供给全园水景用水的源泉。廊外还有覆盖着铁丝网的鸟舍。

兰特庄园突出的特色在于以不同形式的水景形成全园的中轴线。由顶层尽端的水源洞府开始，将汇集的山泉送至八角形泉池；再沿斜坡上的水阶梯将水引至第三台层，以溢流式水盘的形式送到半圆形水池中；接着又进入长条形水渠中，在第二、第三台层交界处形成帘式瀑布，流入第二台层的圆形水池中；最后，在第一台层上以水池环绕的喷泉作为高潮而结束。这条中轴线依地势形成的各种水景，结合多变的阶梯及坡道，既丰富多彩，又有统一和谐的效果。

3. 巴洛克式园林

16世纪和17世纪之交，阿尔多布兰迪尼庄园的兴建，成为巴洛克式园林萌芽的标志。这一时期的园林不仅在空间上伸展得越来越远，而且园林景物也日益丰富细腻。另外，在园林空间处理上，力求将庄园与其环境融为一体，甚至将外部环境也作为内部空间的补充，以形成完整而美观的构图。巴洛克式园林流行盛期，出现了许多著名的作品，其中最具代表性的有伊索拉·贝拉庄园、加尔佐尼庄园和冈贝里亚庄园等。下面以加尔佐尼庄园为例，期冀达到了解巴洛克式园林之目的。

17世纪初，罗马诺·加尔佐尼（ROMANO GARZONI）邀请人文主义建筑师奥塔维奥·狄奥达蒂（OTTAVIO DIODATI）为自己在小镇柯罗第附近兴造庄园，一个世纪之后，他的孙子才将花园最终完成，迄今保存完好。

在园门外，设有花神弗洛尔和吹芦笛的潘神迎接游人。进入园门，首先映入眼帘的是色彩瑰丽的大花坛。其中两座圆形水池中有睡莲和天鹅，中央喷水柱高达10m。水池边还有花丛，以花卉和黄杨组成植物装饰，注重色彩、形状对比和芳香气息，明显受到法国式花园的影响。园林到处都有卵石镶嵌的图案和黄杨造型的各种动物图案装饰，渲染出活泼愉快的情调。

第一部分花园以两侧为蹬道的三层台阶串联而成，与水平的花坛形成强烈对比。台阶的体量很大，有纪念碑式效果。挡土墙的墙面上，饰以五光十色的马赛克组成的花丛图案，还有雕塑人物的壁龛，台阶边围以图形复杂的栏杆。第一层台阶是通向棕榈小径的过渡层。第二层台阶两侧的小径设有大量雕像，一端是花园的保护女神波莫娜雕像，另一端是林木隐映的小剧场。第三层台阶处理得非常壮观，在花园的整体构图中起主导作用，又成为花园纵横轴线的交会处。台阶并不是将人们引向别墅建筑，而是沿纵轴布置一长条瀑布跌水，上方有罗马著名的“法玛”雕像，水柱从他的号角中喷出，落在半圆形的池中，然后逐渐向下跌落，形成一系列涌动的瀑布和小水帘。雕像有“惊愕”表情喷泉，细小的水柱射向游客，令游客青睐。

花园上部是一片树林，林中开辟出的水阶梯犹如林间瀑布，水阶梯两侧等距离地布置着与中轴垂直的通道。两条穿越树林的园路将人们引向府邸建筑，一条经过竹林，另一条沿着迷园布置。穿越竹林的园路末端是跨越山谷的小桥，小桥两侧的高墙上有马赛克图案和景窗，由此可以俯视迷园，鸟瞰整个庄园。

### 三、英国园林

英国早期园林艺术，也受到了法国古典主义造园艺术的影响，但由于唯理主义哲学和古典主义文化在英国扎根比较浅，英国人更崇尚以培根为代表的经验主义，所以，造园上，他们怀疑先验的几何比例的决定性作用。

进入18世纪，英国造园艺术开始追求自然，有意模仿克洛德和罗莎的风景画。到了18世纪中叶，新的造园艺术成熟，称为自然风致园。全英国的园林都改变了面貌，几何式的格局没有了，再也不搞笔直的林荫道、绿色雕刻、图案式植坛、平台和修筑得整整齐齐的池子了。花园就是一片天然牧场的样子，以草地为主，生长着自然形态的老树，有曲折的小河和池塘。18世纪下半叶，浪漫主义渐渐兴起，在中国造园艺术的影响下，英国造园家不满足于自然风致园的过于平淡，追求更多的曲折、更深的层次、更浓郁的诗情画意，对原来的牧场景色加工多了一些，自然风致园发展成为图画式园林，具有了更浪漫的气质，有些园林甚至保存或制造废墟、荒坟、残垒、断碣等，以造成强烈的伤感气氛和时光流逝的悲剧性。

对英国学派园林的分析，主要着眼于18世纪中叶自然风致园林真正成型以后的园林艺术。在此之前，曾经有过一段从古典几何式园林向自然风格园林的过渡时期，也称为“不规则化时期”，由于其表现为两段风格演变的中间过程，特征不完整，因此不具备典型性。从时间上看，英国学派园林的发展主要经历了以下几个时期。

（1）“庄园园林化”时期　英国学派园林的第一个阶段（18世纪20年代至80年代），造园艺术对自然美的追求，集中体现为一种“化”风格。

（2）“画意式园林”时期　就在勃朗把自然风致园林洁净化、简练化，把庄园牧场化的时候，随着18世纪中叶浪漫主义在欧洲艺术领域中的风行，出现了以钱伯斯（William Chambers，1722—1796年）为代表的画意式自然风致园林。

（3）“园艺派”时期　英国学派的成功，使英国式自然风致园林的影响渗透到整个西方园林界。在这一过程中，具有现代色彩的职业造园家逐渐成为一个专门和固定的职业。同时也使得造园艺术逐渐受到商业利益的控制和驱使。

伊安·麦克哈格，英国著名园林设计师、规划师和教育家，宾夕法尼亚大学研究生院风景园林设计及区域规划系创始人及系主任。由于他出色的设计和对园林事业的巨大贡献，他一生中获得了无数的荣誉，包括1990年由乔治·布什总统颁发的全美艺术奖章和最近刚刚获得的享有盛誉的日本城市设计奖。

英国的哥特式建筑出现的比法国稍晚，流行于12—16世纪。英国教堂不像法国教堂那样矗立于拥挤的城市中心，力求高大，控制城市，而往往是位于开阔的乡村环境中，作为复杂的修道院建筑群的一部分，比较低矮，与修道院一起沿水流方向伸展。它们不像法国教堂那样重视结构技术，但装饰更自由多样。英国教堂的工期一般都很长，其间不断改建、加建，很难找到整体风格的统一。和法国亚眠主教堂的建造年代接近，中厅较矮较深，两侧各有一侧厅，横翼突出较多，而且有一个较短的后横翼，可以容纳更多的教士，这是英国常见的布局手法。教堂的正面也在西边。东面多以方厅结束，很少用环殿。索尔兹伯里教堂虽然有飞扶壁，但并不显著。

英国教堂在平面十字交叉处的尖塔往往很高，成为构图中心，西面的钟塔退居次要地位。索尔兹伯里教堂的中心尖塔高约123m，是英国教堂中最高的。这座教堂外观有英国特点，但内部仍然是法国风格，装饰简单。后来的教堂内部则有较强的英国风格。约克教堂的西面窗花复杂，窗棂由许多曲线组成生动的图案。这时期的拱顶肋架丰富，埃克塞特教堂的肋架象大树张开的树枝一般，非常有力，还采用由许多圆柱组成的束柱。

格洛斯特教堂的东部和坎特伯雷教堂的西部，窗户极大，用许多直棂贯通分割，窗顶多为较平的四圆心圈。纤细的肋架伸展盘绕，极为华丽。剑桥国王礼拜堂的拱顶像许多张开的扇子，称为扇拱。韦斯敏斯特修道院中亨利七世礼拜堂的拱顶作了许多下垂的漏斗形花饰，穷极工巧。这时的肋架已失去结构作用，成了英国工匠们表现高超技巧的对象。英国大量的乡村小教堂，非常朴素亲切，往往一堂一塔，使用多种精巧的木屋架，很有特色。

英国哥特时期的世俗建筑成就很高。在哥特式建筑流行的早期，封建主的城堡有很强的防卫性，城墙很厚，有许多塔楼和碉堡，墙内还有高高的核堡。15世纪以后，王权进一步巩固，城堡的外墙开了窗户，并更多地考虑居住的舒适性。英国居民的半木构式住宅以木柱和木横档作为构架，加有装饰图案，深色的木梁柱与白墙相间，外观活泼。

**思考题**

1. 西亚园林体系的代表形式有哪几种？
2. 欧洲园林体系的代表形式有哪几种？
3. 古埃及的园林类型与特点有哪些？
4. 意大利园林主要有哪几种形式？
5. 法国园林有何特点？
6. 英国园林有何特点？
7. 波斯园林有何特点？

# 第四章

# 近现代园林的发展

## 第一节　东方近现代园林的发展

### 一、中国近现代园林

1840年鸦片战争后，特别是1911年辛亥革命以后，中国园林史进入了一个新的发展阶段。其主要标志是出现了城市公园及西方造园思想和技艺大量传入中国。

从鸦片战争到1949年中华人民共和国建立这个时期，是中国园林的近代史阶段。此期内，中国园林所发生的变化是空前的。园林为公众服务的思想，把园林作为一门科学加以研究的思想得到了发展。在一些高等院校里（如中央大学、浙江大学、金陵大学等）开设了造园课程。1928年，还成立过“中国造园学会”。

1840年鸦片战争后，帝国主义国家利用不平等条约，在中国领土上建立租界，他们用掠夺中国人民的财富在租界里营造公园，以满足殖民者的游憩生活需要，并长期不准中国人进入。其中比较著名的有：上海外滩公园或称“外滩花园”（现黄浦公园，建于1868年）、虹口公园（建于1902年）、法国公园（又名顾家宅公园，现复兴公园，建于1908年），天津英国公园（现解放公园，建于1887年）、法国公园（现中心公园，建于1917年）等。1926年，在五四运动和北伐战争的影响下，上海的公共租界工部局才内定将公园对中国人开放，后于1928年付诸实施。

除了租界公园和殖民地城市公园（如哈尔滨董事会花园，现兆麟公园，建于1906年）之外，随着资产阶级民主思想在中国的传播，清朝末年也出现了一批中国人自建的公园。其中较著名的有：齐齐哈尔仓西公园（现龙沙公园，建于1897年）、无锡城中公园（建于1906年）、北京农事试验场附设公园（现归入北京动物园，建于1906年）、成都少城公园（现人民公园，建于1910年）、南京玄武湖公园（建于1911年）等。这些公园多为地方当局开辟，少数为乡绅集资筹建。

辛亥革命后，北京的皇家苑囿和坛庙陆续开放为公园。其中，先农坛于1912年开放为城南公园，社稷坛于1914年开放为中央公园（今中山公园），颐和园于1924年开放，北海公园于1925年开放。此期中，中国沿海和长江流域的许多城市也陆续建立了一批城市公园。其中，有些是新建的，如广州中央公园（现人民公园，建于1918年）和黄花岗公园（建于1918年）、武昌首义公园（建于1916年）、四川万县西山公园（建于1924年）、重庆中央公园（建于1926年）、南京中山陵园（建于1926—1929年）等；也有些是将过去的衙署园林或孔庙开放，供公众游览，如四川新繁县东湖公园（1926年开放）、上海文庙公园（现南市区文化馆，1927年开放）等。此后，从1937年抗日战争爆发至1949年，由于民族灾难深重，战火纷飞，城市建设每况愈下，中国各地城市的园林建设基本上处于停顿状态。

在中国近代公园出现的同时，一些军阀、官僚、地主和资本家仍有建造私园，如府邸、墓园、避暑别墅等。较有代表性的，有荣德生所建的无锡梅园（1912年）和王禹卿建的无锡蠡园（1927年）；还有厦门的清和别墅、容谷别墅、菽庄花园、观海别墅等。这一时期建造的私园，一种是按中国传统风格建造（但艺术水平已不如明清时期），另一种是模仿西方园林形式建造，还有一种是中西风格混杂（当时称为“中西合璧”），都很少有优秀作品。

西方的造园思想和技艺传入中国，可以上溯到清朝乾隆时期的圆明园西洋楼景区建设和东南沿海一带个别绅商的私人花园营造，但因数量很少，对中国园林的总体发展影响不大。而近代租界里建造的公园和宅园，使西方造园思想和技艺为较多的中国人所认识。像上海租界公园的营造风格，大多以当时风行世界的英国自然风景园形式为主。其中，小公园以英国维多利亚式的较多，如上海的外滩公园和天津的英国公园；大公园多采取英国自然风景式的风格，如上海的虹口公园和兆丰公园（现中山公园，建于1914年）。至于其他国家的造园风格和艺术手法，在中国沿海城市的租界公园和近代营造的一些中国园林里也可以找到。例如：上海凡尔登公园（现国际俱乐部）和法国公园沉床园，都具有明显的法国勒·诺特尔式风格；河南信阳鸡公山风景区的颐楼和无锡锡山南坡的水阶梯，具有意大利台地园风格；上海汇山公园（现杨浦区劳动人民文化馆）的局部景区，是采用荷兰式的园林风格。另外，入侵中国的俄国、德国和日本等帝国主义者，也把他们本国的园林风格带到中国。这在哈尔滨、青岛、大连、长春、沈阳、天津等城市表现得比较突出。如天津就曾建有俄国公园、德国公园、大和公园等（后来都被毁坏）。不过，由于这些国家的侵略者在中国营造的园林风格表现都不很纯正，各种外来的园林风格互相混杂，并与中国传统的园林风格相交织，使得中国的近代园林营造表现出较为无序的多样化面貌。

1949年中华人民共和国成立后，在中国共产党和人民政府的领导下，全国各地城市不仅恢复、整修了1949年前留下的一些近代公园和历史园林，而且还大量建设了为广大劳动人民服务的各类新型公园和绿地，取得了巨大的成就，根本改变了旧中国城市园林绿地极端缺乏的局面。许多大中城市在普遍绿化的基础上还规划建设了城市绿地系统，使城市中的园林绿地中有了比较合理、均匀地分布并达到一定的数量指标。国家鼓励广泛开展城市绿化美化和全民义务植树活动，使全国城市园林绿地面积一直保持持续增长的局面。

中国现代的建设，从宏观上讲，包括城市公园建设、城市绿化和风景名胜区建设三方面。其中，公园作为城市的基础设施之一，在城市园林绿化建设中占有最重要的地位。城市公园建设的数量与质量，一般可以体现当地社会、经济与文化发展的水平，成为展示城市社会生活与精神文明风貌的窗口。据国家建设部统计，2002年末，全国城市建成区绿化覆盖面积为772749hm$^2$，建成区绿化覆盖率达29.8%；全国城市公共绿地面积188536hm$^2$，人均公共绿地5.33m$^2$，初步达到了小康社会的生活水平。

1949年后，中国现代园林的发展大致经历了6个阶段。

（1）1949—1952年　国民经济处于恢复时期，全国各城市以恢复、整理原有公园和改造、开放私园为主，很少新建公园。

（2）1953—1957年　第一个国民经济与社会发展五年计划期间，由于社会经济迅速恢复和发展，全国各城市结合旧城改造、新城开发和市政工程建设，大量建造新公园。

（3）1958—1965年　受政治动乱的影响，全国城市公园建设速度减慢，强调普遍绿化和园林结合生产，出现了公园“农场化”和“林场化”的倾向。

（4）1966—1976年　全国各城市的公园建设不仅陷于停顿，而且惨遭破坏。

（5）1977—1991年　在改革开放浪潮的推动下，全国的城市公园建设在原有基础上重新起步，拨乱反正，建设速度普遍加快。

（6）1992年后　随着国务院颁布实施《城市绿化条例》和国家建设部组织创建园林城市

活动普遍开展，中国现代园林建设进入了一个新的高速发展时期。特别是1990年北京亚运会和1999年中国昆明世界园艺博览会的成功举办，大大促进了全国城市的园林绿化建设。

中国现代公园在群体结构上是以1949年以来营建的大量新型公园为主，也包括历史上遗留下来经过整理改造的园林，如北京的北海公园（原为皇家宫苑）、八大处公园（原为寺庙园林）和苏州拙政园（原为私家宅园）等。

中国现代公园的营造实践，大致经历了一个"借鉴—探索—创造"的发展过程。20世纪50年代引入的苏联城市文化休息公园规划建设理论，曾发挥了很大的影响作用。当时规划建设的公园，在设计上一般都讲究功能分区，注重安排集体性、政治性的群众活动和文体娱乐内容，如北京陶然亭公园和哈尔滨文化公园。20世纪60年代到70年代，中国园林学者在总结经验的基础上，开始探索适合中国国情的现代公园规划理论。20世纪80年代，中国现代园林建设的理论研究有较大进展，从过去仅注意公园内部功能分区的合理性而逐步转向注重发扬中国园林的传统特色，强调公园艺术形式的主体是山水创作、植物造景和园林建筑三者的有机统一。在实践中，中国的造园家结合园林功能要求，运用形式美规律处理景点、景线、景区间的布局结构和相互关系，创作出了许多有中国特色的优秀作品，如上海东安公园和广州流花公园。20世纪90年代后，随着全社会对园林绿化建设的需求日益增长，中国城市的园林建设进入了前所未有的高速发展时期。

中国现代城市公园在园景创作手法上，在继承传统的基础上又逐步有所创新。在许多方面努力实现社会主义的现代游憩生活内容与民族化的园林艺术形式相统一。

在长期的发展中，中国各地城市的现代公园也逐步形成了一些独特的地方风格。例如广州公园的地方风格主要表现在：植物造景上情调热烈，形成四季花湖；园林建筑上布局自由曲折，造型畅朗轻盈；山水结构上注重水景的自然式布局，擅长运用塑石工艺和"园中园"形式等。哈尔滨公园的地方风格主要表现在：多采取有轴线的规整形式平面布局；园林建筑受俄罗斯建筑风格的影响，大量运用雕塑和五色草花坛作为公园绿地的点景；以夏季野游为主的游憩生活内容和冬季利用冰雕雪塑造景等。

中国现代公园的这些地方风格，既是由于地域性自然条件和社会条件的不同而形成的，也是造园家的主观创作意识与公园的功能和艺术相互交融的结晶。

和世界各国一样，中国现代城市园林建设已逐渐步入法制的轨道，这是历史的伟大进步。中华人民共和国宪法第22条规定："国家保护名胜古迹、珍贵文物和其它重要历史文化遗产。"第26条规定："国家保护和改善生活环境和生态环境，防治污染和其他公害。国家组织和鼓励植树造林、保护林木。"第43条规定："中华人民共和国劳动者有休息的权利。国家发展劳动者休息和休养的设施。"国家宪法中的这些规定，已成为有关部门制定园林法规的指导原则。

1985年，国务院颁布了《风景名胜区管理暂行条例》，成为全国各地进行风景名胜资源保护和风景名胜区规划、建设管理工作的依据。《条例》规定了风景名胜区按其资源的价值和规模大小，实行国家、省、市（县）三级管理体制；并对风景名胜区的规划、开发建设、经营管理方针和机构设置、管理权限、奖惩制度等做了明确规定。此后，各省、市、自治区，也根据国家规定和本身的资源情况特点制定了本地区的管理条例或办法。

1992年8月份国务院颁布实施《城市绿化条例》，成为全国城市开展城市园林绿化建设和管理工作的法律依据。这个条例，规定了城市园林绿地所包括的内容、范围、规划、建设和管理的方针、政策和标准。管理机构的设置和权限等。全国各省、市、自治区又根据国家法规的精神，也分别颁发了本地区的城市园林绿化管理条例。

除园林的行政法规以外，国家还建立了园林绿化和风景名胜区方面的技术法规体系，正在分期分批地制定和颁发有关的技术标准、定额规范和规程等。例如，国家建设部发布的《城市规划暂行定额指标》中，就规定了城市各级绿地设置的标准。此外，国家还制定了一系列的相关法律法规，如《中华人民共和国森林法》，规定了城乡森林覆盖面积及其保护的要求；《中华人民共和国环境保护法》，规定要把城市绿化作为重要的环境保护措施，绿化要与工厂建设同步进行。目前，还有许多重要的园林法规正在拟定之中。

在我国，20世纪前半期就引入了西方“田园城市”“有机疏散”“卫星城镇”等城市规划理论。1949年以来，根据国情一直提倡“严格控制大城市规模，积极发展中小城市”的建设原则。20世纪60年代，国家也曾倡导过“工农结合、城乡结合、有利生产、方便生活”的城市建设指导方针。20世纪80年代初期，又提出“农村城市化”“离土不离乡”，继而探讨“城乡一体化”。20世纪90年代后，开始在部分城市倡导建设“园林城市”和“生态城市”，带动了全国城市建设向生态优化的方向发展。其显著标志，就是许多城市已将创建“生态城市”的初级阶段目标——“园林城市”，纳入了政府的重要议事日程并付诸实践。

自1992年12月份国家建设部组织评选、命名首批“国家园林城市”以来，创建园林城市活动对全国城市建设起到了重要的促进作用。它不仅提高了城市的整体素质和品位，改善了投资环境和生活环境，也使城市政府对园林绿化工作的重要性有了更加深刻的认识，激励广大市民群众更加爱护、关心自己城市的环境质量和景观面貌，从而使城市的精神文明水平得到升华和提高。目前，全国共有56个城市（或直辖市的城区）荣获了“国家园林城市（城区）”的称号，大大促进了当地社会、经济、文化的全面发展。例如，位于祖国南大门的广州市，近年来高度重视城市环境的综合整治工作。1998—2001年，市政府为了营造绿色城市，投入城市园林绿化建设资金10多亿元；全市新增绿化覆盖面积3264$hm^2$；城市绿化覆盖率和绿地率，分别从1997年的27.50%、25.33%增至2001年的34.37%、32.26%；新增公共绿地1408$hm^2$，人均公共绿地从1997年的5.68$m^2$增至2001年年底的9.17$m^2$。完成了一批高水平的城市园林绿化工程项目，使广州的面貌焕然一新，城市环境明显改善。用市民的话来说就是：“天变蓝了，地变绿了，道路变宽了，花城变美了。”据民意调查，市民对政府城建绿化工作的满意率达到了94%，重塑了城市环境形象。2001年12月份，广州市参加了由联合国环境署（UNEP）认证、国际公园与康乐设施协会（IFPRA）主办的“Nations in Bloom”国际竞赛，荣获铜奖，成为迄今为止世界上人口最多的“国际花园城市”。2001年12月份，广州市荣获了国家建设部颁发的“中国人居环境范例奖”。此后，经联合国人居环境署专家组严格考核与评选，2002年6月份，广州市又赢得了“迪拜国际改善居住环境最佳范例奖”。

## 二、日本近现代园林

### （一）明治时代（1868—1912年）

明治天皇在1867年1月9日即位，至1912年去世，共历45年。在宗教园林方面，在王政复古后，1868年3月份下令禁止神佛混同，使千年的佛教中心转向神道中心。不但寺院及其庭园建设因政策和经济而停止，大批寺院与庭园荒废，仅京都一地就数不胜数，如大德寺寸松庵庭园、同寺总见院庭园、同寺碧玉庵庭园等。这种局面维持了9年，在明治九年（1876年），佛教禁令才得以缓和，寺院宗派、制度、经济渐渐复苏。明治三十年（1897年），随着民众佛教信仰的复活及经济的好转，政府出台了《古寺社保存法》，确定了保存文化和古迹的制度，但寺院园林只是修复，没有新建。

神道教在明治天皇的羽翼下得以飞速发展，神社园林也得以建设，如平安神宫庭园就是典型的一例，京都的平安神宫庭园是1895年为纪念平安京迁都1000年而落成的园林，设计者是明治最著名的园林家植冶，建筑为中国唐代样式，左右对称，庭园为池泉回游式，面积

$30000m^2$，分东、西、中、南四个区，东神苑有栖凤池、桥殿，可远眺东山；中神苑有苍龙池、汀步石、池畔景石；西神苑有白虎池、花菖蒲；南苑有日本樱花、枫、簌和菖蒲等。园林显出风水格局和极力恢复平安盛世的理想。

皇家园林有静冈的御用邸庭园，面积2459坪（1坪≈$3.3m^2$），是明治天皇于1900年请宫廷造园家小平义亲设计的离宫庄园，结合了枯山水式，有草地、枯流、筑山、回游路、西式建筑。

明治时代的私家园林是伴随古园开放和公园诞生而同时进行，战国大名消失，此时私园不再是武家时代的表现，而是一般的别庄园林，如无邻庵庭园（1896年）等。明治前期私园以豪宅大园为主，中期后，随着平等思想的流行和经济的发展，小庭园在全国遍地开花，成为主流。园林总体用大池、借景、置石，样式为池泉园与枯山水、茶庭结合，技法为洋式建筑和西式草坪的传入与传统要素和样式的组合，园主经常自己亲自参与造园。

位于京都的无邻庵庭园是明治时代山县有朋请造园家植治（1860—1933年）于1896年建造的私家园林，园中有湖沼、溪谷、水池、曲流，是明治时代接受西方自然风景园思想后极力在园中展现自然的表现，这种样式称为自然风。

东京的清澄庭园是岩崎弥太郎在1877年建造的私家园林，岩崎弥太郎死后，其弟继续修建至1891年完工，面积$90000m^2$，设计者为武者小路实正和矶矢宗康，园林中有日本馆和西洋馆两类建筑，中心为水池，占2/3，内设松岛、龟岛、鹤岛和中岛四个大岛及多个小岛，1923年震灾后成为公园。园林以广大水面、湖边景石、洋风建筑、自然风景致为特征。

奈良的依水园，园主关信太郎利用发源于春日山的吉城川造园，在江户时代延宝年间是清须美氏别庄故址，1897年归关氏所有，重整园林，在池中设中岛，池边置伽蓝石，种草地，园中还有茶室，四季举行茶会，园景以自然景致著称，借景嫩草山、春日山、三笠山三座山，故设有借景的三秀亭，是明治时代池泉回游式借景园的代表。

静冈的浮月楼庭园是杉本大治郎在1867—1879年建的宅园，为蓬莱式池泉回游园，有大池、中岛、龟岛、反桥、枯泷、瀑布、草地、茶室。岛根的千家尊福在江户时代庭园的基础上，于1882年改造的书院式茶庭与枯山水结合的庭园，有赤沙、洗手钵、笼台石、短舟石、飞石。青森的相马氏庭园是园主相马友彦在江户中期旧园上，在1878年请武学流造园家高桥亭山修建的私家园林，为平庭枯山水式，面积320坪，在方形基地上筑山，山前置枯泷石组，为三神石式，左右有客人岛，面前有石灯笼、洗手钵等。青森的园主加藤诚一请“武学流第一人”小幡亭树于1894年设计的大型池泉回游园，为武学流的典范，与当地清藤氏庭园被称为青森县最大、最豪华的庭园，面积1501坪，园中有水池、石桥、出岛、枯泷、护岸石、二神石、神拜石、洗手钵、筑山。青森的小野氏秀芳园是园主小野芳甫于1896年建成的池泉回游式、蓬莱式、借景式庭园，面积1200坪，以水池为中心，中设大岛，侧有五个岩岛，园内有大片樱树，借景岩木山、最胜院五重塔、久度山。青森的清藤氏庭园是园主清藤盛治请武学流的小池亭月设计的池泉回游园，1897—1906年历经9年始成，面积2250坪，园内有洋馆，池中有三岛，池西池北有筑山，池中有石桥、出岛、型木、巨石、枯泷，园中一池三山是神佛分离后神道至上的表现。青森的长谷川氏庭园是园主长谷宗一于明治末年自己指导设计的具有武学流样式枯山水，面积262坪，内有枯池、石桥、枯泷、远山石、飞石、左边二神石、左边洗手钵。

东京的西乡侯爵邸庭园是园主西乡从德于1889年改造而成的池泉园，有草地、大池、出岛、书院、曲流等。东京的藤山邸庭园是园主藤山雷太请松本龟吉设计，于1899年始建至1927年完工的结实合式庭园，内有蹲踞、细沙、型篱、钟乳石、白金阁、三笠亭、中岛、洋风馆、草地、广场。名古屋的高松氏露地是园主高松定一的私家园林，内有三庭：本邸、别邸和山庄，其中别邸300坪，是1891年建成的茶庭，是书院风与草庵风的结合，有绿水亭、松月亭、茶室、飞石、蹲踞、石灯笼。京都的染谷川氏聚远亭庭园初建于1887年，1904年归染谷宽治后请植冶的手下友吉和源兵卫设计，面积1200坪，内有大池、二岛、石桥、曲流、瀑布、茶室，可借景南禅院钟楼、独秀峰、羊角岭及绫户山的森林，是池泉回游式、风景式、借景式、茶庭式四者的综合。京都的中井氏居然亭庭园是园主中井三之助于1910年请薮内宗匠和植冶设计的书院式池泉借景园，内有茶室，可借景东山。

明治时代在政治上提倡与民同乐，与武家专制思想相反，也迎合了当时世界的资本主义民主革命。在园林上最大的革命是公园的诞生。明治天皇提倡洋为和用，开放国门，把西方资本主义的实用主义引入日本，同时也带进了西洋建筑和园林理论。美国的中央公园及英国的自然风景园对日本影响极大，于是不仅在古典园林中出现了自然风时尚，而且创立了具有西方理念的公园。明治六年（1873年）1月份诏告16号令开放名胜古迹，设置公园，让万民同乐，当年10月份就认定了金龙山浅草寺、三缘山增上寺、东叡山宽永寺、富冈八幡神社、飞鸟山等5个公园，全部是原来的寺院或神社园林，只不过开放而已。同年，又新设了滨寺公园（大阪）等。

公园的来源有三种：一是古典园林原封不动地改名公园，二是古典园林经改造后更名为公园，三是新设计的公园。在更名改建公园的过程中，也存在着传统保存论和全面西化论，起初西化论占上风，后来传统论有所抬头。西化论之下的洋风庭园从日比谷公园开始，陆续有箕面公园和天王寺公园等。在明治三十年（1897年）古社寺保存法后，“日本主义”思潮的团体兴起，国粹主义始与欧化主义达到平衡阶段，此时建造的园林有京都的圆山公园等，而大部分的公园则是在两论消长过程中兼具传统与西洋两种风格。

1900年，东京日比谷公园营造学会成立，该会会员着手设计日比谷公园，在1903年，在市中心终于建成了日比谷公园，面积16hm$^2$，内有公会堂、草坪、花坛、喷泉，是日本近代洋风公园的先驱。

1894年，志贺重昂的《日本风景论》出版，1905年，小岛鸟水的《日本山水论》出版，于是，把风景区作为公园的呼声渐起，1902年，从松岛公园开始，天桥立、大沼、岚山、岩岛相继成为以自然风景为主的公园。在明治弥留之际，1912年，日光町町长向帝国议会提议将日光公园改建为帝国公园，得到议会的批准。这是日本把公园作为国家形式进行管理的第一次尝试，也是日本军国主义思想抬头的表现。

在理论和研究方面，明治初年以古典园林的研究为主，明治四十年（1907年）后渐次有洋风园林的研究。园林院校或综合院校中的造园学专业随着明治维新创办起来，国家把园林专业归入农学部。在这些学校中，教授的科目有：造园设计、造园工学、造园材料、造园意匠、造园材物、造园语学、儿童游园、运动公园、造园建筑、造园史、庭园管理、园艺学、观赏植物、应用美学、设计心理、公共造园、都市计划、公园计划等，可谓相当齐全。除此之外，还有设计实习、造园实习和课外指导等，使造园学从理论到教育系统化起来。

明治时代是革新的时代，因引入西洋造园法而产生了公园，大量使用缓坡草地、花坛喷泉及西洋建筑，许多古典园林在改造时加入了缓坡草地，并开放为公园，举行各种游园会。寺院园林受贬而停滞不前，神社园林得以发展，私家园林以庄园的形式存在和发展起来。这一时代的造园家以植冶最为著名，他把古典和西洋两种风格进行折中，创造了时人能够接受的形式，在青森一带产生了以高桥亭山和小幡亭树为代表的武学流造园流派则严格按照古典法则造园。

**（二）大正时代（1912—1926年）**

明治天皇1912年去世，大正天皇即位，开始了大正时代。大正时代由于只有14年，故园林没有太多的作为，田园生活与实用庭园结合，公共活动与自然山水结合，公园作为主流还在不断地设计和指定，形成了以东京为中心的公园辐射圈。

在公园旗帜之下，出于对自然风景区的保护，国立公园和国定公园的概念即时在这一时期提出的，正式把自然风景区的景观纳入园林中，扩大了园林的概念，这是受美国1872年指定世界上第一个黄石国家公园影响的产物。国立公园是指由国家管理的自然风景公园，而国定公园则是由地方政府管理的自然风景公园。

当然，大正时期也有零星的寺院园林，如1913年在京都设计了光云寺庭园（198坪），相反地，私家园林在短短的15年内得到迅速发展。

大正时代的园林风格，传统园林的发展主要在于私家宅园和公园，一批富豪与造园家一起创造了有主人意志和匠人趣味的园林、传统的茶室、枯山水与池泉园任意地组合，明治时代的借景风、草地风和西洋风都在此朝得以发扬光大。人们从寺园走出，进入宅园之后，奔入西洋式公园里，最后回归于大自然，这是一个人类与大自然分合历史上的里程碑。园林研究和教育此期亦发展迅速，一批自己培养的造园家活跃于造园领域。

**（三）昭和时代（1926—1988年）**

昭和时代的园林发展分为战前、战时、战后三个时期。战前，日本园林的发展飞速；1937年，全面侵华战争开始，所有造园活动停止，全民投入战争；1946年战争结束后，日本开始了全面建设公园的热潮。

战前的私园依然兴盛，一大批园林教育家、留学归国人员都参与了造园建设，成果卓著。

战后的园林建设是在一片废墟上重建家园，把西洋的现代建筑论和造园论普及至平民百姓，在现代园林上创造了具有大和民族意趣的新园林。在寺院园林方面，一批古园得以恢复，样式是纯古典式，完整地展现了寺院当年的风采。私家园林更是一片繁荣昌盛的景象。

公园建设兴盛异常。枥木县中央公园是纪念昭和天皇在位五十周年而建立的现代园林，用轴线式与中心式综合的方式构图，轴线上有花坛、台地、水池、纪念广场。大池周边有草地广场、大桥、曲流、瀑布、菖蒲田及池中喷泉和中岛。既有传统，又有现代。爱媛县的南乐园是1984年完成的作品，面积15.3hm$^2$，用中心式构图，园中有两个水池，按传统分成上下两部，上部水有荒矶风石组，下部水池有蓬莱风小岛，两池之间用曲流，另外还用半岛、筑山、町步表现爱媛县的山、海风土主题，用山间的菖蒲田、花木、渔村模仿当地的农家景观，是传统技法在现代公园中的应用。另外，像并木公园的巨型石组则是传承了武家时代的雄壮气势。

1957年《自然公园法》出台后，自然风景区的保护工作全面展开，通过制定国定公园、国立公园和都道府县立自然公园，在全国风风火火地开展起来，把保护、开发纳入法制的轨道。到1971年，国立公园已有23处，总面积达196万公倾，占国土面积5.3%，公园核心保护区达22万公倾，约为公园总面积之11.3%。国定公园达44处，总面积99万公倾，占国土面积2.7%，特别保护区达2.7万公倾，占公园总面积之7.8%。

到1984年，国立公园已有27个，面积2024301hm$^2$，占国土面积5.36%，海中公园有10个，27个地区，63处，面积1066hm$^2$。1982年国立公园游览者达到323133000人。在国定公园方面，到1984年，在54个地区指定了国定公园，面积达1287966hm$^2$，占国土面积的3.41%，另外，国定海中公园有13个，30个地区，65处，面积1332.4hm$^2$。

20世纪50年代，在美国诞生了主题公园，1955年，第一个真正意义的主题公园迪尼斯乐园在洛杉矶建立，这个占地76hm$^2$，由5个主题区构成的公园，其商业上的成功在全世界引起轩然大波，从此，全世界进入了建主题公园的时代，把商业与旅游结合在一起，屡次创下新纪录。日本的主题公园可以追溯到江户末年，1853年，在东京成立了“浅草花屋”，以种植牡丹而著名，在明治时代又转向展示珍禽猛兽，这是以花卉为主题的公园，也是主题公园的鼻祖。1910年后，因私铁沿线土地的开发，建立了一系列生态游乐园，展览馆式主题公园也诞生，20世纪60年代，保存历史文化的主题公园诞生，模仿外国地理环境的主题公园也产生，20世纪70年代，展览会式主题公园诞生，20世纪80年代，以东京迪尼斯乐园为真正意义的主题公园诞生，1983年模仿洛杉矶和佛罗里达州的迪尼斯乐园，开业后年均接待游客达1 600多万人次，年营业额达80多亿美元。之后长崎的荷兰村、日光的江户村、京都的综合运动公园、东京的芝麻街相继建成。

在园林研究上，1941年成立日本山岳协会，1951年成立日本都市计划学会，1960年成立日本自然保护协会，1968年成立日本山岳协会，1967年成立日本造园协会，1972年成立日本芝草学会，1974年成立日本造园组合联合会，1976年成立日本造园修景协会，出版《造园修景》杂志，1982年成立公园保存协会。在园林教育上，战前的昭和四年（1929年），千叶高等园艺学校成立，战后，更多的造园院校和院校内造园学专业成立。1952年，关于公园计划和保护问题制定了《国立公园计划标准》。1956年颁布了《都市公园法》和《都市公园条例》把都市公园设置和管理作了界定，对公园技术标准、设施种类、建筑面积等都作了规定。1957年6月制定的《自然公园法》确定了国立公园、国定公园、都道府县立自然公园及自然公园等概念及管理方法。

从总体来看，昭和时代历史较长（63年）在园林上既有传统精神，又有现代精神。特别是20世纪60年代后的造园运动更以传统回归为口号，给日本庭园打上深深的大和民族烙印。

**（四）平成时代（1989年至今）**

平成天皇在昭和天皇1989年1月7日去世后即位，这是日本后现代建筑和造园的时代，日本造园家把传统精髓进一步整合到园林之中，形成在日本式现代园林，渗透入各个领域的各类建筑形式之中，得到全世界的称赞。

主题公园在20世纪90年代进入科技时代，科幻类主题公园随着科学技术的进步，把宇宙、神话、幻想、科技和建筑综合于一个园林，主题公园的趣味性、刺激性、冒险性大大增强。

## 第二节　西方近现代园林的发展

西方园林始于古埃及园林，后经过希腊和罗马的传承，并在罗马帝国时期得到了长足的发展。进入中世纪时期，修道院的花园成为修道院教徒学习和修炼的场所。到了文艺复兴时期，新式园林开始崛起，并奠定了日后西方近现代园林发展的基础。对于西方近现代园林的发展历史脉络，我们大致可以从当时的一些学者、主要相关人物及其著作中理清，从中我们也可以发现当代园林的风格特征及变迁缘由。

### 一、意大利园林

**（一）意大利园林艺术的变迁**

皮特罗·德·克累森兹是著名律师兼农学家，一直到16世纪他作为农学权威的地位都没有被动摇过。他对这一时期园林艺术进行系统的总结。他的不朽著作《中世纪的意大利农业》于1305年在那不勒斯国王查理二世（Charles Ⅱ）的支持下出版。

他在自己的书中，将花园分为三种类型：第一类是小型花园，以草本植物和花卉为主；第二类为中型花园，面积为0.8～1.6$m^2$，为普通人家所拥有和使用；第三类是大型花园，面积应在20英亩（1英亩＝0.405公顷）以上，主要是供王室和富人所使用的。他认为将帝王们的花园称为苑园比称为花园更为确切。苑园中应喷泉流遍全园，园中有许多牧鹿、獐子和野兔等。在宫殿附近建有大型的鸟舍，在鸟舍内的树上部安放鸟巢，并饲养羽毛美丽和擅唱的鸟儿。园中北部的林地则用做动物的栖息地，在林场边还应有大块的开阔草地，以便从宫殿的窗户向外望去，就能看见动物在自由欢快地嬉戏。园中还应种果树和常绿树，如果气候条件允许，还可种植棕榈树。

**（二）美第奇家族**

美第奇家族不仅政治上有权有势，在经济上财大气粗，而且非常酷爱文学和艺术，特别是古希腊和古罗马的艺术。美第奇家族对园林艺术也有着浓厚的兴趣，也热衷于在佛罗伦萨美丽的市郊建造别墅。正是由于有美第奇家族的热心扶持和倡导，在经历了长达一个世纪统治之后，意大利文艺复兴运动的曙光首先出现在佛罗伦萨。

在美第奇家族的庄园中就有两座是这一时期的代表。一个是卡法吉奥罗庄园的埃尔·特瑞比奥花园。它位于城北29km的亚平宁脉支脉的穆格罗山谷间，庄园中的主要建筑狩猎房就是一处珍贵的建筑。由于被人遗忘几个世纪，使它的质朴魅力几乎原封未动地被保留了下来。它是在大约1451年由米切洛佐（Michelozw）为科西莫重新设计的，它是一座带有瞭望塔的、像城堡一样的四方形别墅。

它位于一座小山的顶上，可以将托斯卡纳最美的景色尽收眼底。花园和别墅一样都明显地带有中世纪的痕迹，有围墙将它们分开。花园坐落在朝南的斜坡上，葡萄架位于园中一侧的台阶上，纵贯全园，这在意大利也是少见的。支撑葡萄架的立柱是由烧制的半圈形红砖砌成的，底座灰石托肩则是简捷的叶片状。为了获得较好的景色，下一层栅架则已被拆除从葡萄架下向园中望去，可以一览园内方形的花池和菜池以及园外全景式的山峦主景。现在园中之景与17世纪初期画家尤坦斯（Utens）所描制的庄园总览图几乎是相同的。

另一座是位于费索勒的美第奇庄园（Villa Medici），虽然它与前一座庄园出自同一位建筑师之手，而且建成时期也仅晚几年时间，大约在1458—1461年，不过它的风格却不完全相同，更像是一座中世纪的城堡，而且建有类似护城河的壕沟和塔楼。虽然别墅的内外都经历了多次改造，以至于它15世纪的风貌荡然无存，但台地的基本格局和它的优美景色却改变很少。

除了以上两座庄园外，美第奇家族的庄园还有其他十数座，其中建于佛罗伦萨的还有极其著名和有影响力的卡什特洛庄园和波波利等。

**（三）阿尔伯蒂**

阿尔伯蒂（Leon Battista Alberdy，1404—1472年）是意大利艺术家、建筑师，著有《论绘画》《建筑学十书》等。他是文艺复兴时期第一位系统论述建筑与园林的关系并提出园林设计理念的艺术家。他的观点和主张不仅影响了佛罗伦萨的造园活动，而且也影响了意大利园林的发展。

他所设想的花园包括以下几个方面内容：一是在一方形园地中，以笔直道路的形式将其分成若干个整齐的方形小区，每一个小区用修剪造型统一的黄杨、夹竹桃或月桂等树种为绿篱，将小区镶围起来；二是树木呈直线形栽种，可由一行或三行组成；三是在园路的末端用月桂、柏树或杜松的树枝编结成古典式凉亭；四是在园路上用圆形石柱支撑棚架，并以藤本植物覆盖其上，形成平顶绿廊，以起遮阴的作用；五是在园路两侧放置起装饰作用的石制或陶制瓶饰；六是在花坛中央用黄杨树篱组成花园主人的姓名；七是在一定间隔处将绿篱修剪成壁龛形状，并安放大理石基座，然后在基座上摆放雕塑作品；八是在花园路口的中心处，用月桂树修剪成祭坛状；九是设小迷园；十是在流水的山腰处建造岩洞，并可在对面设盆鱼池、草地、果园和蔬菜园。

阿尔伯蒂的理论在当时是有些超前的，他所提出的原则后来才逐步被接受和应用。当时即便是他在自己的实践中，也像其他人一样很难摆脱掉中世纪的束缚。他的朋友，佛罗伦萨的一位商人乔万尼·拉塞莱（Giovanni Rucellai）曾委托他为自己设计别墅和花园。从保留下来的图纸和有关记载来看，他当时的设计思想还处于不成熟的阶段。

史料中没有多少有关花园理水的情况，只知道当时还是按照中世纪的时尚，在别墅外环绕有水壕沟，在房子后面的一段壕沟上有一个鱼池，河水像琥珀般清澈地从大门前流过。

记载中没有提到雕塑的内容，却强调了修剪黄杨的作用。显而易见是用树木修剪术取代了雕塑的位置，这在中世纪是常见的做法。树木被修剪成各种所能想像出的造型，有巨人、人头马、商船、战舰、神庙、箭、男人、女人、教皇及各种动物等。这些造型有时是在绿篱上修剪出来的，有时是作为单独的造型物被修剪出来的。不过这些有关植物雕塑的内容，在阿尔伯蒂的著作中却没有谈到。

## 二、法国园林

### （一）利埃博尔

1564年利埃博尔出版了《农业和乡村住宅》一书，此后于1570年和1572年两次再版。1582年又将该书从形式到内容进行重新修改。该书分为7卷，覆盖了乡间民居生活的方方面面。

在第二卷和第三卷中分别论述了有关花园和果园的内容。书中写道："在法国小农场中，最令人感到愉快和使人娱乐的部分是花园……从屋子的窗户向外望去，欣赏那些经过很好耕作的土地，如草坪、柳树林等，是件非常值得称道的事。同时，欣赏那些优美花园内的方格小区，那些美丽的用树枝编结而成的凉亭和小屋，那些用来起分割作用的镶边植物如欧薄荷、迷迭香、黄杨或类似的东西，也是很棒的一件事。"后来法国影响最大的部分是书中有关花坛方面的内容。认为花坛和菜园应用由藤本植物如茉莉、麝香、蔷薇等爬满格状凉棚覆盖的，由砂子或石子铺面的园路分开。花坛应分为两个相等部分，一部分栽种的是为了切花而使用的花卉，另一部分则主要是为了园中的芳香。

利埃博尔将花坛区分为"完整小区花坛""间断式方形小区花坛"和"间断式独立小区集合花坛"。第一种为由连续完整花坛构成的一个方形小区，第二种为彼此之间既有间断又相互联结在一起的花结所形成的花坛，第三种则是一种由完整和分开花结混合而成的花坛。

### （二）莫勒家族

18世纪后期以后，在法国影响最大的园林师当属莫勒（Mollet）家族的成员，其核心人物是克洛德·莫勒（1563—1650年）。他的父亲雅克·莫勒在16世纪80年代曾经是阿内宫苑的园林主管。克洛德年轻时就曾跟随父亲学艺，1882年他便拜杜克·佩拉克为师。

他后来写道杜克·佩拉克教他"优美的花园是如何建成的：园中除了有必不可少的园路分割成的区域外，没有也不应该再有单独的方格式分割。这样设计后的花园看上去远比自己父亲和自己同时代人设计的作品使人印象深刻。这就在法国建成了最早一批花坛和刺绣分区花坛，这也就是我为什么自那时起，经常将这种方式用于设计中……"

在1595年他被亨利四世任命为园林师之前，他一直在狄安娜·德·波瓦蒂埃的谢农苏宫苑工作。在他死后的1652年，他的著作《植物及园艺的舞台》出版。在这部长达400多页的书中，特别论述了园林师工作的相关问题。而且也列出了树木、花卉、蔬菜和草本植物的名录，并提出了如何使用的具体建议。这本书的重要意义还在于他总结了自己在半个世纪中从事园林实践所积累的经验。

他的4个儿子安德烈、小克洛德、雅克和诺埃尔，后来也都成为著名的园林师。其中安德烈的成就最为突出，他不仅成为国王路易十三的园林师，而且还是瑞典皇后克里斯蒂娜（Christina，1626—1689年）的园林总管。1651年他在斯德哥尔摩出版了自己的著作《观赏庭园》。

在书中他对规则式园林的概念进行了界定，并提出整座花园的设计，特别是刺绣花坛细部图案，都应该做出协调统一的设计，以便使人在室内各主要视点都能充分欣赏。

他写道："在建筑物的后面（即面向花园的前面），应该首先设置刺绣花坛，并且在此间不能设置任何形式的、有碍于视野障碍物，如树木、栅栏和其他大的物体，以便人们在窗中就能看到和欣赏到这些景色。"

安德烈的兄弟小克洛德，后来为英格兰国王詹姆斯一世（Jmes Ⅰ，1566—1625年）工作，家族中的另一位成员加息里埃尔则为英王查理二世（Charles Ⅱ，1630—1685年）工作，设计了伦敦圣詹姆斯公园。

**（三）尼古拉斯·富凯**

尼古拉斯·富凯是路易十四手下一位早期财政大臣，他的沃勒维康庄园在众多私家园林中，被视为艺术成就最高。富凯为了实现自己建造宏伟庄园的愿望，将小庄园周围的沃勒维康、朱米乌村和梅花、鲁哲村一同买下，并夷为一个巨大的平地以供建筑之用。

当时沃勒维康庄园是一个需要天才人物施展本领的舞台，而历史也已经孕育了这样的天才。他就是1656年被勒·沃邀请一同设计该庄园的安德烈·勒·诺特尔。

在沃勒维康庄园，他与建筑师勒·沃和美术师勒·布仑3人密切合作，终于创作出当时轰动一时的庄园。它也成为勒·诺特尔的成名之作，也是法国古典园林模式走向辉煌的标志。

**（四）勒·诺特尔**

勒·诺特尔1613年出生于园林师之家，他的父亲当时是丢勒里宫苑园林师总管，曾经在克洛德·莫勒手下工作过。他早年在西蒙·沃韦的画室学习绘画，当时同在那里学习绘画的还有查理·勒·布仑（Charles Le Brun）后来就是勒·布仑向勒·沃推荐勒·诺特尔到沃勒威康庄园一同工作的。

后来勒·诺特尔改行学习了园林，到1635年他已经是卢森堡宫苑加斯顿·德·奥林斯手下的园丁负责人。1637年他到丢勒里花园他父亲让·勒·诺特尔手下工作，1649年他接替了父亲的职位。

路易十四本来就是一位讲究排场，好大喜功的人，在参观了沃勒威康庄园之后，深为它的精美所震惊。他决心自己也建造一座更富丽堂皇、更精美绝伦的宫苑。于是他邀请为富凯工作的三大巨头——建筑师勒·沃、美术师勒·布仑和园林师勒·诺特尔为自己工作，总负责人就是新任财政大臣柯尔贝尔，建造地点选在巴黎远郊的凡尔赛。

## 三、英国园林

**（一）艾迪生**

艾迪生（Addison，1672—1719年）是反对规则式园林的著名人士之一，他在1712年6月25日出版的《观察者》刊物上，发表了一篇文章。在文章中他追随沙夫茨伯里的观点，论述了"开放式的野生自然风景与封闭式的园林艺术之间的差异"。在他的眼中，自然风景要比人工园林更为壮观和崇高。他说："大自然的杰作更令人惬意，更接近于艺术品，而园林艺术的精彩之处又都是来自于大自然的。"他主张将大自然与园林艺术结合起来，并且取自然的形式，反对英国的传统园林艺术形式，反对将"树木修剪成九柱戏的木柱形（一种英国游戏——引者）、球形或是金字塔形，甚至在每丛灌木和每一棵乔木上都留有剪刀的痕迹。”

艾迪生曾在欧洲大陆做过许多旅行，那时在意大利的南部，规则式园林已经势微，园中的树木已经是自由生长了，而在其北部则规则式园林还十分盛行。当时在英国虽然法国式的园林作品并不多见，但荷兰式的规则花园却大量充斥。所以，当他回到英国后，一方面他用自己在意大利南方所见到的情形为例，来否定英国园林；另一方面他又借助中国园林艺术来反对英国园林。

他在文章中说，凡到过中国的欧洲旅行者回来后都宣称，“中国人笑话我们欧洲人的园林，说它们被弄得规规矩矩的，因为中国人认为，任何人都会按相等的间距成行成列地栽种树木。而他们则宁可选择树木的天然形态和自然的方式来栽种。”

**（二）布里奇曼**

在英国园林从规则式向自由式转变的过程，曾经发挥过重要影响的另一位园林师是布里奇曼（?—1738年）。他在1713年开始设计的斯陀园，拉开了英国自由式风景园林的序幕。

他在该园的设计上有两方面的大胆尝试。

一是没有严格遵循规则式的设计手法。对此1724年蒲柏在参观斯陀园之后写道：“整座花园没有多少不规则的东西，也没有多少规则的东西，只是从整体看这部分与另一部分有所不同。”从中可以看出当时设计者内心中的矛盾，即对旧形式的难舍和对新形式的陌生。

二是“哈哈沟”的采用。哈哈沟是在花园边缘挖掘的用以防御动物侵扰的一种干壕沟。它取代了长期以来用围墙、树篱等手段，将花园或林园与周围环境及景色分离的做法。它使花园中的景物与周围环境的景色融为一体，使人们常常在走到哈哈沟前，才会突然意识到自己已经站在了花园的尽头。蒲伯说：“这座花园的最优美之处，就在于它没有围墙相围，而代之以哈哈沟，使人们的视野可以延伸到远处优美的林地。”

英国作家、造园理论家和历史学家霍勒斯·沃尔蒲尔（1717—1797年）在半个世纪后描述这段园林变革的历史时，曾高度评价了采用哈哈沟的意义，认为正是由于它的发明，才将新园林运动引向了胜利，它彻底改变了园林的面貌。事实也是这样，正是由于哈哈沟的采用，使得在处理园景与借景的关系，近景与远景的关系等方面，带来了设计上的真正变化。

**（三）威廉·肯特**

威廉·肯特（1685—1748年）是继布里奇曼之后对英国自由式园林兴起产生重要影响的又一位园林师，他同时也是一位画家和家具设计师。沃尔蒲尔称他是“现代造园艺术之父”。

肯特年轻时学习绘画，在从事园林设计工作之前，是一家马车制造作坊的车身油漆绘画师。后来他被伯灵顿伯爵看重，并被送到意大利南方学习。

当他从意大利学习归来后，伯灵顿委肯特委以重任，使他成为不受艺术手法束缚而从事园林设计的人，使他能将自己的构思完全实施到周围的风景上。肯特的座右铭是“自然讨厌直线”，所以在他的设计中尽量避免使用直线的形式。抛弃了笔直的园路，也将各种人工理水的形式，特别是喷泉拒之门外，代之以蜿蜒的河水穿过园地，湖池的岸边也取自然的不规则形式。

他以画家的审美眼光，将高大的乔木和低矮的灌木随意而有机地布置在园中，并废除了树篱的形式，实现了蒲柏不规则栽种且自由生长的主张，也实现了培根在草地上栽植一丛丛灌木、一组组乔木的建议。

他的成名之作是伯灵顿的奇思威克庄园。1771年沃尔浦尔在《论现代造园艺术》一书中写道：“他的富有想象力的铅笔赋予他布置的每一个景色以自然风光的艺术。他在创作中所依据的主要原则是透视、光和影。用树丛来弥补草地的单调和空洞；常青藤和树木与阳光炫目的旷地相对照；在景色不够优美或者一览无余的地方，他点缀上一些浓荫，使景色富有变化，或者使很美的景致增加层次，游览者要向前走才能逐步观赏到，从而更加诱人。他把美景挑选出来，把缺点用树丛掩盖起来。有时候用最荒野粗糙的东西加到最豪华的剧场布景里去。他把最伟大的画家的作品变成现实。”

肯特对英国园林艺术的最大贡献，就在于他彻底超越了传统园林艺术的樊篱，如果说布里奇曼的最大贡献在于发明了哈哈沟，打破了花园与林园的界限的话，那么肯特的贡献就在于它使花园和林园得到了统一，实现了融合。

在传统园林中，花园是建筑物的附属，是建筑物与自然景观过渡的桥梁。而自肯特开始，用陈志华先生的话来说，就是“造园艺术既不是用花园美化自然，也不是用自然美化花园，而是直接去美化自然本身”。用沃尔蒲尔的话来说，肯特“超越了樊篱，使我们看到整个自然就如同花园一般”。

**（四）兰斯洛特·布朗**

自肯特之后，兰斯洛特·布朗（Lancelot Brown，1716—1783年）成为英国园林艺术承前启后的重要代表人物。他的作品成为1750—1780年风景园林的范例，是风景园林形式的标志，他的作品还被认为是完美秩序、高雅品位的象征，甚至被人提升到用以衡量社会上一切是非曲直的准则。与肯特的背景不同，肯特是将传统绘画的风景和人们口头谈论的风景具体展现在世纪园林作品之中，而布朗则是一位园林师，是一位更讲究实际的实用主义者而非理论家。

布朗出生于园林世家，年轻时曾做过肯特的助手，因此，他对肯特的设计思想和表现手法是非常熟悉的。从总体上说，他是沿着肯特的方向继续向前探索的。所不同的是，他并不一味地单纯追求变化，追求荒凉野味，追求过多的建筑小品，避免了人们对肯特的一些责难。布朗设计了许多新园林。也改变了不少园林，其中就包括一些肯特当年所设计的园林。他所到之处，旧园中原有的设计布置被统统废除。

所以，有朋友跟他开玩笑说，希望自己能够死在布朗之前，以便看看没有被布朗改造过的天堂原貌是何模样。由于布朗对前来向他进行设计咨询或征求庄园改造建议的人来者不拒，并对各种条件的造园基址都能提出令人信服的意见，故被人们称为“万能的布朗”。

关于布朗的设计特点，陈志华先生将其归纳为四个方面。概括地说，一是他彻底打破了花园与林园的界限，甚至将并不妨碍视线的哈哈沟也都取消了，使花园与林园融为一体，成为真正的风景园；二是布朗更善于运用连片的树丛，或是用来造景，或是用来遮挡边界及不善于入景的东西；三是布朗更善于用水，重视水体在风景构成中的作用，他善于利用地形的变化造成各种湖泊；四是布朗追求景观的和谐与洁净，将他认为有碍于景观的村庄、农舍等统统拆除，甚至连府邸周围与日常生活相关的菜园、马厩、杂物间等也一概不留。

由于他对风景园林发展所做出的贡献及产生的深远影响，他被誉为“风景园林艺术之王”。其所形成的气势宏伟、舒展开阔、简洁明快的风格，堪与勒·诺特尔在规则式中所形成的凡尔赛风格相媲美。

**（五）威廉·钱伯斯**

威廉·钱伯斯（Wiliam Chambers，1723—1796年）在介绍中国园林艺术方面发挥了重要的作用。钱伯斯早年（在18世纪40年代）曾在瑞典设在中国的东印度公司供职，这使他有机会接触和了解中国文化。在这期间他对中国的建筑、园林及服装等产生了浓厚的兴趣，并绘制了大量的有关草图。后来他回国时将这些资料进行整理，并于1757年出版了《中国建筑、家具、服装和器物的设计》一书。当时他出版这本书的一个主要动机，就是要抵制那些趁人们对中国艺术感兴趣，而出版的一批胡编乱造的所谓介绍中国艺术的书籍。

因为当时这些凭借传闻和臆想而粗制滥造的出版物，不仅误导人们，而且还产生了一定的负面影响。所以，为了以正视听，他出版了自己的著作。此书一出便立即风行全欧，成为中国风尚的范本。不过在他自己的著作中，也有一些误解或是虚构的内容。例如他在谈到中国园林的景物时，为了迎合人们欣赏和猎奇的口味，他把园林中的一些景观分为“优美宜人之景，惊险恐怖之景和神奇奇幻之景”。

钱伯斯针对当时一部分英国人对中国园林建筑物过于拥挤持反对态度的问题，写下了著名的《东方造园》一文。虽然他相信英国自由式风景园林前进的方向是正确的，风景式园林要优于规则式园林。但他却强烈反对布朗式的风格。认为布朗式的风景园只见青青树木，不见其他艺术，与天然牧场相差无几，所以他认为英国应该以中国为榜样。

因为中国人也是以自然作为自己模仿对象的。采取非规则的形式，而且始终对自然保持着一种谦恭的态度。他认为中国人取得成功的主要原因。是他们的园林艺术家都受过长期的训练，所以他们的艺术品位能够在整个设计中处处都得到体现。此外，中国人还将各种美好事物收集或应用于园林中，毫不吝惜地将自己的情感和钱财用在对美的追求上，而在欧洲对于建筑师来说园艺则是次要的，特别是在英国则干脆把这些事情交给了菜农。

他认为英国园林应向中国园林那样，能够让观赏者始终享受到园林艺术的美，始终兴趣盎然，充满好奇心。1772年，当中国园林热在欧洲出现降温时，他又写下了《东方造园艺术泛论》一书。书中系统阐述了他对中国园林艺术的看法，认为中国园林大有可供借鉴之处。

他写道：“中国人设计园林的艺术确是无与伦比的。欧洲人在艺术方面无法和东方灿烂的成就相提并论，只能像对太阳一样尽量吸收它的光辉而已。”同时也对布朗风格提出了深刻的批评，认为自然不经过艺术加工是不会赏心悦目的。

他认为：“中国园林和英国园林虽然都是来自于自然，但中国人的园林却高于自然，是用艺术的手法来再理自然；而我们的园林只知道一味地模仿自然，却始终没有超越自然。”

**（六）汉弗莱·雷普顿**

汉弗莱·雷普顿（Humphrey Repton，？—1818年）是英国第一位造园家，是英国风景园林史上一位负有重要使命的人物。他以自己的成就赢得了“新风景园林之王”的称号。他提出了“风景造园学”和“风景造园师”的专门名词。他曾说：“只有把风景画家和园丁（花匠）两者的才能合二为一，才能获得园林艺术的圆满成就。”

雷普顿出生于英格兰东部诺里奇的一个商人之家。他的父母原本希望他长大后能够成为服装商人，在他12岁时将他送到荷兰去学习语言和那里的生活方式，因为当时荷兰的商贸业非常发达。在那儿雷普顿对绘画、诗歌、音乐产生了兴趣，相反却对经商兴趣淡漠。所以，他回到英国后的经商活动也并不成功。

雷普顿在自己的实践中，探索出一套独特的景观设计方法。其中，景观效果演示图的方法，给他带来难以估量的益处。这种方法是将园址上的原有景物先绘在底图上，然后将设计的构想绘成水彩画覆盖在原图上，使人们很直观、很形象地了解到景观在设计前后将发生的变化，同时再配以文字说明，使顾主们更容易接受他所提出的各种建议。他将每一份设计都用红色的皮夹子装订成册。这些被称为“红书”的册子，不仅是施工的文件，也成了有效的宣传广告。到1816年，雷普顿已经积攒了400多册这样的“红书”。

雷普顿的设计思想和理论主张，从总体上看是遵循着肯特和布朗所形成的风景园林的主流，同时他也吸取了人们对18世纪中前期风景园林发展过程中所提出的各种批评和建议，总结了肯特和布朗的经验教训，从而将风景园林又推向了新的发展层次。

首先，雷普顿的设计中较好地处理了景观的优美和生活的便利这对矛盾。过去在布朗时期，布朗为了追求景观的图画般的纯净与优美，将许许多多他认为有碍于景观的建筑，哪怕是生活中所必需的一些建筑都拆除了。而雷普顿则认为生活上的便利与景观的优美同样重要，所以在设计中保留了那些与生活有密切关系的如菜园、晒衣场等部分，然后用灌木丛进行适当的装饰。

其次，他的设计也妥善地处理了规则与非规则的矛盾，认为它们不过都是一种表达审美情趣的形式。于是他又重新将台地、花栏杆、铁艺制品饰物等形式搬回了园林中；也重新运用砾石来作为前庭院和园路的铺面材料，以达到较好的排水效果；他还在主要建筑物的附近重新布置了花卉园，使花香能阵阵飘向四方。

再次，他的设计中较好地处理了自然化与艺术化的矛盾。他摒弃了风景园林初期的荒野化倾向，选择令人愉悦的生活化的一些建筑形式，如牧人的房舍、炊烟袅袅升起的小村庄等修建在风景园中。同时再配上迂回曲折的砾石小路、隐隐闪现的花卉园以及成群的牛、羊和鹿在草地上悠闲地吃草等，给人以更舒适、更富诗意的画面。所以，有人称他为"风景如画"式园林的最佳代表，我们说他是集自然与绘画派之大成的风景园林大师。

**四、美国园林**

美国的历史较短，建国仅200多年，是个典型的移民国家。因此，属于在美国本土上发展起来的园林形式也比较单纯，主要是大型的城市公园和国家公园。

美国城市公园的历史可以追溯到1634—1640年。当时正处于英国殖民地时期，波士顿市政当局曾作出决议，在市区保留某些公共绿地。其目的一方面是为了防止公共用地被侵占，另一方面是为市民提供娱乐场地。这些公共绿地已具有公园的雏形。

美国第一个近代造园家唐宁（Andrew Jackson Downing，1815—1852年），学习过英国自然风景园的造园理论，受布朗及其门徒雷普顿的影响较大。他从美国的水土气候等自然条件出发，结合绘画造型和色彩学的原理，提出了一些园林构图法则。1841年，他出版了《造园理论与实践概要》一书，以阐明雷普顿的浪漫主义造园艺术。1849年他访问英国，游览自然风景园，亲自体会其风格。1850年后他致力于首都华盛顿各大公共建筑物环境的绿化，对美国园林界产生了很大的影响。

唐宁的继承者欧姆斯特德（Frederick Law Olmsted，1822—1895年），也是雷普顿的信徒。他出身于农家，受过工程教育，青年时代作为水手曾到过中国，1850年又游历了英国和欧洲大陆，回国后被委任为纽约市中央公园管理处处长。1857年，他和助手沃克斯（Calvert Vaux）接受了纽约中央公园的设计任务，并提交了以"绿草地"为题的规划方案。1858年4月28日，该方案经设计竞赛评委会的仔细评审后，入选并获得头奖。

纽约中央公园规模很大，占地约344hm$^2$，位于闹市中心区内由按规则数字排列的街道所划定的街区内。欧姆斯特德在设计中注意保留了原有优美的自然景观，避免采取规划式布局，用树木和草坪组成了多种自由变化的空间。公园内有开阔的草地、曲折的湖面和自然式的丛林，选择乡土树种在园界边缘做稠密的栽植，并采用了回游式环路与波状小径相结合的园路系统，有些园路还与城市街道呈立体交叉相连。公园内还首次设置了儿童游戏场。欧姆斯特德既改变了英国自然风景园中那种过分自然主义和浪漫主义的气氛，又为人们逃避喧闹、混杂的都市生活而安排了一块享受自然的天地。这种公园设计手法，在传统的英国风景式的园林布局与美国网格型的城市道路系统之间，找到了一种恰当的结合方式，后来被称之为"欧姆斯特德原则"，对美国的大型城市公园设计曾产生了巨大的影响。1860年，他首创了"Landscape Architecture"一词（中文译名有"风景园林""景观建筑"或"景园建筑"），以取代雷普顿所习用的"Landscape Gardening"（造园或风景园艺）的专业概念。

继纽约中央公园建成之后，美国各地掀起了一场"城市公园运动"，在旧金山、波士顿、芝加哥、布法罗、底特律、蒙特利尔等大城市，建了100多处大型的城市公园。如旧金山的金门公园，总面积411hm$^2$，共有树木5000余种。公园内有亚洲文化艺术中心、博物馆、日本茶庭、观赏温室、露天音乐广场、运动场、高尔夫球场、跑马场、儿童游戏场及加利福尼亚科学院等。波士顿市内由欧姆斯特德主持规划建设了完善的公园绿地系统，一直受益至今。

美国的城市公园，除受英国自然风景园的风格影响外，还兼容并蓄了许多其他国家的园林风格，反映其移民国家的特点。公园内常营造有平缓起伏的地形和自然式的水体，大面积的草坪和稀树草地、树丛、树林，并有花丛、花台、花坛；有供人散步的园路和少量建筑（如风雨亭）、雕塑和喷泉等。这些园林建筑和小品，包容了从古典到现代各种流派的风格。最引人注目的，是多数公园里常布置有反映北美印第安人文化传统的图腾柱。面积较大的公园中甚至还辟有日本庭园或其他国家风格的花园，形成“园中园”。

美国城市公园里安排的主要设施。注意因地制宜地适应社会生活的需要。最基本的设施是野餐区、儿童游戏场、运动场和大草坪。面积较大的公园设有游人服务中心。儿童游戏场、运动场和大草坪。面积较大的公园没有游人服务中心。位于市区的大公园内设有游艺场等设施。处在远郊区的公园设有宿营地，供游人度周末。如今，公园和娱乐设施成为美国人生活中的重要内容。

随着现代工业的发展，工作时间缩短，余暇时间增多，小汽车日益普及，城市公园已难以满足美国人对自然的渴求。于是，就出现了更大规模的自然游憩地形式——国家公园。

美国政府建立国家公园的目的，一方面是作为供公众旅游娱乐、了解和欣赏大自然神奇景观的场所，另一方面是为了保护自然生态系统的平衡和自然地貌的原始状态。从1872年建立的第一个国家公园（黄石国家公园，Yellowstone NP）至今，美国已有48个国家公园，约占国土总面积的2.03%。国家公园内所有的自然景观都被绝对地保护下来，包括禁猎禁伐的森林保护区，火山保护区，地质构造变迁遗迹保护区，冰川保护区，还有地下地质构造景观、沙漠、热带原始森林保护区等。国家公园内的森林、树木、野生动植物等自然因素不得有任何人为干扰和破坏，任其自然生长、发展与灭亡，发生病虫害一般也不予防治。即使遇到火灾，一般也是任其在自然界各种因素的平衡中自生自灭。美国政府为了保护国家公园的自然环境不因群众游览活动引起有害于自然生态系统或有损于自然景观的变化，对国家公园范围内的土地一般都实行分区制。事先由地质学、生态学、野生动物学、考古学、林学、园林学、建筑学等各方面的专家共同研究有关资源保护计划，并制定有控制的基本设施建设、游览和科学普及活动的规划，经国家或地方主管部门审批后实施。国家公园大多分五个区：特别保护区、原野区、自然环境区、娱乐区和服务区。其中，特别保护区和原野区不允许机动车辆或船只进入，也限制游人的数量。国家公园的出入口多设在娱乐区和服务区，那里风景优美而交通方便。目前，美国各种类型的国家公园，每年吸引着2亿多国内外的旅游者前往观光。

## 第三节　现代园林的发展趋势与特点

自20世纪60年代起，随着环境保护运动在美国的出现，以伊恩•麦克哈格为代表的学者率先举起“设计结合自然”的大旗，呼吁人们正确处理人与自然的关系，改变以人为中心和人类至上的观念，提出在规划与设计中，应充分尊重自然的历史演变和进化过程，尊重自然规律，合理而平衡地利用土地和其他自然资源，从而在根本上保证人类的长远福祉和生存安全。这种以自然和生态为中心的主张一经提出，便在世界范围内引起了巨大的反响，也使现代园林出现了革命性的变革。

在现代社会的历史条件下，伴随着科学技术的发展与进步，“设计结合自然”已经建立在生态科学基础上的一种新的设计思想和设计方法，其提出与形成对园林规划与设计具有划时代的意义。该思想和方法超越了传统园林设计过于关注形式、功能及审美的价值取向，而转为关注生命安全、生存环境和生态平衡的价值取向，按照麦克哈格的主张，设计结合自然的思想可以概括为以下三个方面。

## 一、协调人与自然的关系

人是自然之子，是自然中的一个物种。从某种角度上说，人类社会的历史就是一部人与自然的关系史，是人类认识自然、利用自然、改变自然的历史。由于人类在自然界中所处的独特地位，“人们相信现实仅仅由于人能够感觉它而存在；宇宙是为了支持人达到它的顶峰而建立起来的一个结构，只有人具有统治一切的权利……相信世界上只存在着人与人之间或人与上帝之间的对话，而大自然则是衬托人类活动的淡淡的背景。自然只是在作为征服的目标时，或者说得好听些，为了开发的目的，才为征服者提供财政上的回报。”正是由于这种价值观的存在，使得人类长久一直以“自然—地球”的主宰者自居，随心所欲消耗和利用地球上的各种自然资源，且随自身经历和力量的积累，对自然及其演进过程所造成的影响和改变也日趋加剧。

人类对大自然这种毫无节制的干扰与破坏，加速了自然资源的枯竭和气候的变化，不仅正在葬送地球的未来，同时也在葬送人类自身的未来。因此，要想从根本上改变目前这种“人与自然”关系紧张的现状，人类就必须摆正自身在自然界中的位置。改变以主宰者和统治者自居的心态，设计和建立起新的“人—地”关系，做“大自然—地球”的守护者，使人类能够更好地受惠于自然，使人类与自然能够和谐而长久地共生共存。

## 二、协调社会与环境的关系

不论是发达国家还是发展中国家，发展经济和改善民生都是其各自社会所面临的重要而严峻的课题。然而，人们在发展经济的时候，常常忽略环境保护，甚至常常是以牺牲环境为代价的。因此，麦克哈格尖锐地指出：“在这个世界上，显然我们只有一种模式，这就是建立在经济基础上的模式。正如用GDP检验国家的成就那样，美国这块自由土地上现在的面貌就是这种模式最明显的见证。金钱是我们衡量一切的准绳，便利只是金钱的陪衬，人们目光短浅，只考虑短期利益，像魔鬼一样，把道德排在最末位。”但是，正如“人们广泛地认识到国民生产总值不能够度量人的健康、幸福、尊严、同情、爱情追求或爱好等，而这些东西即使不都是人们必需的权利，至少也是人们所渴望得到的。”所以，人们在享受社会所创造的物质财富的同时，也应享有优美而健康的生活环境，享有感受自然的权力。

调整经济和社会发展模式，改变人们GDP崇拜和拜金主义的观念，是建立环境友好型、资源节约型可持续发展社会的前提。特别是对我国这样一个发展中的大国而言，如何在快速发展经济，提高全体国民的生活水平，实现国家现代化的同时，也能够保护好环境和资源，是一个迫切需要解决的难题。因此，在制定经济和社会发展计划时，应尽量从当地土地、资源和环境的可承载力出发，做到建设与保护、发展与永续之间的平衡。

## 三、协调设计与场地的关系

调整人与自然、社会与环境的关系是在宏观设计的层面上，将人类生存和社会安全与自然结合起来。而园林规划设计与场地自然条件有机地结合起来，则是在微观设计的层面上——技术和操作层面对“设计结合自然”理念的具体诠释。

在大到区域和城市规划、生态恢复规划，小到绿地系统的公园设计等风景园林规划与设计工作中，每一具体设计项目都有其特定的如土壤、植被、水地貌、交通等场地环境与场地条件，当然，这其中也涉及到各种如人口、社会、经济、文化等条件。然而，在现实生活中，许多项目在具体的设计过程中却常常忽略对这些因素应有的关注，缺乏从宏观与微观、整体与布局、长远与眼前发展的思考，从而使“设计结合自然”流于口号。因此，设计与场地关系的协调，不仅要考虑具体设计项目的使用功能和经济成本，还应考虑其所涉及的资源价值、社会价值和美学价值，也就是以“最大的社会效益和最小的社会损失”为追求目标。

从古典园林悠久的发展历程可以看出，一个园林体系的建立需要花上百甚至上千年的时间。我们中国现代园林体系的发展还处于初级阶段，确定大的发展方向是远远不够的，对其功能的分析、对古典文化精神要义的继承，对优美的现代材料与先进的现代工艺在园林中的应用等都是现代园林体系产生与发展所必须研究的课题。这就对肩负继承中国优秀传统文化现代园林设计师提出更高的要求。

## 思考题

1. 简述中国近代园林发展过程。
2. 简述日本近代园林发展过程。
3. 简述西方近代园林发展过程。
4. 列举在园林发展过程中各国出现的重要人物。

# 第五章

# 园林构成要素

## 第一节　自然要素

### 一、山岳景观要素

中国辽阔的国土、复杂的地形，孕育了无数多姿多彩的山岳景观，有雄踞世界之巅的喜马拉雅山，有闻名于世的黄山，有秀甲天下的桂林山水，有风情独具的张家界……这一切崇山峻岭，都是地球40多亿年演化的“杰作”。

山岳都是经过漫长而复杂的地质构造作用、岩浆活动变质作用与成矿作用才得以形成我们现在看到的形形色色变化奇特的岩体。据统计，地壳中的岩石不下数千种，按成因可以分为火成岩、沉积岩以及变质岩三大类，其中最易构景的有花岗岩、玄武岩、页岩、砂岩、石灰岩、大理岩等少数几种。不同的岩石由于其构成成分的差异，有的不易风化和侵蚀，一直保持固有状态，有的又极易风化而形成各种特征迥异的峰林地貌，这才使得作为大地景观骨架的山岳形态各异，再加之树木花草、云霞雨雪、日月映衬，这才使得山岳景观呈现出雄、险、奇、秀、幽、旷、深奥的丰富形象特征。

#### （一）山岳景观类型的划分

划分名山类型的原则一般是以岩性作为基础。

*1.火成岩地质景观*

火成岩又称为岩浆岩，它是由岩浆冷凝固结而成。岩浆是处于地下深处（50 ～ 250 km）的一种成分非常复杂的高温熔融体。它可因构造运动沿着断裂带上升，在不同的地方凝固。若侵入地上层则成为侵入岩，若喷出地表则成为喷出岩或火山岩。其中与山岳景观关系最为密切的是侵入岩类的花岗岩与喷出岩类的玄武岩。

在漫长的地质历史过程中，露出地表的花岗岩体经过断裂、破碎，在经受流水、冰川等“大自然艺术师”的雕琢，使得花岗岩区往往形成奇妙的地貌，这些区域山体往往高大挺拔，山岩陡峭险峻，气势宏伟，岩石裸露，多奇峰深壑。由于其表层岩石球状风化显著，还可形成各种造型逼真的怪石，具较高的观赏价值。著名的有海南的“天涯海角”“鹿回头”“南天一柱”，浙江普陀山的“师石”，辽宁千山的“无根石”，安徽天柱山的“仙鼓峰”和黄山的“仙桃石”等。我国众多名山中，有不少是由花岗岩构成的山岳景观，其中以华山、黄山、雁荡山及三峡神女峰的景色最为著名。玄武岩是岩浆喷出地表冷凝而成的基性火成岩，常呈大规模的熔岩流，它的景观特点是由火山喷发而形成的奇妙的火山口。其熔岩流形态优美，如盘蛇似波浪。我国黑龙江五大连池就是典型的玄武岩火山熔岩景观。我国西南部景色秀丽的峨眉山，其山体顶部大面积覆盖的也是玄武岩，称“峨眉山玄武岩”。

*2.沉积岩地质景观*

沉积岩是在地表或接近地表的范围内，由各类岩石经过风化、侵蚀、搬运、沉积等作用以及某些火山作用而形成的岩石。其主要特征是具有层理，一层层的岩石就像一页页记录着地球演化的书页，从中能寻找到地壳演变过程中，曾经发生的沧桑之变和古气候异常的遗迹。在沉积岩的造景山石中，尤其以红色钙质砂砾石、石英砂岩和石灰岩构成的景观最具特色。

我国南方红色盆地中，沉积红色砂砾岩层，简称红层。由于红层中氧化铁富集程度的差异，使得这些岩石外表呈艳丽的紫红色或褐红色，构成所谓的“丹霞地貌”景观。这里赤壁丹崖、群峰叠嶂的奇峰怪石，座座“断壁残垣”、根根“擎天巨柱”、簇簇“朱石蘑菇”，其势巍峨雄奇，精巧多姿，在我国南方众多的丹霞景观中，当数广东仁化县的丹霞山和福建武夷山最负盛名。

石英砂岩层理清晰，岩层大体呈水平状，层层叠叠给人以强烈的节奏感。岩石硬度大，质坚硬而脆。在风化侵蚀、搬运、重力崩塌等作用下岩层沿着节理不断解体，留下中心部分的受破坏力最小的岩核，即形成千姿百态的峰林景观。我国最典型的石英砂岩景区就是以“奇”而著称天下，被誉为自然雕塑博物馆的湘西张家界国家森林公园，其景区内石英砂岩柱峰有几千座，千米以上柱峰几百座，变化万端，栩栩如生。

石灰岩是一种比较坚硬的岩石，但是它具有可溶性，在高温多雨的气候条件下经岩溶作用，形成千姿百态的岩溶景观，如石林、峰林、钟乳石、溶洞、地下河等景观。岩溶地貌，也叫喀斯特地貌，是水对可溶性岩石进行溶蚀后形成的地表和地下形态的总称。喀斯特原为南斯拉夫西北部的一处地名，19世纪中叶，最初的喀斯特地貌研究始于此处，因而得名。喀斯特地貌的典型特征就是奇峰林立、洞穴遍布。以地表为界，喀斯特地貌又可分为地上景观和地下景观两部分。地上通常有孤峰、峰丛、峰林、洼地、丘陵、落水洞和干谷等特征景观，而地下溶洞中最常见的则是石钟乳、石笋、石幔、地下暗河等景观。我国也是喀斯特地貌分布较广的国家，主要分布于广东西部、广西、贵州、云南东部以及四川和西藏的部分地区，其中以云南石林和桂林山水最为典型。

3.变质岩地质景观

在地壳形成和发展的过程中，早先形成的岩石，包括沉积岩、岩浆岩，由于后来地质环境和物理化学条件的变化，在固态情况下发生了矿物组成调整、结构构造改变甚至化学成分的变化，而形成一种新的岩石，这种岩石被称为变质岩。其种类很多，由于原有岩石的岩性及所受的变质程度的差异，变质岩的岩性差别很大，组成的山地风景的风格特色也不同。我国由变质岩构成的名山很多，大江南北分布广泛。著名的如泰山、嵩山、庐山、五台山、苍山、武当山、梵净山等。以气势磅礴、山体高大雄伟著称的泰山，其主体是由古老的花岗闪长岩体变质而成。梵净山相对高差达2000余米，出露于群峰之巅，巍峨壮观。在风化、侵蚀等外力作用下，造就了无数奇峰怪石，如“鹰嘴岩”“蘑菇岩”“冰盆”“万卷书”等。苍山由石灰岩变质后的大理岩构成，山石如玉，山峰险峻，林木苍苍，犹如人间仙境。其他著名的变质岩山岳景观还有江苏孔望山、花果山，浙江南明山等。

**（二）山岳景观美学特征**

自然美的形态是千差万别的，作为山岳景观给人的美感是特别丰富的。大体上有如下特征。

（1）雄壮之美　具有雄伟、壮丽特征的山岳景观常引起人们赞叹、震惊、崇敬、愉悦的审美感受。如泰山巍峨耸立，以“雄”著称。汉武帝游泰山时曾赞曰：“高矣、极矣、大矣、特矣、壮矣。”

（2）险峻之美　具有险峻特征的一般是坡度很大的山峰峡谷。华山素以“险”著称。仰观华山，犹如一方天柱拔起于秦岭诸峰之中，四壁陡立，奇险万状。

（3）秀丽之美　秀丽的山峦常是色彩葱绿，生机盎然，形态别致，线条柔美。峨眉山以“秀”驰名。峨眉山海拔虽高但是并不陡峭，全山山势蜿蜒起伏，线条柔和流畅，给人一种甜美、安逸、舒适的审美享受。除此之外还有黄山的奇秀、庐山的清秀、雁荡山的灵秀、武夷山的神秀。

（4）奇特之美　富有奇特之美的山岳景观往往以其出人意料的形态，给人一种巧夺天工而非人力所为的感叹。黄山以“奇”显胜，奇峰怪石似人似兽，惟妙惟肖。

（5）幽深之美　具有幽深之美的山岳景观，常以崇山深谷、溶洞悬乳为条件，辅之以繁茂的乔木和灌木，纵横溪流，构成半封闭的空间。这种景观视野狭小而景深较大，有迂回曲折之妙，无一览无余之坦。优美富于深藏，景藏得越深，越富于情趣，越显得优美。四川青城山之美在于“幽”，这种幽深的意境美，使人感到无限的安逸、舒适、悠然自得。

## 二、水域景观要素

水域景观按照水域形态的不同可以分为江河景观、湖泊景观和海岸景观。

### （一）江河景观

江河景观包括瀑布景观、峡谷景观、河流三角洲景观。

（1）瀑布景观　瀑布为河床纵断面上断悬处倾泻下来的水流。几乎所有山岳风景区都有不同的瀑布景观。我国著名的瀑布有广西德天瀑布、黄河壶口瀑布、云南九龙瀑布、四川诺日朗瀑布、贵州黄果树瀑布。瀑布展现给人的是一种动水景观之美。瀑布的形态随地貌情况的不同而变化，如庐山三叠泉，瀑水成“之”字形分三级下坠；黄山脚下，瀑水分流，形成“人”字形瀑布；而九寨沟的高低不同的湖泊之间多悬瀑布，形成一级一级的长串梯瀑，充分表现出多变的瀑布景观之美。瀑布融形、色、声之美为一体，具有独特的表现力。不同的地势和成因决定了瀑布的形态，使之有了壮美和优美之分。壮美的瀑布气势磅礴，似洪水决口、雷霆万钧，给人以恢宏壮丽的美感；优美的瀑布水流轻细、瀑姿优雅，给人以朦胧柔和的美感。丰富的自然瀑布景观是人们造园的蓝本，它以其飞舞的坠姿，给人带来“疑是银河落九天”的抒怀和享受。

（2）峡谷景观　峡谷是全面反映地球内外力抗衡作用的特征地貌景观。其成因有传统地质学上的地壳升降学说和新兴的大陆板块碰撞学说所引起的造山运动，而冰雪流水等外力又不断将山脉刻蚀切割，形成了谷地狭深、两壁陡峭的地质景观。这是江河上最迷人的旅游胜境，江面狭窄，水流湍急，中流砥柱，两岸的造型地貌，把游人引入仙幻境界。著名的长江三峡就是高山峡谷景观的代表作。三峡奇观形成主要有两大原因，一是地壳抬升，造山运动使得巫山山脉和四川盆地不断抬高；二是滔滔不绝的长江水流的冲刷、雕刻、切割，形成了深达几百米的峡谷。另外，浙江新安江、富春江的风光，翠山层叠，碧水穿山，虽然没有长江三峡雄伟、湍急、奇险，但基本景观结构上是相似的，又因地处江南，植被茂盛，葱绿满山，带来更多的清秀之美，历来备受文人雅客的青睐。

（3）河流三角洲景观　河流携带大量泥沙倾泻入海，往往形成近似三角形的平原，称为三角洲，这里河道开阔，水流缓慢，地势平坦，土地肥沃，鱼鸟繁盛，物产丰庶，往往是人类聚衍的最佳选择地。黄河三角洲景观是我国著名的河流三角洲景观，黄河经过长途跋涉，静静地流淌在三角洲大平原上，慢慢地投入海洋的怀抱，金黄色的水流伸展在海面上，形成蔚为壮观的黄河入海口景观。

### （二）湖泊景观

湖泊是大陆洼地中积蓄的水体。按湖泊的成因分类主要有以下几种。

（1）构造湖景　陆地表面因地壳位移所产生的构造凹地汇集地表水和地下水而形成的湖

泊。其特征是坡陡、水深、长度大于宽度，呈长条形。这类湖泊常与隆起的山地相伴而生，山湖相映成趣，如鄱阳湖与庐山、滇池与西山、洱海与苍山等均为这类景观。

（2）泻湖景观　海洋与陆地的分界线称为海岸线。海岸线受海浪的冲击、侵蚀，其形态在不断地发生变化。海岸线由平直变成弯曲，形成海湾，海湾口两旁往往由狭长的沙咀组成。狭长的沙咀愈来愈靠近，海湾渐渐地与海洋失去联系，而形成泻湖。此类湖原系海湾，后湾口处由于泥沙沉积，将海湾与海洋分隔开而成为湖泊，如著名的太湖、西湖等。约在数千年前，杭州的西湖还是与钱塘江相连的一片浅海海湾，以后由于海潮和河流挟带的泥沙不断在湾口附近沉积，使海湾与海洋完全分离，海水经逐渐淡水化才形成今日的西湖，并与周边的山地构成湖光山色的优美景色。

（3）冰川湖景观　冰川湖是由冰川挖蚀成的洼坑和水渍物堵塞冰川槽谷积水而成的一类湖泊。冰川湖形态多样，岸线曲折，大都分布在古代冰川或现代冰川的活动地区。主要分为冰蚀湖和冰渍湖两类。冰蚀湖是由冰川侵蚀作用所形成的湖泊。冰川在运动中不断掘蚀地面，造成洼地，冰川消融后积水成湖。北美、北欧有许多著名的冰蚀湖群，北美“五大湖”（苏必利尔湖、密歇根湖、休伦湖、伊利湖、安大略湖）是世界上最大的冰蚀湖群；北欧芬兰有大小湖泊6万多个，被誉为“千湖之国”，大部分都是冰川侵蚀而成。我国西藏也有许多冰蚀湖。冰渍湖是由冰川堆积作用所形成的湖泊。冰川在运动中挟带大量岩块和碎屑物质，堆积在冰川谷谷底，形成高低起伏的丘陵和洼地。冰川融化后，洼地积水，形成湖泊。新疆阿尔泰山西北部的喀纳斯湖是著名的冰渍湖。

（4）岩溶湖景观　为岩溶地区的溶蚀洼地形成的湖泊，如风光迷人的路南石林中的剑池。

（5）人工湖景观　气象万千的浙江千岛湖，它是为我国建造的第一座自行设计、自制设备的大型水力发电站——新安江水力发电站拦坝蓄水而形成的人工湖，因湖内拥有1078座翠岛而得名。千岛湖是长江三角洲地区的后花园，它以多岛、秀水、“金腰带”为主要特色景观。湖区岛屿星罗棋布，姿态各异，聚散有致。周围半岛纵横，峰峦耸峙，水面分割千姿百态，宛如迷宫，并以其山青、水秀、洞奇、石怪而被誉为“千岛碧水画中游”。千岛湖以其独特的成因和优越的地理条件造就了群山叠翠、湖光潋滟、湖水澄碧的优美自然景观。

**（三）海岸景观**

我国有着长达18000km的漫长海岸线，由于海岸处于不同的位置、不同的气候带、不同的海岸类型，便形成了类型不同、功能各异的旅游胜地，其主要类型有以下几种。

（1）沙质海滩景观　滨海风光和海滩浴场是最具魅力的游览地；最佳的浴场要求滩缓、沙细、潮平、浪小和气候温暖、阳光和煦，如青岛海滨和浙江普陀山千步沙。

（2）珊瑚礁海岸景观　在海岸边形成庞大的珊瑚体，呈现众多的珊瑚礁和珊瑚岛，热带森林郁郁葱葱，景色迷人。如海南岛珊瑚岸礁，其中南部鹿回头岸礁区是著名的旅游地。

（3）海潮景观　由于地球受到太阳、月球的引力作用而形成海洋潮汐。我国最著名的海潮景观为浙江钱塘江涌潮，钱塘江涌潮为世界一大自然奇观，它是天体引力和地球自转的离心作用，加上杭州湾喇叭口的特殊地形所造成的特大涌潮，潮头可达数米，海潮来时，声如雷鸣，排山倒海，犹如万马奔腾，蔚为壮观。观潮始于汉魏，盛于唐宋，历经2000余年，已成为当地的习俗。尤其在中秋佳节前后，八方宾客蜂拥而至，争睹钱江潮的奇观，盛况空前。距杭州50km的海宁市盐官镇是观潮最佳处。

（4）基岩海岸景观　由坚硬岩石组成的海岸称为基岩海岸。我国东部多山地丘陵，它们延伸入海，边缘处顺理成章地便成了基岩海岸。它是海岸的主要类型之一。基岩海岸常有突出的海岬，在海岬之间，形成深入陆地的海湾。岬湾相间，绵延不绝，海岸线十分曲折。基岩海岸在我国都广有分布。在杭州湾以南的华东、华南沿海都能见到它们的雄姿，而在杭州湾以北，则主要集中在山东半岛和辽东半岛沿岸。我国的基岩海岸长度约5 000 km，约占大陆海岸线总长的300%。此外，在我国的第一、第二大岛的台湾岛和海南岛，其基岩海岸更为多见。

（5）红树林海岸景观　红树林海岸是生物海岸的一种。红树植物是一类生长于潮间带（高潮位和低潮位之间的地带）的乔灌木的通称，是热带特有的盐生木本植物群丛。红树林酷似一座海上天然植物园，主要分布在我国华南和东南的热带、亚热带沿岸。其中以海南岛琼山东寨港的红树林最为著名。

**（四）岛屿景观**

散布在海洋、河流或湖泊中的四面环水、低潮时露出水面、自然形成的陆地称为岛屿。彼此相距较近的一组岛屿称为群岛。我国自古以来就有东海仙岛和灵丹妙药的神话传说，导致不少皇帝派人东渡求仙，也构成了中国古典园林中一池三山的传统格局。由于岛屿给人带来神秘感，在现代园林中的水体中也少不了聚土石为岛，既增加了水体的景观层次，又增添了游人的探求情趣。从自然到人工岛屿，著名的有：哈尔滨的太阳岛、青岛的琴岛、威海的刘公岛、厦门的鼓浪屿、太湖的东山岛。

## 三、天文、气象要素

借景是中国园林艺术的传统手法。借景手法中就有借天文、气象景物一说。天文、气象包括日出、日落、朝晖、晚霞、圆月、弯月、蓝天、星斗、云雾、彩虹、雨景、雪景、春风、朝露等。

**（一）日出、晚霞、月影**

观日出，不仅开阔视野，涤荡胸襟，振奋激情，而且更是深深地密切了人和大自然的关系。高山日出，那一轮红日从云雾岚霭中喷薄而出，峰云相间，霞光万丈，气象万千；海边日出，当一轮红日从海平线上冉冉升起，水天一色，金光万道，光彩夺目。多少流芳百世的诗人，在观赏日出之后，咏唱了他们的真感情。北宋诗人苏东坡咏道：“秋风与作云烟意，晓日能令草木姿。”南宋诗人范成大在诗中这样写道：“云物为人布世界，日轮同我行虚空。”现代诗人赵朴初诗：“天著霞衣迎日出，峰腾云海作舟浮。”

与观日出一样，看晚霞也要选择地势高旷、视野开阔且正好朝西的位置。这样登高远眺，晚霞美景方能尽收眼底。日落西山前后正是观晚霞最为理想的时刻。

“白日依山尽”“长河落日圆”之后便转移到了以月为主题的画面。西湖十景中的“平湖秋月”“三潭印月”，燕京八景中的“卢沟晓月”，避暑山庄的“梨花伴月”，无锡的“二泉映月”，西安临潼的“骊山晚照”，桂林象鼻山的“水月倒影”等，月与水的组合，其深远的审美意境，也引起人的无限遐思。

**（二）云海**

所谓云海，是指在一定的条件下形成的云层，并且云顶高度低于山顶高度，当人们在高山之巅俯视云层时，看到的是漫无边际的云，如临大海之滨，波起峰涌，浪花飞溅，惊涛拍岸。故称这一现象为“云海”。其日出和日落时所形成的云海五彩斑斓，称为“彩色云海”，最为壮观。在我国著名的高山风景区中，云海似乎都是一大景观。峨眉山峰高云低，云海中浮露出许多山峰，云腾雾绕，宛若佛国仙乡；黄山自古就有黄海之称，其“八百里内形成一片峰之海，更有云海缭绕之”的云海景观是黄山第一奇观。庐山流云如瀑，称为“云瀑”。神女峰的“神女”，在三峡雾的飘流中时隐时现，更富神采。苍山玉带云，在苍山十九峰半山腰，一条长达百余公里的云带，环绕苍翠欲滴的青山，美不胜收。

### （三）雨景、雪景、霜景

雨景也是人们喜爱观赏的自然景色，杜甫的《春夜喜雨》写道："好雨知时节，当春乃发生。随风潜入夜，润物细无声。野径云俱黑，江船火独明。晓看红湿处，花重锦官城。"下雨时的景色和雨后的景色都跃然纸上。川东的"巴山夜雨"、蓬莱的"漏天银雨"、济南"鹊华烟雨"、贵州毕节"南山雨霁"、羊城"双桥烟雨"、河南鸡公山"云头观雨"、蛾眉山"洪椿晓雨"等都是有名的雨景。

冰雪奇景发生于寒冷季节或高寒气候区。这些景观造型生动、婀娜多姿。特别是当冰雪与绿树交相辉映时，景致更为诱人。黄山雪景，燕山八景之一的"西山晴雪"、九华山的"平冈积雪"、台湾的"玉山积雪"、西湖的"断桥残雪"等都是著名景观。

"晓来谁染霜林醉"是诗人称颂霜的美。花草树木结上霜花，一种清丽高洁的形象会油然而生。经霜后的枫林，一片深红，令人陶醉。"江城树挂"乃北方名城吉林的胜景之一，松针上的霜花犹如盛放的白菊，顿成奇观。

## 四、生物景观要素

生物包括动物、植物和微生物三大类。作为景观要素的生物则主要是指植物——森林、树木、花草及栖息于其间的动物和微生物（大型真菌类）。其中植物和动物是广泛使用的园林要素。

### （一）植物景观

绿色是自然界植物的象征。植物是园林景观元素中的一项重要组成部分，而且作为其中具有生命力特征的元素，能使园林空间体现出生命的活力。当今的社会，绿色植物更是借助于各种技术手段融入风景园林创作中，扮演着作为自然要素的重要角色。植物景观是指由各种不同树木花草，按照适当的组合形式种植在一起，经过精心养护后形成的具有季节变化的自然综合体。

#### 1.植物景观的功效

（1）对于环境的功效　包括净化空气、涵养水源、调节气候、防止水土流失、防风、防噪声、防止空气污染、遮光、调节气温、调节光照等。

（2）对于文化的功效　用木本、草本植物来创造景观，并发挥植物的形体、线条、色彩等自然美，配置成一幅美丽动人的画面，供人们观赏。植物景观区别于其他要素的根本特征是它的生命特征，这也是它的魅力所在。一个城市的植物景观是保持和塑造该城市风情、文脉和特色的重要方面。植物景观的建设首先是在理清区域的主流历史文脉的基础上，重视景观资源的继承、保护和利用，以满足自然生态条件的地带性植被背景，将民俗风情、传统文化、宗教、历史文物等融合在植物景观中，使植物景观具有明显的地域性和文化性特征，产生可识别性和特色性，如杭州白堤的"一株桃花，一株柳"、黄山的迎客松和送客松、荷兰的郁金香文化、日本的樱花文化等。这样的植物景观已成为一种符号和标志，其功能如同城市中显著的建筑物或雕塑，可以记载一个地区的历史，传播一个城市的文化。

（3）对于社会的功效　植物景观应该也必须要满足社会与人的需要。今天，植物景观涉及人们生活的方方面面。现代景观是为了人的使用和需求而存在的，这是它的功能主义目标。虽然有为各种各样的目的而设计的景观，但最终景观设计还是关系到人，"以人为本"，为了人类的使用而创造实用、舒适、精良的绿化环境。植物景观的积极意义不在于它创造了怎样的形式和风景，而在于它对社会发展的积极作用。植物景观的建造，可以刺激和完善社会方方面面的发展与进步，景观的建设与经济的发展应该是一个良性的互动。

（4）对于感知的功效　心理层次上的满足感不像物理层次上的满足那样直观，往往难以言说和察觉，甚至连许多使用者也无法说明为什么会对它情有独钟。人们对景观的心理感知是一种理性思维的过程。通过这一过程才能作出由视觉观察得到的对景观的评价，因而心理感知是人性化景观感知过程中的重要一环。对植物景观的心理感知过程正是人与自然统一的过程。

2. 园林植物的分类

园林植物就其本身而言是指有形态、色彩、生长规律的生命活体，而对景观设计者来说，又是一个象征符号，可根据符号元素的长短、粗细、色彩、质地等进行应用上的分类。在实际应用中，综合了植物的生长类型的分类法则、应用法则，把园林植物作为景观材料分成乔木、灌木、草本花卉、藤本植物、草坪以及地被六种类型。每种类型的植物构成了不同的空间、结构形式，这种空间形式或是单体的，或是群体的。

3. 园林植物的应用

（1）乔木的应用　乔木具明显主干，因高度之差常被细分为小乔木（高度5～10m）、中乔木（高度10～20m）和大乔木（高度20m以上）三类。然其景观功能都是作为植物空间的划分、围合、屏障、装饰、引导以及美化作用。小乔木高度适中，最接近人体的仰视角，故成为城市生活空间中的主要构成树种。中乔木具有包容中小型建筑或建筑群的围合功能，并“同化”城市空间中的硬质景观结构，把城市空间环境有机统一地协调为一个整体。大乔木的城市景观应用多在特殊环境之下，如点缀、衬托高大建筑物或创造明暗空间变化，引导游人视线等。另外，乔木中也不乏美丽多花者，如木棉、凤凰木、林兰等，其成林景观或单体点景实为其他种类所无法比拟的。

（2）灌木的应用　高大灌木因其高度超越人的视线，所以在景观设计上，主要用于景观分隔与空间围合，对于小规模的景观环境来说，则用于屏蔽视线与限定不同功能空间的范围。

大型的灌木与乔木结合常常是限定空间范围、组织较私密性活动的应用组合，并能对不良外界环境加以屏蔽与隔离。灌木多以花和叶为主要设计参考要素。花色艳丽最引人入胜，或国色天香，或异彩纷呈。观叶者观赏期长，也被广泛引种和采用，如常绿灌木、彩叶树种等。小型灌木的空间尺度最具亲民性，而且其高度在视线以下，在空间设计上具有形成矮墙、篱笆以及护栏的功能，所以对使用在空间中的行为活动与景观欣赏有着至关重要的影响。而且由于视线的连续性，加上光影变化不大，所以从功能上易形成半开放式空间。通常这类材料被大量应用。

（3）花卉植物的应用　草本花卉的主要观赏及应用价值在于其色彩的多样性，而且其与地被植物结合，不仅增强地表的覆盖效果，更能形成独特的平面构图。大部分草本花卉的视觉效果通过图案的轮廓及阳光下的阴影效果对比来表现，故此类植物在应用上重点突出数量上的优势。没有植物配植在“量”上的积累，就不会形成植物景观“质”的变化。为突出草本花卉量与图案光影的变化，除利用艺术的手法加以调配外，辅助的设施手段也是非常必要的。在城市景观中经常采用的方法是花坛、花台、花境、花带、悬盆垂吊等，以突出其应用价值和特色。

（4）藤本植物的应用　藤本植物多以墙体、护栏或其他支撑物为依托，形成竖直悬挂或倾斜的竖向平面构图，使其能够较自然地形成封闭与围合效果，并起到柔化附着体的作用，并通过藤茎的自身形态及其线条形式延伸形成特殊的造型而实现其景观价值。

（5）草坪及地被植物的应用　草坪与地被的分类含义不同，草坪原为地被的一个种类，因为现代草坪的发展已不容忽视地使其成为一门专业，这里的草坪特指以其叶色或叶质为统一的现代草坪。而地被则指专用于补充或点衬于林下、林缘或其他装饰性的低矮草本植物、灌木等，其显著的特点是适应性强。草坪和地被植物具有相同的空间功能特征，即对人们的视线及运动方向不会产生任何屏蔽与阻碍作用，可构成空间自然的连续与过渡。

**（二）动物景观**

动物地理学把全球陆地划分为6个动物区系（界）。我国东南部属东洋界，其他地区属古北界，由于地跨两大区系，因此，动物种类繁多。我国土地面积仅占全球陆地总面积的6.5%，但所产兽类种类有420种，约占全世界总数的11.2%；鸟类1166种，约占15.3%；两栖、爬行类有510种，约占8%，野生动物资源十分丰富。其中不乏众多有观赏价值的珍禽异兽，品类之多，观赏价值之高，举世罕见。仅以保护动物为例，我国的东北地区有东北虎、丹顶鹤；西北和青藏高原有黄羊、鹅喉羚羊、藏原羚、野马、野骆驼；南方热带、亚热带地区有长臂猿、亚洲象、孔雀；长江中下游地带有白鳍豚、扬子鳄，等等。我国候鸟资源亦十分丰富，雁类多达46种，其中最著名的是天鹅。青海湖鸟岛、贵州威宁草海等是著名的鸟类王国，也构成了著名的自然生态奇观。

动物是园林景观中活跃、有生气、能动的要素。有以动物为主体的动物园，或以动物为景观的景区。动物是活的有机体，它们既有适应自然环境、维持其遗传性的特点，又能适应新的生存条件，许多人工兴建的动物园，让动物在人工创造的环境或模拟那种动物生态条件的环境中生存和繁衍，以适应旅游观览活动的要求，是动物被人类饲养、驯化以组合造景的具体表现。动物景观的主要特点如下。

（1）奇特性　动物在形态、生态、习性、繁殖和迁徙活动等方面有奇异表现，游人通过观赏可获得美感。动物是活的有机体，能够跑动、迁移，还能做出种种有趣的“表演”，对游人的吸引力不同于植物。无脊椎动物中以姿色取胜的珊瑚、蝴蝶，脊椎动物中千姿百态的鱼、龟、蛇、鸟类、兽类等都极具观赏性。鸟类、兽类是最重要的观赏动物，它们既可供观形、观色、观动作，还可闻其声，获得从视觉到听觉的多种美感体验。

（2）珍稀性　动物吸引人还在于其珍稀性。我国有许多动物是世界特有、稀有的，甚至是濒临绝灭的，如熊猫、金丝猴、东北虎、野马、野牛、麋鹿、白唇鹿、中华鲟、白鳍豚、扬子鳄、褐马鸡、朱鹮等。这些动物由于具有“珍稀”这一特性，往往成为人们注目的焦点。不少珍稀鸟兽，如金钱豹、斑羚、猪獾、褐马鸡、环颈雉等，是公园景观中的亮点，既可吸引游客，又是科普教育的好题材。

另外，动物不仅有自身的生态习性，而且在人工饲养、驯化条件下，某些动物会模拟人类的各种动作或在人的指挥下作出某些可爱、可笑的“表演”动作等。在我国古代以及现代的一些少数民族地区，都特别注重观赏动物表演，作为娱乐活动，如斗鸡、耍猴、驯熊、玩蛇、养鸟、放鹰、赛马等。

## 第二节　历史人文景观要素

园林的出现，应是人类探索宇宙、理解人生、认识自我的记录，而造园既是人类情感对失去乐园的回归，又是人类走向理想的生活环境之始。园林寄托了人类的希望和梦想，不同的历史人文因素产生了不同的园林式样。如中国古典园林在世界园林史上独树一帜，其特点为重视自然美、崇尚意境、追求曲折多变以及创造“虽由人作，宛若天成”的精神品格，与西方园林那种轴线对称、均衡布局、几何图案构图的强烈形式美追求迥异。再如19～20世纪西方的折中主义承袭了历史上丰富多彩的园林文化遗产，将之发展为改革派和先锋派等现代园林设计流派。

## 一、历史人文景观要素的特点

历史人文景观要素有其独特的特点，具体有如下几点。

1.历史性，要求有一定的历史时期的积累

作为园林要素的一个重要方面，历史人文景观要素必须要有一定的历史性。景观没有了历史的灵魂，没有了历史的沉淀，必定走向灭亡。山水美景有了大自然的外在形象，却没有文化的灵魂，如同行尸走肉一般，有的无人问津，湮没在岁月无痕；有的消逝于风雨的波折。人造景观若不赋予历史文化，也同样会走向衰败，同时景观也需要历史文化提升自身的观赏性。

2.文化性，要求有一定的文化内涵

世界范围内的景观名胜，为何能吸引众多游人趋之若鹜，而且百看不厌呢？风景绚美，自是一个原因；但更重要的是有文化、有历史。那么，文化、历史又以什么为载体？最直观的便是文物或历史遗迹。历史遗迹为名胜带来神秘感，给游人以丰富的联想；文物蕴藏着特定文化。有了历史、文化的景观名胜就不会让游人仅仅“到此一游”。因为，景观除却直观的审美价值之外，还有了属于自身的灵魂——文化。

我们认为，景观是文化的一面镜子，是文化的载体，文化又往往充当景观的内涵；文化之于景观，如人之思想与躯体。文化的挖掘，是通过实物的研究和认证来实现的；而实物又必定蕴涵文化的成分，文化又决定实物的地域性、历史性、民族性，景观亦如是。然而，在现实的景观世界里，单纯的自然景观或人文景观是不多见的，多数都是两者并存，都是人文景观与自然景观的结合。

杭州西湖，百媚千娇，外柔内刚，柔美如西子，才艺似苏小，刚强犹岳王。“天下西湖三十六，其中最好是杭州。”西湖是一面镜子，不仅方便了“美景们”梳妆打扮，还照出了历史，映出了文化。

西湖是杭州的缩影，杭州在春秋时曾先后属吴、越，而西湖就是产自吴越的一颗明珠。在西湖的历史发展进程中，时刻接受着“吴越文化”的洗礼和渗透，无处不凝聚着吴越文化。而吴越文化的精髓，从当时杭州被誉为“江南佛国”就已可知其八九了。因此，西湖时时处处都散发着佛国气息，更深层地讲，两湖本身和周围的美景（西湖十景，新西湖十景）无时无刻不透出“禅”的空灵与幽静。

西湖表现出来的空灵与幽静恰恰就是五代吴越文化的精髓，也就是西湖在五代时的地域文化，更说明了这就是五代时吴越人民的审美观，因为西湖出现在了合适的地点，更是因为合适的统治者赋予了西湖合适的文化内涵。正应验了古希腊哲学家色诺芬尼的话：美就是合适的，即美就是人们喜爱的。因此，自五代开始，西湖的文化底蕴就围绕着“佛”而展开，西湖与“禅”更是结下不解之缘。

巴黎凯旋门，神圣庄严，古典高雅；庞大的身躯，精细的雕刻，极具欧域特色的建筑模式，符合欧洲人的审美观，也吸引了全世界的人们来观光游览。然而它更具历史的纪念价值，在凯旋门上装载的是拿破仑的宏图伟志，是法兰西的骄傲，是“法兰西第一帝国”对外战争的历史，却又弥漫着法兰西民族的浪漫主义。

3.多种表现形式

可以是实物载体，像文物古迹；也可以是精神形式，像神话传说、民俗风情。文物古迹包括古文化遗址、历史遗址、古墓、古建筑、古园林、古石窟、摩崖石刻，古代文化设施和其他古代经济、文化、科学、军事活动遗迹、遗址和纪念物。精神形式的包括地区特殊风俗习惯、民族风情，民居、村寨、音乐、舞蹈、壁画、雕塑艺术及手工艺成就等丰富多彩的风土民情和地方风情。

## 二、历史人文景观要素的具体应用

### （一）名胜古迹景观

名胜古迹景观是指历史上流传下来的具有很高艺术价值、纪念意义、观赏效果的各类建设遗迹、建筑物、古典名园、风景区等。

#### 1. 古建筑

世界多数国家都保留着历史上流传下来的古建筑，古建筑的历史悠久、形式多样、结构严谨、空间巧妙，都是举世无双的，而且近几十年来修建、复建、新建的仿古建筑面貌一新，不断涌现，蔚为壮观，成为园林中的重要景观。常见的有：宫殿、府衙、名人居宅、寺庙、塔、教堂、亭台、楼阁、古民居、古墓等。

（1）古代宫殿　古代建筑是中国传统文化的重要组成部分，而宫殿建筑则是其中最瑰丽的奇葩。不论在结构上，还是在形式上，它们都显示了皇家的尊严和富丽堂皇的气派，从而区别于其他类型的建筑。几千年来，历代封建王朝都非常重视修建象征帝王权威的皇宫，形成了完整的宫殿建筑体系。紫禁城是中国现存最完整的古代宫殿建筑群，在世界建筑史上别具一格，是中国古典风格建筑物的典范和规模最大的皇宫。梁思成说："中国建筑既是延续了两千余年的一种工程技术，本身已造就一个艺术系统，许多建筑物便是我们文化的表现，艺术的大宗遗产。"紫禁城虽然是封建专制皇权的象征，但它映射出历史悠久的中华文明的光辉，证明了故宫在人类的世界文化遗产史册中占有重要的地位。

故宫是明代皇帝朱棣沿用元朝大内宫殿旧址而稍向南移，以南京宫殿为蓝本，驱使百万工役用13年（1407—1420年）时间建成的。故宫平面呈长方形，南北长961m，东西宽753m，占地面积72万多平方米。宫内有各类殿宇9000余间，都是木结构、黄琉璃瓦顶、青白石底座，并饰以金碧辉煌的彩画，建筑总面积达15万平方米。环绕紫禁城的城墙高约10m。上部外侧筑雉堞，内侧砌宇墙。紫禁城外还有一条长3800m的护城河环绕，构成完整的防卫系统。宫城辟有4门：南有午门，是故宫正门，北有神武门（玄武门），东有东华门，西有西华门。城墙四角耸立着4座角楼，造型别致，玲珑剔透。紫禁城宫殿在建筑布局上贯穿南北中轴线。故宫建筑大体分为南北两大部分：南为工作区，即前朝，也称外朝；北为生活区，即后寝，也称内廷。前朝是皇帝办理朝政大事、举行重大庆典的地方，以皇极殿（清代称太和殿，又称金銮殿）、中极殿（清代称中和殿）、建极殿（清代称保和殿）三大殿为中心。东西以文华殿、武英殿为两翼。其中太和殿是宫城中等级最高、最为富丽堂皇的。保和殿北边的乾清门是前朝区和后寝区的分界线。乾清门以北区域为内廷区，即是皇帝的生活区，皇帝平日处理日常政务及皇室居住、礼佛、读书和游玩的地方就在这里。此处的乾清宫、交泰殿、坤宁宫以及东六宫（皇后、太子宫室）、西六宫（皇妃宫室）合称为"三宫六院"。坤宁宫后的御花园，是帝后游赏之处，园内建有亭阁、假山、花坛，还有钦安殿、养性斋，富有皇家苑囿特色。出御花园往北为玄武门（清代改称神武门），是故宫的北门。故宫前朝后寝的所有建筑都沿南北中轴线排列，并向两旁展开，布局严整，东西对称，建筑精美，豪华壮观，封建等级礼制森严，气势博大雄伟，这一切都是为了突显专制皇权至高无上的权威。

（2）宗教与祭祀建筑　宗教建筑，因宗教不同而有不同名称与风格。我国是一个多民族国家，宗教信仰较多。最早出现的道教，其建筑称宫、观。东汉明帝时佛教传入我国，其建筑称寺、庙、庵、塔、坛等。明代基督教传入我国，其建筑称礼拜堂。祭祀建筑在我国很早便出现了，称庙、祠堂、坛。有纪念死者的祭祀建筑，皇族称太庙，名人称庙，多冠以姓或尊号，也有称祠或堂。纪念活着的名人，称生祠、生祠堂。我国保存至今的宗教、祭祀建筑，多数原本就与园林一体，少数开辟为园林，都称寺庙园林；也有开辟为名胜区的，称宗教圣地。总之，宗教、祭祀建筑与园林、风景结合紧密，是寺庙园林的主要要素。

我国现存的宗教建筑以道教、佛教为多。道教如四川成都青羊宫、青城山三清殿、山西永济县永乐宫、河南登封中岳庙、山东崂山道观、江苏苏州玄妙观等。佛教寺庙现存最多有佛教四大名山寺：山西五台山大显通寺等57所，四川峨眉山报国寺、伏虎寺等20余所，浙江普陀山三大禅林（普济寺、法雨寺、慧济寺），安徽九华山四大禅林（祇园寺、东崖寺、百岁宫、甘露寺）。唐代四大殿：山西天台庵正殿、五台山佛光寺大殿、南禅寺大殿、芮城县五龙庙正殿。此外，还有河南少林寺、洛阳白马寺、杭州灵隐寺、南京栖霞寺、山东济南灵岩寺、四川乐山凌云寺、北京大觉寺等都很有名气。

太清宫，位于崂山太清宫景区老君峰下。三面环山，前临大海，是崂山规模最大、保存最完整的著名道观，属全真派。始建于西汉建元元年（公元前140年），明万历二十三年（1585年）改为海印寺，万历二十八年（1600年）毁寺复宫并扩建，占地30000m$^2$。建筑面积约2500m$^2$。宫分3院，东为三宫殿，中为三清殿，西为三皇殿。每个院落都有独立围墙，单开山门，另建有忠义祠、翰林院，共240余间。砖石结构，一层平房，山檐硬山式，宫后有康有为题诗摩崖。1983年被国务院定为汉族地区道教重点道观。法海寺，位于崂山夏庄镇源头村东。为佛教庙宇，始建于北魏，宋、元、清及民国多次重修。天后宫，又名天后庙、妈祖庙、中国大庙，位于青岛市南区太平路，建于明成化三年（1467年）。明崇祯末年、清雍正年间、清同治四年（1865年）多次重修，并扩建大殿和戏楼。

青岛基督教堂，又名德国礼拜堂、福音堂、总督教堂。教堂建筑与地形成功结合，平面呈巴西利卡式，长轴南北向布置，建筑主体由礼拜堂和钟楼两部分组成。

伊斯兰教建筑，如陕西西安清真寺及其他各地的清真寺。

祭祀建筑以山东曲阜孔庙历史最悠久，规模最大。从春秋末至清代，历代都有修建、增建，其他各地也有一些孔庙或文庙。其次为帝皇昕建太庙，如北京太庙、四川成都丞相祠、杜甫纪念堂等。

祭坛建筑有着广义、狭义的分别。狭义的祭坛仅指祭祀的主体建筑或方形或圆形的祭台，而广义的祭祀坛则包括了主体建筑和各种附属性建筑。以现存北京的明清天坛为例：狭义的天坛即指圜丘坛，而广义的天坛则包括了斋宫、祁年殿、皇穹宇、宰牲亭等其他所有建筑物。与人间等级森严的现实相对应，封建时代的统治阶级也将天地神祇分出了不同的等级。这样，作为祭祀建筑的祭坛也就在形制、规模、材料等诸多方面有了明显的高下之分。以明清时期所筑祭坛来看，天帝是最高的神，因而祭天之坛便设计为三层；社稷是国家的同义词，故而社稷坛也设计为三层；地坛为两层，日坛、月坛和先农坛都是一层。层数的多少，完全是依照神格而定的，如北京稷坛、天坛。天坛是现今我国保存下来的最完整、最重要、规模最为宏大的一组封建王朝的建筑群，同时也是我国古代建筑史上最为珍贵的实物资料与历史遗产。主体为祈年殿，祈年殿是天坛的主体建筑，又称为祈谷殿，是明清两代皇帝孟春祈谷之所。它是一座镏金宝顶、蓝瓦红柱、彩绘金碧辉煌的3层重檐圆形大殿。祈年殿采用的是上殿下坛的构造形式。大殿建于高6m的白石雕栏环绕的3层汉白玉圆台上，即为祈谷坛，颇有拔地擎天之势，壮观恢弘。祈年殿为砖木结构，殿高38m，直径32m，3层重檐向上逐层收缩作伞状。建筑独特，无大梁、长檩及铁钉，28根楠木巨柱环绕排列，支撑着殿顶的重量。祈年殿是按照“敬天礼神”的思想设计的，殿为圆形，象征天圆；瓦为蓝色，象征蓝天。殿内柱子的数目，据说也是按照天象建立起来的。内围的四根“龙井柱”象征一年四季春、夏、秋、冬；中围的12根“金柱”象征一年12个月：外围的12根“檐柱”象征一天12个时辰。

（3）亭、台、楼、阁等建筑　中国古典园林中，常常会遇到亭、台、楼、阁等建筑物，这些建筑物坐落在奇山秀水间，点缀出一处处富有诗情画意的美景。

亭是一种有顶无墙的小型建筑物。有圆形、方形、六角形、八角形、梅花形和扇形等多种形状。亭子常常建在山上、水旁、花间、桥上，可以供人们遮阳避雨、休息观景，也使园中的风景更加美丽。中国的亭子大多是用木、竹、砖、石建造的，如北京北海公园的五龙亭、苏州的沧浪亭等。

廊是园林中联系建筑之间的通道。它不但可以遮阳避雨，还像一条风景导游线，可以供游人透过柱子之间的空间观赏风景。北京颐和园中的长廊，是中国园林中最长的廊，长廊的一边是平静的昆明湖，另一边是苍翠的万寿山和一组组古典建筑。游人漫步在长廊中，可以观赏到一处处美丽的湖光山色。

榭是建在高台上的房子上。榭一般建在水中、水边或花畔。建在水边的又称为“水榭”，是为游人观赏水景而建的，如北海公园的水榭、承德避暑山庄的水心榭等。

楼阁是两层以上金碧辉煌的高大建筑。可以供游人登高远望，休息观景；还可以用来藏书供佛，悬挂钟鼓。在中国，著名的楼阁很多，如临近大海的山东蓬莱阁、北京颐和园的佛香阁、江西的滕王阁、湖南的岳阳楼、湖北的黄鹤楼等。

（4）名人居宅建筑　古代及近代历史上保留下来的名人居宅建筑，具有纪念性意义及研究的价值，古代的如成都杜甫草堂，近代如孙中山的故居等。至于现代名人、革命领袖的故居更多，如湖南韶山毛泽东故居、江苏淮安周恩来故居等，都成为纪念性风景区或名胜区。

（5）古代民居建筑　中国各地的居住建筑，又称民居。中国疆域辽阔，历史悠远，各地自然和人文环境不尽相同，因而中国民居的多样性在世界建筑史也较为鲜见。

几千年的历史文化积累了丰富多彩的民居建筑的经验，在漫长的农业社会中，生产力的水平比较落后，人们为了获得比较理想的栖息环境，以朴素的生态观，顺应自然，以最简便的手法创造了宜人的居住环境。由于中国各地区的自然环境和人文情况不同，各地民居也显现出多样化的面貌。

中国汉族地区传统民居的主流是规整式住宅，以采取中轴对称方式布局的北京四合院为典型代表。北京四合院分前后两院，居中的正房体制最为尊崇，是举行家庭礼仪、接见尊贵宾客的地方，各幢房屋朝向院内，以游廊相连接。北京四合院虽是中国封建社会宗法观念和家庭制度在居住建筑上的具体表现，但庭院方阔，尺度合宜，宁静亲切，花木井然，是十分理想的室外生活空间。华北、东北地区的民居大多是这种宽敞的庭院，江南水乡的古村与民宅盛于明清时期，当地有利的地质和气候条件，提供了众多可供选择的建筑材质。表现为借景为虚，造景为实的建筑风格，强调空间的开敞明晰，又要求充实的文化氛围。建筑上着意于修饰乡村外景，修建道路、桥梁、书院、牌坊、祠堂、风水楼阁等。力图使环境达到完善、优美的境界，虽然规模较小，内容稍简，但是具体入微。在艺术风格上别具一番纯朴、敦厚的乡土气息。如岭南地区的古村民宅有着鲜明的地方特色和个性特征，蕴涵着丰富的文化内涵。除了注重其实用功能外，更注重其自身的空间形式、艺术风格、民族传统以及与周围环境的协调。在平遥古城现存的3797处古代民居建筑中，有400余处较为典型，集中体现着中国古代北方民居的建筑风格与特色。这些民居有砖木结构的封闭式四合院，有砖券窑洞加木廊外檐式民居，还有砖券窑洞之上建筑砖木瓦房的二层楼民居，或前堂后寝，或前店后院，既代表了北方民居的基本格局，也显示着浓郁的地方特色。巴蜀文化博大精深，川渝古村民宅既有浪漫奔放的艺术风格，也蕴藏着丰富的想象力。依山傍水的建筑与当地的少数民族风俗紧密联系在一起，有着十分独特的文化气息，既有豪迈大气的一面，又有轻巧雅致的一面。

（6）古墓（古代帝王的陵墓）　一般包括地面的坟丘和地下的大型宫殿两个部分，地下的宫殿规模宏大，存放着皇帝的棺椁。古代帝王的墓室都是为了让帝王百年之后能继续享受帝王待遇，模仿当时的皇宫而造，因此，由于年代的不同，其墓室结构也不尽相同。历代帝王的陵墓，除了地面上的坟丘以外，还要在地下建造大型墓室，组成气派宏大的地下宫殿，显得极其壮观，撼人心魄。位处河南安阳，已被考古发掘所证实的高王陵墓的墓室是一个巨大的方形或“亚”字形的竖穴式土坑，墓室有的四面各有一条墓道，组成平面呈“亚”字形的墓；有的仅有一条墓道或对称的两条墓道分别组成“甲”字形或“中”字形的墓室平面。许多墓室规模很大，陪葬物很多。

两周时期以及西汉前期的一些诸侯王陵墓的墓室，有的仍然保持这种商代以来的形制。战国时期的陵墓多在墓椁以外填充石灰、木炭、黏泥，甚至沙、石，进行夯筑，有些也在墓室内放置木炭等物，以利吸潮，保护墓室。墓室中多有数重棺椁，显得豪华、壮观。汉代皇陵的地下宫殿在结构、名称上多有变化。西汉中晚期，凿山为陵的墓室多为横穴式，并分为耳室、前室和后室等部分。南、北耳室分别为车马房和仓库，前室为接待宾客的厅堂，后室为墓主的寝卧内室。这种墓室结构俨然是一座大型住宅的再现。至唐代时，皇陵墓室结构也大致保持了南北朝时代的一些特点。唐代“号墓为陵”的懿德太子墓，虽然是高宗李治与武则天乾陵的陪葬墓，但其墓室结构和平面布局是模仿帝王宫殿或皇陵地宫结构设计的。他的墓道共有6个过洞、7个天井、8个小龛，最后才是前后两座墓室。在第一个过洞前的墓道两壁绘有城墙、阙楼、宫城、门楼及车骑仪仗，象征帝王都城、宫殿景象。第一天井与第二天井两壁绘有廊屋楹柱及列戟，列戟数目为两侧各12杆，与史书中所载宫门、殿门制度相同，过洞顶部绘有天花彩画，墓室及后甬道的壁上绘有侍女图，从其手中所持器物判断，也与唐代宫廷随侍制度相一致。从整座墓室及其墓道来看，它正是唐代宫廷建筑的缩影。其规模自然也相当有气势。宋代皇陵墓室缺乏相应的考古材料，据某些不完全的史料记载，墓室结构和用材、壁画艺术等多承唐制。当时，以砖刻表现建筑形象者很多，其中心墓室的四壁刻镌为四合院落，四周的正房、厢房、倒座房的式样，柱、额、椽、瓦俱在。更有趣的是山西一带金元墓葬中尚有墓室内雕出戏台一座，上置戏剧偶人，供墓主在阴间享用。明清以来砖石拱券技术应用较广，许多大型墓葬及帝王陵墓都是砖石券洞结构。皇陵的墓室规模更加宏大，用材更加考究，其布局也完全仿照四合院的形式。明定陵玄宫即由前室、中室、后室、耳室、甬道等部分组成，完全仿照宫殿的前朝、后寝、配殿和宫门建造，甚至每个殿（室）的屋顶都按照地面建筑形式制作出来，只是为了适应拱券的特点将前、中殿（室）改为垂直布置。清代的陵墓地宫充分利用石材特点，在石壁表面、石门上都雕满佛像、经文、神将等。从地下墓室的发展过程来看，越到后来，皇陵地宫中的象征性成分越少，而仿真的程度越显著，故到明清时期，出现了许多规模宏大、蔚为壮观、名副其实的地下宫殿。

2.古代文化设施和其他古代经济、文化、科学、军事活动遗物、遗址和纪念物

例如，北京的故宫、北海，西安的秦兵马俑，甘肃莫高窟壁画以及象征我们民族精神的古长城等，这些闻名于世的游览胜地，都是前人为我们留下的宝贵人文景观。

**（二）文物艺术景观**

文物艺术景观是指石窟、壁画、碑刻、石雕、假山与峰石、名人字画、文物、特殊工艺品等文化、艺术制作品与古人类文化遗址、化石。我国文物及艺术品极为丰富多彩，是中华民族智慧的结晶、文化的瑰宝，提高了园林的价值，吸引着人们观赏、研究。

1.*石窟*

我国现存有历史久远、形式多样、数量众多、内容丰富的石窟，是世界罕见的综合艺术宝库。其上凿刻、雕塑着古代建筑、佛像、佛经故事等形象，艺术水平很高，具有极高的历史与文化价值。闻名世界的有甘肃敦煌石窟，从前秦至元代，工程延续约千年。敦煌石窟包

括敦煌莫高窟、西千佛洞、安西榆林窟，共有石窟552个，有历代壁画五万多平方米，是我国也是世界壁画最多的石窟群，内容非常丰富。敦煌壁画是敦煌艺术的主要组成部分，规模巨大，内容丰富，技艺精湛。龙门石窟始开凿于北魏孝文帝迁都洛阳（公元494年）前后。历经东魏、西魏、北齐、北周到隋唐至宋代连续大规模营造达400余年之久。石窟密布于伊水东西两山的峭壁上，南北长达1km，共有97000余尊佛像，1300多个石窟。现存窟龛2345个，题记和碑刻3600余品，佛塔50余座，造像10万余尊。其中最大的佛像高达17.14m，最小的仅有0.02 m。这些都体现出了我国古代劳动人民很高的艺术造诣。龙门石窟不仅仅是佛像雕刻技艺精湛，而石窟中造像题记也不乏艺术精品。此外，还有山东济南千佛山、云南剑川石钟山石窟、宁夏须弥山石窟、南京栖霞山石窟等多处。

2.壁画

壁画是以绘制、雕塑或其他造型手段在天然或人工壁面上制作的画。我国很早就出现了壁画，作为建筑物的附属部分，它的装饰和美化功能使它成为环境艺术的一个重要方面。壁画为人类历史上最早的绘画形式之一。现存史前绘画多为洞窟和摩崖壁画，最早的距今已约2万年。中国陕西咸阳秦宫壁画残片，距今有2300年。汉代和魏晋南北朝时代壁画也很繁荣，20世纪以来出土者甚多。唐代形成壁画兴盛期，如敦煌壁画、克孜尔石窟等，为当时壁画艺术的高峰。宋代以后，壁画逐渐衰落。

3.碑刻、摩崖石刻

碑刻，是刻文字的石碑，各种书法艺术的载体。如泰山的秦李斯碑、曲阜孔庙碑林、西安碑林、南京六朝碑亭、唐碑亭以及清代康熙、乾隆在北京与游江南所题御碑等。

摩崖石刻，是刻文字的山崖，除题名外，多为名山铭文、佛经经文。徐自强、吴梦麟在他们的新著《古代石刻通论》中认为：“摩崖石刻是石刻中的一个类别。所谓摩崖石刻，就是利用天然的石壁以刻文记事的石刻。”这里的摩崖石刻是专指文字石刻。山东泰山摩崖石刻最为丰富，被誉为我国石刻博物馆。郭沫若说：“泰山应该说是中国文化史的一个局部缩影。”泰山石刻可以说是这部文化史中的一枝奇葩。它不只是中国书法艺术品的一座宝库，而且是中华民族的文化珍品。历代帝王到泰山祭天告地，儒家释道传教授经，文化名士登攀览胜，留下了琳琅满目的碑碣、摩崖、楹联石刻。泰山石刻源远流长，自秦汉以来至建国后，上下两千余载，各代皆有珍碣石刻。泰山石刻现存1800余处，其中碑碣800余块，摩崖石刻1000余处。

4.雕塑艺术品

雕塑艺术品多是指用石质、木质雕刻各种艺术形象与泥塑各种艺术形象的作品。古代以佛像、神像及珍奇动物形象为数最多，其次为历史名人像。我国各地古代寺庙、道观及石窟中都有丰富多彩、造型各异、栩栩如生的佛像、神像。如举世闻名的四川乐山大佛，唐玄宗时创建，乐山大佛地处四川省乐山市东，位于乐山市城东岷江、青衣江、大渡河三江汇合处，是依凌云出栖霞峰临江峭壁凿造的一尊弥勒坐像，始凿于唐开元元年（公元713年），历时90余年方建成，建高71m，有“山是一尊佛，佛是一座山”之称，是世界上最大的石刻大佛。

5.诗词、楹联、字画

中国古典园林把人文景观与自然景观巧妙地结合在一起，讲究的是神、势、气，主张“师法造化”“观象于天，观法于地”，以“天人合一”为最高境界。古代中国先哲们的时空观是互补共生的，并不像西方近代哲学和科学将时空割裂开来。这种艺术哲学是一种朴素的整体美学观，其艺术创造追求会意与图解，因此特别强调人的精神性和主动性，强调主体的思、品、悟。

6. 文物及工艺美术品

文物及工艺美术品主要包括具有一定考古价值的各种出土文物，著名的有秦兵马俑、北京明十三陵等地下古墓室及陪葬物等。

**（三）革命活动地**

现代革命家和人民群众从事革命活动的纪念地、战场遗址、遗物、纪念物等。例如，新兴的旅游地井冈山，不仅有如画的风景，“中国革命的发源地”“老一辈革命家曾战斗过的地方”，这些人文因素，无疑使其成为特殊的人文景观。而大打“鲁迅牌”的旅游城市绍兴，起主导作用的鲁迅故居、三味书屋、鲁迅纪念堂等旅游点也都是这类人文景观。

**（四）地区和民族的特殊人文景观**

包括地区特殊风俗习惯、民族风俗，特殊的生产、贸易、文化、艺术、体育和节日活动，民居、村寨、音乐、舞蹈、雕塑艺术及手工艺成就等丰富多彩的风土民情和地方风情。例如，近几年的旅游“旺地”云南，除得天独厚的自然条件外，还有赖于居住于此的各民族独特的婚俗习惯、劳作习俗、不同的村寨民居形式、服饰、节日活动等。傣族的泼水节、彝族的火把节、白族服饰上的“风花雪月”、石林和蝴蝶泉美丽的爱情故事，这些都为如画的风景披上了一层神秘的面纱，正因为这些独特的人文景观，才使得云南更具魅力。

**思考题**

1. 园林构成要素有哪些？
2. 每种园林构成要素有哪些特征？
3. 历史人文景观要素的具体应用有哪些？

# 第六章 园林与美学

## 第一节 园林设计的美学原理

### 一、形式美的概念、特点和基本要素

形式美是由美的外在形式经过漫长的社会实践和历史发展过程逐渐形成的。事物的外在形式，比较间接地表现一定的内容，因而它可以脱离内容而独立存在，尤其经过反复使用、仿造复制，原有的具体内容便逐渐模糊而具有了抽象意义，久而久之人们不再追究具体内容，而演变为一种规范化的形式。如，波状线和蛇形线，作为形式美曾被某些美学家称作是最美的线条，但它们作为形式美是如何形成的，却很少有人去考察其社会实践根源。

#### （一）形式美的概念

（1）广义　美的事物的外在形式所具有的相对独立的审美特性，表现为具体的美的形式。

（2）狭义　构成事物外形的物质材料的自然属性（色、形、音）及它们的组合规律（整齐、比例、对称、均衡、反复、节奏、多样统一）所呈现出来的审美特性。

#### （二）形式美的特点

形式美是对美的规律的总结，概括普遍性的美的规律，诸如黄金分割、对称、均衡、和谐等。由于没有具体社会内容的制约，使形式美比其他形态的美更富于表现性、更自由、更灵活，从而形成性能上的独特之处。

（1）装饰性　形式美不仅是独立存在的审美对象，更经常附加于其他事物之外，起一种装饰美化作用，而且运用的范围非常广泛，这是其他形式的美不太可能做到的。如：花边、装饰图案等，人们在使用它们的时候不去追究原始意义，而是把它们作为独立的审美对象直接运用。

（2）抽象性　形式美虽然感性具体，但却具有很高的抽象性。如：红色，它虽然不是红水果、不是红星、不是红心、不是红旗、不是红灯笼……但这些东西都是红色。红色作为形式美的感性质料，具有抽象性。

（3）象征性　形式美经常成为一种象征标志。不仅宗教大量运用它，政治生活、社会生活中的某些象征意义，也经常用它作为标志。如：国旗、国徽、纪念碑等。

#### （三）形式美的基本要素

形式美是事物能被人感知的前提。只有当人的感官首先接触感知形式美、并唤起审美快感和愉悦时，才能引起关注并进一步全面把握事物的美。

构成形式美的基本要素，主要是指色彩、形状、声音。

（1）色彩　人们在长期的生存实践中凭借色彩去认识世界：蔚蓝的天空、火红的太阳、碧绿的草原、洁白的雪花，大自然中灿烂缤纷的色彩给人类创造了绚烂多彩的生存环境。单

就色彩本身看，它可以成为独立的审美对象，它也可以引起人们的审美感受。但是作为审美对象的色彩，却不在它的自然属性本身。如：红色意味着庄严热烈，但又意味着严重危险；黄色意味着尊贵光明，但又意味着卑鄙下流，在中国是帝王之色，象征皇权的高贵，而欧洲有的国家的人们则认为黄色是下等之色，基督教把黄色作为出卖耶稣的犹大的肤色。蓝色意味着和平深沉，但又意味着悲哀不幸；白色意味着纯洁明朗，似又意味着悼念祭祀；绿色在人类的共同心理感受中是生机盎然、欣欣向荣，然而日本人、法国人却不喜欢绿色，日本人认为绿色是不吉利的色彩（图6-1-1 ～图6-1-9）。

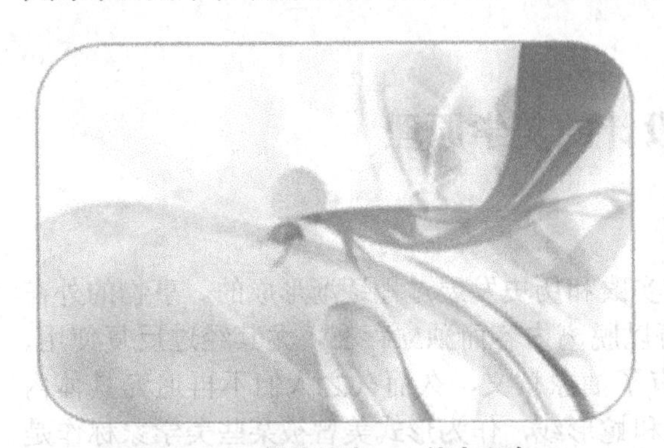
图6-1-1　鲜艳明亮——使人兴奋

图6-1-2　晦暗浑浊——使人感到压抑

图6-1-3　红色和黄色——温暖、热烈和喜庆

图6-1-4　绿色——生机盎然

图6-1-5　蓝色和紫色——寒冷、沉静

图6-1-6　红色象征革命

图6-1-7　黑色象征神秘、死亡

图6-1-8　白色象征纯洁

图6-1-9　京剧脸谱以不同色彩象征不同的人物性格

（2）形状　包括点、线、面、体等部分，也是构成形式美的重要基本要素。形状不仅像色彩一样诉诸视觉感官，而且还可诉诸躯体感官。形状可以成为独立的审美对象而引起人们的审美感受，是人的视觉所能感知的空间性美。但形状的美并不就是形状本身。作为形式美的形状，也如色彩一样，包含着各种意味，因而用于园林艺术可以成为某种风格的要素之一。人们感知形状的美，都离不开对点、线、面这些形体元素的认识。

① 点：在空间起标明位置的作用。美学里的点与几何学中抽象的点有不同之处，几何中的点没有大小、形状，是个抽象的概念，而美学中的点不但有大小，而且有形状。人们在审美时，凭视觉效果把点与圆或其他形状区别开来（图6-1-10）。

图6-1-10　现实中具有美学特征的点

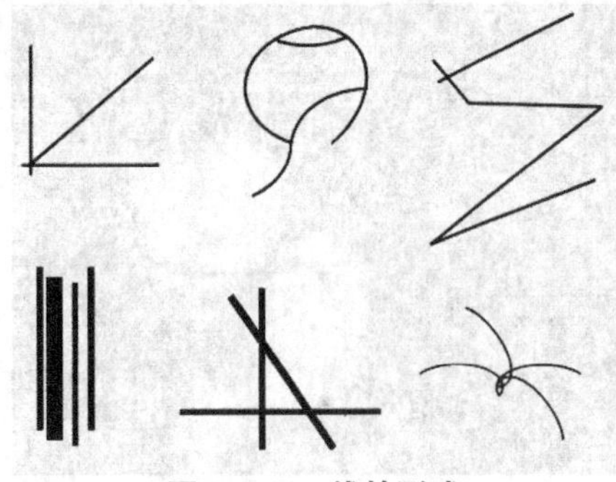

图6-1-11　线的形式

② 线：是点移动的轨迹，形体轮廓是由线来表示的。在构成物体形式的要素中，线占有特殊的位置。线条美是一切造型艺术的基础。一般常见的线分为直线、曲线、折线三大类，它们的审美特性各不相同（图6-1-11）。

直线：表现刚毅、挺拔、坚强、单纯。

粗直线：显得厚重、强壮。

细直线：显得明确、敏锐。

垂直线：给人挺拔、兴趣、突破、动势的审美感受。

水平线：给人以起始、平静、安稳、恒定的审美感受。

曲线：显现优美，给人以柔和、轻盈、优雅、流畅的审美感受。曲线美在一般线条中有突出的审美意义和价值。

折线：给人的感受是坚硬。

图6-1-12和图6-1-13表明：不同的线，给人以不同的感受，富有极强的心理效果和丰富的表现力。

图6-1-12　折线变化丰富，易形成空间感，表现紧张、惊险、意外、坚硬等意味

图6-1-13　曲线丰满、优雅、柔软、和谐和律动，富有女性性格的情感特征

③ 面：三原形是指圆形、方形、三角形，不同形状的面会给人以不同的视觉效果和心理反应。圆或由圆演化来的图形给人以柔和、富有弹性的审美感觉，因而具有一种天性美，造型艺术中的圆应用非常普遍，尤其在雕塑、绘画、建筑中，圆的利用率很高（图6-1-14）。

图6-1-14　圆形和球形体现柔和、完美

方形：一般给人以正规、平实、刚强、安稳的感觉，方形或由方形演生的图形。是一种刚性美（图6-1-15）。

三角形：各种形态，对于人的心理作用也产生不同的感应，正三角形有稳定感；倒三角形有倾危感；斜三角形造成运动或方向感（图6-1-16）。

④ 体：点、线、面的有机结合，体与面的关系最为密切，面的移动或旋转就成为体。现实中存在的物大部分是体。体可分为球体、方体、锥体等。体给人的感觉比面更强烈、更具体、更确定。

形状成为形式的根本原因在于人类社会实践对自然形状（包括事物运动和结构）的把握和运用，使形状积淀了某种社会内容和历史观念，造成形状与主体知觉结构的相互适用、对应，从而引起审美愉悦（图6-1-17，图6-1-18）。

图6-1-15　立方体体现庄重大气

图6-1-16　正三角形有稳定感

图6-1-17　高而直的形体显得挺拔和险峻

（3）声音　声音也是构成形式美的重要因素。但它不像色彩、形状都是通过视觉感官而获得审美感受，而是诉诸听觉感官。声音作为形式美也包含某种意味，声音的高低、强弱、快慢、纯杂，都能显示某种意味。声音在传递信息、表达感情上是异常复杂的。单纯的音在现实中是少见的，音往往与它的发出者联系在一起。如：风声、水声、铃声、笛声、机械声、人语声。音分为乐音和噪声，音乐中使用的主要是乐音，噪声也是音乐表现中不可或缺的组成部分。音乐中使用的音，是劳动人民在长期的生产实践中、劳动斗争中，为了表现自己的生活和思想感情而特意挑选出来的。这些音被组成为一个固定的体系，用来表现音乐思想和塑造音乐形象。

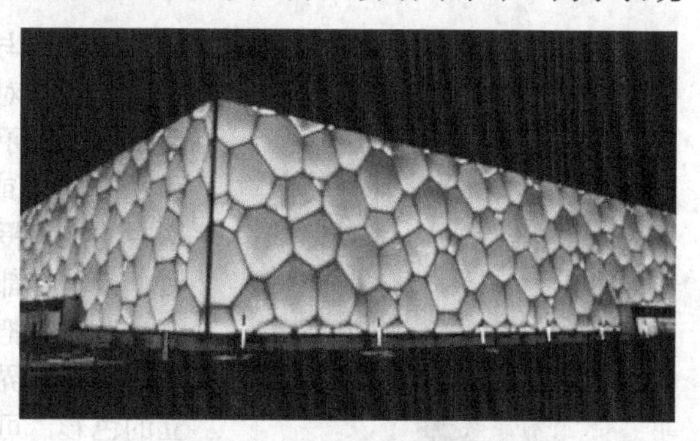

图6-1-18　宽而平的形体有平稳感

声音具有自己的审美意味，高音可以表现亢奋、激昂，也可以表现凄惨、惊恐；低音可以表现亲切、柔和，也可以表现沉闷、压抑；强音可以表现振奋、昂扬，也可以表现愤怒、抗争；轻音可以表现温柔、抚慰，也可以表现沉思、回忆；快音可以表现欢乐、高兴，也可以表现紧张、急骤；纯音显得干净、悦耳，令人感到舒畅、甜美；杂音显得繁乱、躁闹，令人感到不安、烦躁、神经紊乱。

低音——凝重深沉、高音——高昂激越、强音——振奋、弱音——柔和抒情、急促的声音——显示紧张、缓慢的声音——显得舒缓、乐音——悦耳动听、噪声——烦躁不安。

声音美与音乐美是不同的，根本区别是声音所含的人生意味，是一种普泛化的人生意味，很难从声音中离析出来。作为形式美的声音并不是单纯的形式，所含意味也不同于艺术的联想、意象、情感，这种意味来源于无数次反复重复的社会实践，是历史积淀的结果。

## 二、形式美法则的应用

形式美的诸要素如果随意地摆放在一起仍然不能构成形式美，只有通过设计将它们按照一定的法则进行组合，才能显现出事物的形式美。人们在实践中归纳了许多形式美的法则，主要有以下几方面。

### 1.对称与均衡

对称是指图形或物体两边的各部分，在大小、形状和排列上具有一一对应的关系。人类早期石器造型，已开始追求对称形式，原始初民对对称感产生的根源是因为：人的身体结构与动物的身体结构几乎都是对称的，对称体现了生命的正常发育。人们在长期实践中认识到对称具有平衡、稳定的特性，从而使人在心理上感到愉悦。相反，残缺者畸形的形体是不对称的，使人产生不愉快的感觉。均衡是对称形式的一种变体。均衡是中轴线两侧的形体不必一一相对，但在量上大体相当。均衡比对称更富于变化，比较自由一些（图6-1-19）。例如：树的树枝、树叶多属均衡。

图6-1-19 对称与均衡

图6-1-20 调和色

### 2.调和与对比

调和与对比是针对两种或多种不同事物的关系而言，反映着二种矛盾状态，或者说是处理矛盾的二种方式。调和是把二个或多个相接近的东西相并列、相交接。如色彩中的红与橙、橙与黄、黄与绿、绿与蓝、蓝与青、青与紫、紫与红都是邻近的色彩，可调和运用（图6-1-20）。

对比是把两种极不相同的东西并列、比较，突出其差异，明确其界限。色彩中的红与绿、紫与黄、蓝与橙是对立的色彩，可产生反差和跳跃的效果。

调和与对比的审美效果表现在：事物经过调和，会给人以协调、融合的审美感受；对比能够使形象更鲜明，气氛更活跃，感受更深刻。

3.节奏与韵律

节奏是指事物运动过程中同一种动作按一定的时空“距离”反复有序地连续出现。节奏在现实生活中有广泛的表现，如绘画中的色彩转换和线条配置的节奏；文学作品中的布局有起承转合的节奏；戏剧、电影艺术中有人物心理与情节发展的节奏；建筑艺术中建筑群体的高低错落、疏密聚散、建筑个体中的整体布局到柱窗的排列上都有其特有的节奏。韵律原指诗词中的声韵和格律，表现出特有的韵味情趣与回环流动的形式美。韵律在古建筑、图案等艺术形式中多有应用。

4.比例与匀称

比例是事物形式因素部分与整体、部分与部分之间合乎一定数量或比例关系。比例恰当，就是匀称。匀称的比例关系使物体的形象具有严整、和谐的美。严重比例失调，就会出现畸形，畸形在形式上是丑的。古希腊毕达哥拉斯学派提出的“黄金分割率”是一种应用较为广泛的定律（图6-1-21）。我国古代画论中的“丈山尺树，寸马分人”之说，人物画中的“立七、坐五、盘三半”之说，画人面部的“五配三匀”之说，都是人们所总结的比例关系。

5.整齐一律与多样统一

整齐一律是指事物有规律地反复或整体中的局部的连续再现。整齐一律是最单纯的一种形式美。在这种单纯的形式中不存在明显的差异和对立因素。园林绿化时，常见的行道树、绿篱等都给人以整齐一致的美感。多样统一是形式美法则的高级形式，也就是我们平时所说的“和谐”。和谐是消除了多样性即差异性的纯然对立，差异的互相依存和内在联系成为统一，达到协调一致、具体同一。和谐作为形式美的规律，包含了整齐一律、均衡对称等形式规律，是形式美中最高级最复杂的一种。多样统一是客观事物本身所具有的特性（图6-1-22）。形式美在园林中有普遍的应用，上述仅是形式美的最基本理论，园林形式美是这些理论的具体应用。

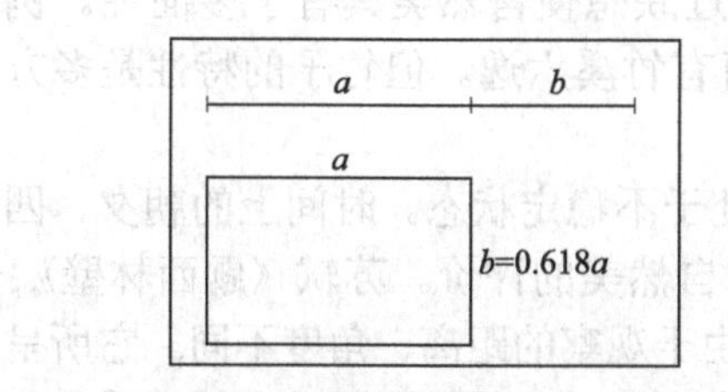


**图6-1-21　毕达哥拉斯学派的“黄金分割”定律**

**图6-1-22　帕特农神庙**

## 三、园林美的涵义与内容

### （一）园林美的涵义

关于“园林美”，不同的专家学者有不同的定义。余树勋先生在《园林美与园林艺术》一书中定义为：“所谓园林美是指加以‘人化’和人工模拟的自然美，其中都有不同程度的艺术加工。”周武忠先生所著的《园林美学》一书中定义为：“园林美是园林师对生活（包括自然）的审美意识（思想感情、审美趣味、审美理想等）和优美的园林形式的有机统一，是自然美、艺术美和社会美的高度融合。”张承安先生主编的《中国园林艺术词典》中定义为：“园林美指在特定的环境中，由部分自然美、社会美和艺术美相互渗透所构成的一种整体美。”

通过上述各位专家学者对“园林美”的定义，可以看出园林美的涵义应包括人化自然、自然美、社会美、艺术美和整体美。然而正如周武忠先生在他的《园林美学》中所说的：“园林美不是各种造园素材单体美的简单拼凑，更不能理解为自然美、社会美和艺术美的累加，而是一个综合的美的体系。”另外园林美应符合自然生态的规律，使园林美的概念更加完善。

因此，我们将“园林美”定义为：园林美是人们按照美的规律，对自然事物和社会事物进行艺术加工后，创造出来的人化生态环境。

**（二）园林美的内容**

园林美是通过物质实体表现出来的人化生态环境美，它主要包括了自然美内容和社会美内容。

1.园林自然美的内容与特征

自然美是指自然界中自然事物之美。园林的自然美是指人化生态环境中具备形式美的自然事物，是自然界原有的感性形式引起的美感。

（1）园林自然美的内容　纵观古今、横览中外，大多数园林都离不开由自然物质所构筑的自然美。自然美又可分为两大类：一类是未经过人类加工改造过的自然美，如湛蓝的天空、洁白的云朵、柔和的月光、温暖的太阳，还有高耸的山峰、无际的大海、莽莽的草原、静谧的森林等。像四川的九寨沟，美国国家公园、日本自然公园等，它们虽然未经过人类加工改造过，但都是通过人的选择、提炼和重新组织的大自然风景。这类自然美和社会生活的联系是以形式美为中介的，以它所特有的自然风貌，使人得到愉悦并获得美的享受。我国现在比较注重这类自然美的开发，如庐山的瀑布、黄山的奇峰、华山的险峻等自然景观都属于自然美的范畴。

另一类是经过人类加工改造过的自然美，它又可分为一般加工和艺术加工两种。属于一般加工的自然美，如我国西部沙漠的绿化、长江黄河的治理等；属于艺术加工的自然美包括园林艺术、插花艺术等。我国传统园林的自然美，遵循“虽由人作，宛自天开”的审美标准，使人感到自然原形的美貌。

（2）园林自然美的特征

① 多面性：由于自然物的属性是多方面的，人们通过联想使自然美具有了多面性。例如古代士大夫多以竹为美，居必有竹。晋有竹林七贤，唐有竹溪六逸。但竹子的特性是多方面的，可以引起多方面的联想，它的美也就具有多面性。

② 变异性：自然美常常发生明显的或微妙的变化，处于不稳定状态。时间上的朝夕、四时，空间上的宽窄，人的文化素质与情绪，都直接影响对自然美的评价。苏轼《题西林壁》：“横看成岭侧成峰，远近高低各不同。”说的是一座山岩，由于观察的距离、角度不同。它所呈现的景观和美也就不同。同一自然物，由于人们的欣赏角度不同，获得了不同的自然美感。

③ 两重性：自然美具有美、丑两重性。这是由于自然属性在人类社会中的作用不同，从而产生截然不同的审美评价。如：桃花以它艳美的芳姿为人所爱，人们常用她比喻美貌的少女。崔护的名句“人面桃花相映红”便是以桃花之美，烘托少女之美。但桃花的易于凋零，又会让人想到不坚贞，李白在《古风》中斥责桃花“岂无佳人色？但恐花不实。宛转龙火飞，零落早相失。讵知南山松，独立自萧瑟。”

2.园林社会美的内容与特征

社会美是指人类社会事物、社会现象和社会生活中的美。园林的社会美是指园林艺术的内涵美。

（1）园林社会美的内容　美源于生活，社会生活中的道德标准和高尚情操，融入园林景物中，使人触景生情。这是园林特有的感性的、直观的效应。在人的感觉中发生作用。中国社会在千百年的发展中，人们通过园林审美而实现自我人格完善的事例不胜枚举。至今仍可从一些传世园林作品中，见到诸如“养真”“求志”“寄傲”“抱冰”等标举人格的园林题额；甚至皇家苑囿和官府私园也常以“澡身浴德”一类的警句作为景区、景点之命名。

园林社会美的内容主要包括民族元素、地方元素和时代元素。

民族元素指园林的平面布局、空间组合、风景形象在内容与形式、结构体裁及艺术手法上，反映出民族的地理环境、经济基础、社会制度、政治文化、语言词汇、生活方式和风土人情方面的特性。

地方元素是指园林充满着农业地方特色。园林的地方元素是构成园林民族性的重要条件，是共性中的个性，地区的自然地理和风土人情，是构成园林地方性的因素，中国传统园林中最有地方性特色的有江南园林、北方园林和岭南园林。江南园林重雅素，北方园林主华美，而岭南园林兼有南北之长，于华美中见雅致。

时代元素是指园林在不同的历史时期，不同社会发展阶段，所表现出的不同特性。如秦宫汉苑规模巨大，是中国统一大帝国发展初期那种宏伟气势的象征；魏晋南北朝园林以自然山水为特色，反映了当时士人山水文化与隐逸情趣的风尚；现代园林又以崭新的风貌，反映着新时代继往开来的社会文化特征。如北京菖蒲河公园中的艺术园圃、雕塑小品、四合院居民建筑都各具特色，公园将历史文化、生态自然、现代人文景观有机地结合在一起，实现了古朴与华丽相依、时代与传统相伴、古代文化与现代文明交相辉映的特色。

（2）园林社会美的特征

①娱乐性：指园林能调节人们的精神生活、解除紧张劳累的状态，使人们获得身心平衡的作用。园林的娱乐性常与文化休闲、体育活动相联系，并常常寓爱国主义和科普教育于娱乐之中。

②稳定性：指园林所表达的社会美内容是相对稳固而确定的，体现了当时人们的社会生活和审美意向，不是个人联想或想象的结果。如承德避暑山庄，正宫的全组建筑基座低矮，梁枋不施彩画，屋顶不用琉璃；庭院的大小，回廊的高低，山石的配置，树木的种植，都使人感到平易近人，与京城巍峨豪华的宫殿不同。至今步入避暑山庄，仍然可以感受到平和与朴素的审美气息。

③正面性：指园林艺术以其鲜明、健康的形象，达到引导游赏者直接净化身心的境界。园林艺术与其他艺术有所不同，许多艺术形式可以通过丑的事物来反衬美的事物，从而加强美的事物的感染力。园林艺术则不然，人们从园林设计开始就不允许假、丑、恶的事物出现。

3.园林的生态美

（1）生态与生态美　生态即存在于生物与环境之间的各种因素及其相互关联、相互作用的关系。生态美是生命与其生存环境相互协调所显现出来的和谐之美。

①生命之美。园林的生态美是以生命过程的持续流动来维持的。无论是园林中的花草树木，还是鱼虫禽兽，都以其旺盛的生命状态、斑斓的色彩、异样的情趣，令人振奋，给人美感。

②和谐之美。生命之间相互依赖、互惠共生以及与环境融为一体，展现出来的美是多层次的、丰富的。城市中的园林、文化景观和自然风景相融合的旅游区都充分地关照了自然环境中的地形地貌、山水草木等因素，使人为的建筑与特定地区的生态环境相协调。而不是单纯地从人文经济方面的功能着眼，粗暴地破坏与环境的和谐关系，使人产生感知上较高的审美效果。

③共生之美。如果从整个地球着眼，可以把地球生态美看作是山水共同生存形成的美。园林生态的共生之美，可以唤醒人们的良知：竞争是为了生存与发展，但竞争不等于贪婪。

无论人们走进罗布林卡、登上庐山，还是感悟圆明园、游览拙政园，或多或少会通过园林而反过来关注人类自身的自然和社会属性。

（2）生态美感　生态美感是人的智力结构中多重知识的综合作用。如果我们不知道生命起源、生态系统的形成和演化的基础知识，那么我们就不能领会到地球生物圈在漫长的进化过程中的创造之美，也不能深刻地感受到生态系统中生物多样性及其和谐的共存之美。同样，如果我们不具备人类的道德规范，不能超越“人类中心论”的传统伦理观，不把所有生命物种的共同利益当作人类道德的基础，我们就不能懂得自然生态系统对所有的生命的意义，也无法理解那种把自己的生命融入自然的心态，更无法体验生态美博大而渊深的含义。

## 第二节　园林设计的造景方式

中国早在春秋战国时代，就确立了“天人合一”的思想，古典园林追求的最佳境界是自然、淡泊、恬静、含蓄，所以在造园构景中运用多种手段来表现自然，以求得渐入佳境、小中见大、步移景异的境界。通常有以下几种造景手段，也可作为观赏方法。

### 一、抑景

抑景也叫障景（图6-2-1、图6-2-2），是古典园林艺术的一个规律，就是“一步一景、移步换景”，最典型的应用是苏州园林，采用布局层次和构筑木石达到遮障、分割景物，使人不能一览无余。古代讲究的是景深、层次感，所谓“曲径通幽”，层层叠叠，人在景中。现代园林源于古代园林的一部分理论，结合了西方理念，理论构造上比较杂糅，但是基本上是对古代理念的阐述和丰富，使观者虽在景中，但处处是景。室外环境中除了园林，障景多见于一些非常精美的楼盘设计，比如万科地产旗下的一些楼盘，楼宇布局就非常值得称道，北京的观唐也是典型的例子。障景的手法被成熟地运用于北京颐和园中。巨大的、秀美的太湖石被安置在仁寿门内，起到了“欲扬先抑”、“先藏后漏”的作用。采取抑景的手法，才能使园林显得有艺术魅力。障景的作用，使整个院落的景致显得富有层次感。在许多院落里，进入正门，就是一面屏风，是同样的道理。此外，园内的许多道路被蜿蜒曲折地布置在假山、草木之中，增加了曲径通幽的感觉，营造一种“山穷水尽疑无路，柳暗花明又一村”的景象。进门见假山，则为山抑；见树丛，则为树抑。

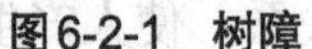

图6-2-1　树障

图6-2-2　山障

### 二、添景

当我们眺望远方的山、塔或者其他风景时，如果中间没有景点过渡，眺望时就缺乏空间层次，就显得虚空，如果在中间或近处有乔木或花卉作中间或近处的过渡景，就会显得有层次美，这乔木或花卉便是添景（图6-2-3）。添景可以建筑小品、树木绿化等来形成。体型高大、姿态优美的树木，无论一株或几株往往能起到良好的添景作用。

图6-2-3 添景

### 三、夹景

当风景点在远方，或自然的山，或人文的建筑（如塔、桥等），它们本身都具有审美价值（图6-2-4），如果视线的两侧大而无挡，就显得单调乏味，如果两侧用建筑物或者树木花卉屏障起来，使得风景点更显得有诗情画意，这就是夹景。例如在颐和园后山的苏州河中划船，远方的苏州桥是主景，为两岸起伏的土山和美丽的林带所夹峙。

图6-2-4 夹景

## 四、对景

在园林中，或登上亭、台、楼、阁、榭，可观赏堂、山、桥、树木；或在堂桥廊等处可观赏亭、台、楼、阁、榭，这种从甲观赏点观赏乙观赏点，又从乙观赏点观赏甲观赏点的方法（或构景方法），叫对景。① 正对：在视线的终点或轴线的一个端点设景成为正对，这种情况的人流与视线的关系比较单一。② 互对：在视点和视线的一端，或者在轴线的两端设景称为互对，此时，互对景物的视点与人流关系强调相互联系，互为对景。对景不仅运用于室外景观，同时运用于建筑布局及室内布局，尤其适用观赏角度受限，无景可借、无景可寻的情况，如走廊的尽头、出门对的照壁等，都是最常见的例子。不仅中国古典园林运用对景较多，国外园林运用对景也很多，只是叫法不同而已。对景一般讲究轴线对称，所对景物恰好在观赏者所处轴线的正中，运用于大场景时，对的景物可与总体布局的轴线不在一条主轴上，如自然山水中亭榭，这边的亭榭，那边的瀑布，即形成一种对景的关系，如图6-2-5所示。

图6-2-5　对景

## 五、框景

“空间景物不尽可观，或则平淡间有可取之景”。利用门框、窗框、树框、山洞等，有选择地摄取空间的优美景色。园林中建筑的门、窗、洞或者乔木树枝抱合成的景框，往往把远处的山水美景或人文景观包含其中，这便是框景。《园冶》中谓：“藉以粉壁为纸、以石为绘也。理者相石皴纹，防古人笔意，植黄山松柏、古梅、美竹，收之圆窗，宛然镜游也。”李渔也谈于室内设“尺幅窗”、或“无心窗”以收室外佳景，也是框景的应用（图6-2-6）。

图6-2-6　框景

## 六、漏景

也叫透景，好的景物被高于游人视线的地物所遮挡，须开辟透景线，这种处理手法叫透景。要把园内外主要风景点透视线在平面规划设计图上表现出来，并保证在透视线范围内，景物的立面空间上不再受遮挡。在安排透景时，常常与轴线或放射型直线道路及河流统一考虑，这样做可以减少因开辟透景线而移植或砍伐大量树木。透景线除透景外，还具有加强“对景”地位的作用。因此沿透景线两侧的景物，只能做透景的配置布景，以提高透景的艺术效果。

通常古典园林的围墙上或走廊上，常常设以漏窗，或雕以带有民族特色的各种几何图形，透过漏窗的窗隙，可以望见院外的美景（图6-2-7）。

图6-2-7　漏景

## 七、借景

“园林巧于因借”，无论皇家园林还是私家园林，空间都是有限的，通过借景可以在横向或纵向上让游人扩展视觉和联想，以小见大。例如借远方的山、借邻近的大树、仰借空中的鸟、俯借池塘中的鱼、应时而借四季花卉或其他自然景象（图6-2-8）。

图6-2-8　借景

## 第三节　园林设计的布景方式

造园艺术的特点之一，是园林创意与工程技艺的融合，以及造景技艺的丰富多彩。归纳起来包括主景和次（配）景、抑景与扬景、夹景与框景、前景与背景、俯景与抑景、实景与虚景、近景与远景、季相造景等。

### 一、主景与配景（次景）

造园必须有主景区与次要景区。在园林空间设计中，作为景区中心的景物，即为主景。主景是园林的重点景物，是园林的构图中心。堆山有主、次、宾、配，园林建筑要主次分明，植物培植也需要主体树种与次要树种搭配，处理好主次关系就起到了统领的作用。对于一个园林空间若没有主景，那么这个空间就没有观赏价值，只能成为一个过渡空间、辅助空间，所以主景能充分体现和发挥园林空间的主题作用。但对于大型公园或景观绿地，往往它是由若干个小的景区构成的，而每个小的景区也都拥有各自的主景。所以园林空间设计的主景，常常以所处空间范围的不同而异，主要表现在两个方面：一是指作为整个公园大范围内的主景；另一个是指景区局部空间内的主景。例如北海公园的主景是琼华岛。而对主景琼华岛而言，则以岛上的白塔作为主景。塑造和突出园林空间中的主景，是十分重要的。

突出主景的方法有：主景升高或降低，主景体量加大或增多，视线交点、动势集中、轴线对应、色彩突出、衬托对比等。

1.抬升主景的位置

在园林的构图中常常将主景放在园林的某一个制高点上，其目的是让游人在园林中每一个角度位置随时都能看到主景，而且能从不同的位置和角度烘托主景的容貌，以达到突出主景的作用。同时使游人站在主景的位置上有一统全园的感觉，园林美景尽收眼底，使游人视野开阔、心情舒畅（图6-3-1）。

图6-3-1　抬升的雕塑作为主景

2.将主景放在园林的重心上

在园林构图中，若没有制高点，则需要将主景放在园林中轴线的端点上、横纵道路交叉点上、放射轴线的原点上或大面积开阔草坪中心、整个构图的重心上等处。例如中国传统假山，就是把主峰放在偏于某一侧的位置，主峰切忌居中。规则式园林，主景放在几何中心上，例如天安门广场的纪念碑就是放在广场的几何中心上。这些从多个角度都能观察到的中心位置，能突出主景，强调主景（图6-3-2）。

图6-3-2　位于景观轴线上的主景

3.衬托对比，突出主景

在园林中可以用植物、石材、建筑等不同材料从高矮、明暗、色彩、疏密、质感等多方面采用对比方式来衬托、突出主景。

配景对主景起陪衬作用，不能喧宾夺主，是园林中主景的延伸和补充。

## 二、抑景与扬景

传统造园历来就有欲扬先抑的做法。在入口区段设障景、对景和隔景，引导游人通过封闭、半封闭、开敞相间、明暗交替的空间转折，再通过透景引导，终于豁然开朗，到达开阔园林空间，如苏州留园。也可利用建筑、地形、植物、假山台地在入口处设隔景小空间，经过婉转通道中逐渐放开，到达开阔空间，如北京颐和园入口区、苏州园林拙政园的入口区域（图6-3-3）。

图6-3-3　拙政园入口处的抑景

## 三、实景与虚景

园林或建筑景观往往通过空间围和状况、视面虚实程度形成人们观赏视觉清晰与模糊，并通过虚实对比、虚实交替、虚实过渡创造丰富的视觉感受（图6-3-4）。

图6-3-4　园林景观中的虚实变化

# 第四节　园林设计的空间艺术布局

## 一、空间与人的视觉关系

### （一）空间的概念

园林空间指人的视线范围由树木花草、地形、建筑、山石、水体、铺装道路等构图单体所组成的形形色色的景观区域，这些空间既相互封闭，又相互渗透；既静止，又流通。园林空间包括平面的布局，也包括立面的构图，是一个综合平面、立面艺术处理的概念。

构成空间的要素，主要用主题和边界构成，主题包含园林的道路、植物、建筑、广场、雕塑、水域等；边界则是由围绕空间的道路、建筑物、绿篱、围墙等组成。

### （二）视觉的有关概念

1.视觉的概念

视觉是人类对外界最主要的感知方式，通过视觉获得外界信息，一般认为正常人75%～80%的信息是通过视觉获得的，同时90%的行为是由视觉引起的，可见在对园林美的欣赏过程中，视觉比听觉、嗅觉、触觉等发挥着更大的作用。

2.最佳视距

园林美的产生取决于观察者和对象之间的距离。正常人的清晰视距为25～330m，明确看到静物细部的距离为30～35m，能识别景物的视距为250～270m，能辨认景物轮廓的视距为500m，能明确发现物体的视距为1300～32000m，但这已经没有最佳的观赏效果了。所以25～330m是园林场所设计的重要尺度。而在250m左右的距离是欣赏景物轮廓的最好距离，欣赏主景的距离就不宜更远了。对主景起直接衬托作用的背景，应设在500m距离之内，再远景物便模糊不清了，然而远景也有起衬托近景的作用，也有高度的欣赏价值（图6-4-1）。

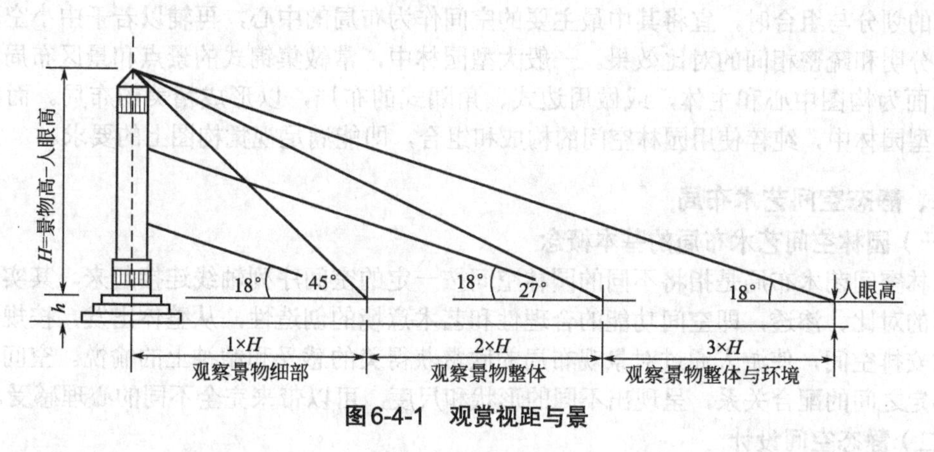


图6-4-1　观赏视距与景

3.最佳视域

人在观赏景物时，有一个视角范围称为视域或视场。人的正常静观视域，垂直视角为130°、水平视角为160°。但按照人的视网膜鉴别率，最佳垂直视角小于30°、水平视角小于45°（图6-4-2、图6-4-3）。

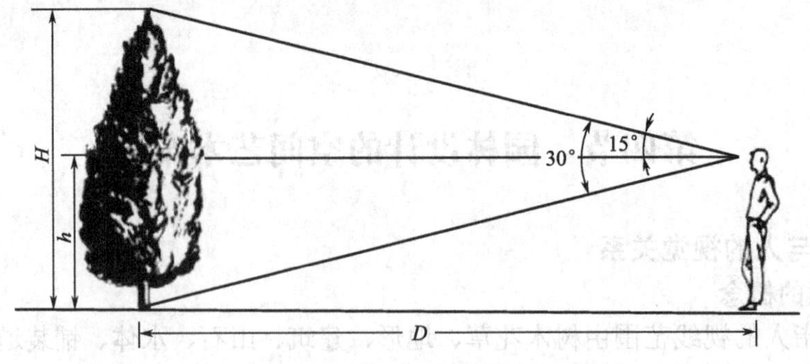


图6-4-2　最适视域中垂直视角

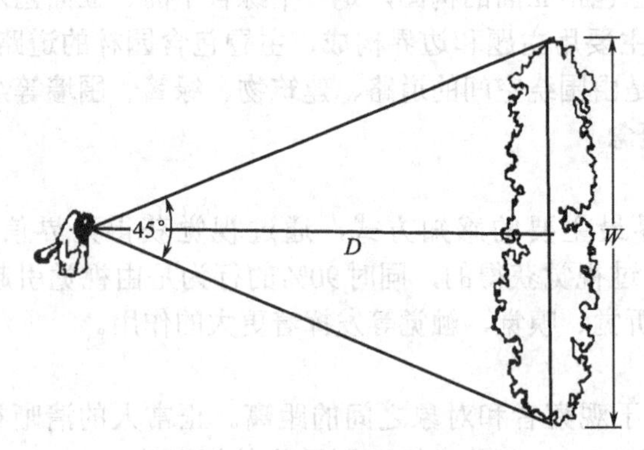


图6-4-3　最适视域中水平视角

4. 空间与视觉的关系

园林空间定义的主要前提是视线范围。空间的平面形状通常无约束，而在立面上则常需控制某一视点的位置，在一个或两个视点上打破空间范围，留出透视线，以做空间的联系。由于园林各布局要求容纳游人活动的数量不同，对园林空间的大小和范围要求也各异。在安排空间的划分与组合时，宜将其中最主要的空间作为布局的中心，再辅以若干中小空间，达到主次分明和疏密相间的对比效果。一般大型园林中，常做集锦式的景点和景区布局，多以大型湖面为构图中心和主体，或做周边式、角隅式的布局，以形成精美的布局。而在一些中、小型园林中，纯粹使用园林空间的构成和组合，即能满足视觉构图上的要求。

## 二、静态空间艺术布局

### （一）园林空间艺术布局的基本概念

园林空间艺术布局是指将不同的园林空间按一定的空间序列轴线连接起来，其实质是考虑空间的对比、渗透，即空间功能的合理性和艺术意境的创造性，从整体出发，按规则式或自由式安排空间，使游人通过对景观布局的欣赏获得美的感受和精神上的愉悦。空间布局通过与界定之间的配合关系，呈现出不同的形状和尺度，可以带来完全不同的心理感受。

### （二）静态空间设计

园林静态空间是指在游人视点不移动的情况下，观赏静态风景画所需的空间。组织静态空间时必须注意在优美的“静态风景”画面之前布置广场、平台、亭、廊等设施，以利于游人静态赏景；而在人们经常逗留之处，则更应设立“静态风景”观赏画面。

驻足于园林静态空间，人们不仅可以欣赏到美丽如画的风景，而且能引人沉思、冥想，达到陶冶性情、愉悦精神的效果。

1.静态空间的艺术类型

一般按照活动内容，静态空间可分为生活居住空间、游览观光空间、安静休息空间、体育活动空间等。按照地域特征分为山岳空间、台地空间、平地空间等。按照开朗程度分为开朗空间、半开朗空间和封闭空间。按照构成要素分为绿色空间、建筑空间、山石空间、水域空间等。按照空间大小分为超大空间、自然空间和亲密空间。还有依其形式分为规则空间、半规则空间和自然空间。根据空间多少分成单一空间和复合空间等。

在一个相对独立的环境中，随着诸多因素的变化，使人的审美感觉各不相同。有意识地进行构图处理，就会产生丰富多彩的艺术效果。

2.风景界面与空间感

局部空间与大环境的交接面就是风景界面。风景界面是由天地及四周景物构成的。以平地（或水面）和天空构成的空间特征有旷达之感。以峭壁或高树夹持，其高宽比大约为（6～8）∶1时的空间有峡谷或夹景感；由六面山河围合的空间，则有洞府感；以树丛和草坪构成的≥1∶3空间，有明亮亲切感；一大片高乔木和矮地被组成的空间，给人以荫浓景深的感觉；一个山环水绕、泉瀑直下的围合空间则给人清凉世界之感；一组由山环树抱、庙宇林立的复合空间，给人以人间仙境的神秘感；一处四面环山、中部低凹的山林空间，给人以深奥幽默感；以烟云水域为主体的洲岛空间，给人以仙山琼阁的联想；还有，中国古典园林的咫尺园林，给人以小中见大的空间感；大环境中的园中园，给人以大中见小（巧）的感觉。

**（三）静态空间的视觉规律**

空间感是由人的视觉、触觉或习惯感觉而产生的。经过科学分析，利用人的视觉规律可以创造出预想的艺术效果。

1.视角

（1）仰视高远　一般认为视景仰角＞45°、60°、80°、90°时，由于视线的消失程度可以产生高大感、宏伟感、崇高感和威严感。在中国皇家宫苑和宗教园林常用此法突出皇权神威，或在山水园中创作群峰万壑、小中见大的意境。如北京颐和园中原中心建筑群，在山下德辉殿后看见佛香阁，则仰角为62°，产生宏伟感，同时，也产生自我渺小之感。

（2）俯视深远　居高临下，俯瞰大地，为人们的一大游趣。园林中也常用地形或人工造景，创造制高点以供人俯视，绘画中称之为鸟瞰。俯视也有远视、中视、近视的不同效果。一般俯视角＞45°、30°、10°时，则产生深远、深渊、凌空感；当＜10°时，则产生欲坠危机感。登泰山而一览众山小，居天都而有升仙神游之感，也使人产生人定胜天之感。

（3）中视平远　以视平线为中心的30°夹角视场，可向远方平视。利用或创造平视观景的机会将给人以广阔宁静的感受，坦荡开朗的胸怀。因此园林中常要创造宽阔的水面、平缓的草坪、开敞的视野和远望的条件，这就把天边的水色云光，远方的山廓塔影借来身边，一饱眼福。

2.视距与视角的相关效应

以平角至仰角欣赏景物时，往往是主景或主要景观的立面。人观赏景物的垂直视角在18°，即观赏距离为景高的三倍时，为欣赏包括背景在内的全貌视角，在27°，即观赏距离为景高的2倍时，为欣赏这一主景最为清晰的观赏视角，在45°，即距离等于景高时，为欣赏景物细部的视角。不论在地形有高差的庭院中，或在已定高度的景物前，设置欣赏立地时，务必以此为依据。在景物比较高大时，人眼的高度可以不计。同样，水平视角以60°为最佳，但一般往往取54°作为准则。因为此角度，欣赏地点与景物被欣赏面之间的距离恰好等于这一欣赏面的水平宽度。

以平角至俯角欣赏的近景中，往往是花坛或水池的平面。平时即俯角26°以内的形象是变形的，60°以外的形象是不被注意的，只有30°～60°的部分才是十分清晰的。如以人眼高度为1.5～1.7m计，立足点以内的地面是不被注意的，1～3m的地面上景物是清晰的，3m以外地面上的景象便是变形的。这对路边花坛的位置提供了数据参照。

3.幻觉

幻觉也包括错觉。幻觉会使景物产生不良的效果，应予以避免。但却可以利用人类的这一视觉上的弱点，使有缺陷的景物得到弥补，有时甚至能起到节省材料的作用。

利用人类视觉所不能判断的，可造成误以为真的幻象。如，直角或平角上下3°范围以内的差异，人们的视觉是无法察觉的；在较大的面积中扁圆、歪圆与椭圆往往都会被认为是圆形；在道路的交错点上设置圆形树坛，里面配置乔、灌木以阻隔视线，也就很难辨别这交角是否是正角了。

利用透视原理，实现梯形与长方形或正方形、卵圆形同圆形等同的视觉效果。

此外，色彩透视原理的利用，能实现距离感觉上的改变。水中的倒影有使建筑物高度增加的感觉。庭院山路线的曲折、景物的半掩，可以造成幽深的感觉。这些都是联想上幻觉的运用。

**（四）静态构图**

静态构图，是由导游线（如道路、水体、墙垣等）和风景视线串联形成的。设计中应注意以下几个方面。

1.远近景相互衬托

在每一视域中，任何良好的景观都应该有近景、中景、远景的组合。近景、中景、远景，不论以哪一种作为欣赏主体，都需要其余两种的衬托，才能得到良好的景观效果。不同视距与不同视角的欣赏，都能加强景物丰富的感觉。

2.主次景相互呼应

这里所谓的主次，不同于单位庭园总体上的主景与配景，而是指每一视域，景观中景物间的主次关系。每一良好的景观中，主次关系同样是必须存在的，并且在两者之间还有相互呼应的关系，主与次并不是各自孤立的。

3.主次景排布交错

在同一视域中的许多景物，不论是主次之间或次与次之间的排列与组合，都要求做到疏密有致、左右参差与高低错落，才能避免呆滞，而做到俯仰盼顾莫不有景。

4.造景空间纵横分隔

分隔可在地形平坦或景观平庸的视域中谋求出新的造景。用复廊、园墙、高绿篱等来阻隔、规定赏景视线与导游路线，是一种分隔手法。这能使被分隔的各个闭锁空间中，既能排除相连接的、性质相异的景物之间的干扰，又能顺序展示出丰富的景物或景观。

用堤岸或桥、绿篱或穿廊、塔或参天古木来分隔广大的水体、辽阔的草原与广阔的天空，虽然并不会改变其开朗的景观，但却有打破单调的效果。

将一视域分隔成几个不同平面的空间，有限的视域也会丰富起来。如层楼、高台是对垂直空间的直接分隔；透漏的岩石能纵横透、漏许多不同的景色，使景观更为丰富。

## 三、动态空间艺术布局

动态空间是指在游人视点移动的情况下，观赏动态风景画所需空间。组织动态空间时，要使空间视景具有节奏感和韵律感，有起景、高潮和结尾，形成一个完整的连续构图，从而达到移步换景的效果。

园林是一个动态的流动空间，一方面体现在园林风景的时空变换，另一方面体现在游人置于其中步移景异的变化，有起有结，有开有合，有低潮有高潮，有发展也有转折，构成了丰富的连续景观。

### （一）园林空间的展示程序

园林空间的展示程序应按照游人的赏景特点来安排，常用的方法有一般序列、循环序列和专类序列三种。

#### 1.一般序列

一般简单的展示有所谓的两段式和三段式之分。所谓两段式就是从起景逐步过渡到高潮而结束。如一般纪念陵园从入口到纪念碑的程序，便多采用两段式。但是多数园林空间序列具有比较复杂的程序，分为起景、高潮、结尾三个段落。在这个过程中还有多次的转折，由低潮发展为高潮景序，接着又经过转折、分散、收缩以至结束，即序景、起景、发展、转折、高潮、收缩、结景、尾景。

#### 2.循环序列

为了展现现代社会的生活特点，在现代园林设计中，多采用循环序列，以满足分散式旅游功能。以主景区主景物为构图中心，划分多个景区，以多条循环系列展示次要景区，主次结合，分散人流，从而达到较好的观赏效果。

#### 3.专类序列

以专类活动内容为主的专类园林即采用专类序列展示各自特点。如植物园多以植物演化系统组织园景序列，从低等到高等，从裸子植物到被子植物，从单子叶植物到双子叶植物，不少植物园因地制宜创造自然生态群落景观形成其特色。

### （二）园林景观序列的创作手法

人在景观空间中移动，景观空间则相对于人来说是一个流动的空间，一方面表现为人在风景区中步移景异的动态变化，另一方面表现在景色的四季转换。景观序列的动态演变具有一定的章法，或依靠空间的起结开合。或依赖地形连绵起伏，或借天时物候塑造季相变化的动态景观，或人工配置出具有主调、基调、配调的植物景观。这些手法都离不开形式美法则的范围。

#### 1.风景序列的主调、基调、配调和转调

在静态观赏空间的布局中，往往有主景、背景、配景之分，其中主景必须突出，背景从烘托方面来烘托主景，配景则从调和方面来陪衬主景，把一个静态布局反复演进以后，就构成连续序列布局，连续的主景构成了布局的主调，连续的背景构成了布局的基调，连续的配景构成了布局的配调。主调必须突出，基调和配调在布局中也不是可有可无的，不是偶然存在的，必须对主调起到烘托的作用。以植物景观要素为例，作为整体背景或底色的树林可做基调，作为某序列前景和主景的树种为主调，配合主景的植物为配调，处于空间序列转折区的过渡树种为转调，过渡到新的空间序列时，从而产生渐变的观赏效果。

#### 2.风景序列的起结开合

游人在空间中，由小空间进入大空间，或者由大空间进入小空间，开合相间，会给人留下小空间更小、大空间更大的错觉。通过这种开合关系，给人产生动态的节奏感。在园林设计中，这种开合序列通常用在涓涓细流汇入河流、地形的起伏变化以及园中园的建造等。

#### 3.风景序列的断续起伏

这是利用地形地势变化而创造风景序列的手法之一。多用于风景区或郊野公园。一般风景区山水起伏，游程较远，我们将多种景区景点拉开距离，分区段布置，在游步道的引导下，景观序列断续发展，游程起伏高下，从而取得引人入胜、渐入佳境的效果。

4. 园林植物景观序列的季相变化

园林植物四时而变，根据园林植物季相的变化，利用植物个体与群落在不同季节的外形与色彩变化，再配以山石水景、建筑道路等，必将出现绚丽多姿的景观效果和展示序列。如扬州个园内春植青竹，配以石笋；夏种槐树、广玉兰，配太湖石；秋种枫树、梧桐，配以黄石；冬植腊梅、南天竹，配以白色英石，则在咫尺庭院中创造了四时季相景序。一般园林中，常以桃红柳绿表春，浓荫白花主夏，黄叶红果属秋，松竹梅花为冬。在更大的风景区或城市郊区的总风景序列中，更可以创造出春游梅花山、夏渡竹溪湾、秋去红叶谷、冬踏雪莲山的景相布局。

5. 园林建筑群组的动态序列布局

园林建筑在风景园林中占地面积不大，但往往是景区的构图中心，起到画龙点睛的作用。由于使用功能和建筑艺术的需要，对建筑群体组合的本身以及对整个园林中的建筑布置，均应有动态序列的安排。对一个建筑群组而言，应该有入口、门厅、过道、次要建筑、主体建筑的序列安排。对整个风景区而言，从大门入口区到次要景区，最后到主景区，都有必要将不同功能的建筑群体，有计划地排列在景区序列线上，形成一个既有统一的展示层次，又有变化多样的组合形式，以达到应用与造景之间的和谐统一。

## 思考题

1. 形式美的法则是怎样的？什么是园林美？
2. 在园林设计中植物配置应该遵循怎样的原则？
3. 构成园林实体要素的都有哪些？都分别有哪些类型？
4. 园林建筑的主要表现形式有哪些？
5. 举例说明园林水体的设计原则的体现。

# 第七章

# 园林设计各论

## 第一节　道路绿地设计

道路交通绿地是应美化城市道路系统，改善城市空气质量的要求而生成的一种绿地系统。道路交通绿地是以“线”的方式将“点”和“面”的绿地系统联系起来，组成完整的城市园林绿地系统。城市道路交通绿地主要指城市街道绿地、游憩林荫路、街道小游园、交通广场、步行街以及穿过市区的公路、铁路、快速干道的防护绿带。

### 一、道路交通绿地的作用

1.改善环境作用

① 汽车所排放出的废气是城市交通最主要的污染源，随着工业化程度的提高，道路上行驶的汽车越来越多，所排出的废气与日俱增，使得道路的空气质量急剧下降，植物对有毒气体有吸收的作用，而且能够净化空气、减少灰尘。植物沿着道路进行种植，由于道路路程相对较长，所以交通绿地可以有效地改善道路的空气质量。

② 城市环境噪声70%～80%来自城市交通，街道的噪声会给临街居住的居民们带来十分不利的影响，如果有一定宽度的绿化带可以明显降低噪声，营造一个安静舒适的休息环境。

③ 道路绿地还可以调节周围环境的温度、湿度，改善小气候、降低风速、降低日光辐射热等作用。

2.美化环境作用

道路交通绿地是城市绿地系统的重要组成部分，园林植物在形态、色彩、质地等方面独具的自然美，将植物材料通过艺术原理进行配置，形成非常优美的景观。以行道树为例，上海的悬铃木行道树就形成非常美丽的风景。

3.组织交通作用

在道路中间设置绿化分隔带可以减少对向车流之间互相干扰，尤其是夜间，可以有效地防止对面车辆的眩光；在机动车和非机动车之间设置绿化分隔带，有利于解决快车、慢车混合形式的矛盾；植物的绿色在视觉上给人以柔和而安静的感觉，在交叉口布置交通岛，常用树木作为诱导视线的标志，还可以有效地解决交通拥挤与堵塞问题；在车行道和人行道之间建立绿化带，可避免行人横穿马路，保证行人安全，且给行人提供优美的散步环境，也有利于提高车速和通行能力，利于交通。

4.市民休闲场所

道路交通绿地除了行道树、交通岛和各种绿化带以外，还有面积大小不同的街道绿地、城市广场绿地、公共建筑前绿地。这些绿地内经常设有园路、广场、坐凳、小型休息建筑等设施，有些绿地内还设有老人活动区和儿童游乐区等，为市民提供一个很好的休闲场所。

## 二、道路绿地规划设计原则

道路绿地规划设计应统筹考虑道路功能性质、人行车行要求、景观空间构成、立地条件、市政公用及其他设施关系，并要遵循以下原则。

1.与城市的性质、功能相适应

道路的发展与城市发展是紧密相连的。由于道路的性质功能不同，所以在道路绿地规划设计也会有所不同，例如居住区道路，由于与交通干道相比，功能不同，道路尺度也不同，因此其绿地树种在高度、树形、种植方式上也有不同的考虑。城市主次干道是一个城市的名片，也能代表城市的特点，所以在进行道路规划的时候，充分表现出地域特色。

2.道路绿地与交通、各类市政公用设施进行统筹安排

道路绿地设计要符合行车视线要求和行车净空要求。在道路交叉口视距三角形范围内和弯道转弯处的树木不能影响驾驶员视线通透，在弯道外侧的树木沿边缘整齐连续栽植，预告道路线形变化，诱导行车视线。在各种道路的一定宽度和高度范围内的车辆运行空间，树冠和树干不得进入该空间。同时要利用道路绿地的隔离、屏挡、通透等交通组织功能设计绿地。

道路绿地与市政设施要有很好的统筹安排，布置市政公用设施应给树木留有足够的立地条件和生长空间，新栽的树木应避开市政公用设施。各种树木生长需要有一定的地上、地下生存空间，以保证树木的正常发育，发挥其生态和美观作用。

道路附属设施是道路系统的组成部分，如停车场、加油站等，是根据道路网布置的，并依照需求服务于一定范围；而道路照明则按路线、交通枢纽布置，它们对提高道路系统服务起到很重要的作用，另外公众经常使用的厕所、报刊亭、电话亭给予方便合理的位置；人行过街天桥、地下通道入口、电线杆、路灯、各类通风口、垃圾出入口等地上设施和地下管线、地下建筑物及地下沟道等都应相互配合。

3.充分发挥城市道路绿地的生态功能

城市道路系统的空气质量不高，主要源于汽车尾气和尘埃，而园林植物有阻止尘埃、吸收有毒有害气体、降低噪声、降温遮阳，改善空气环境质量的生态功能，所以在道路绿地设计时充分发挥园林植物的生态功能，利用多种设计手法，将其生态效益最大化，例如可以将乔木、灌木、地被植物相结合，构成一个稳定的自然群落。

4.合理选择、配置园林植物，营造优美景观

园林植物不仅只有生态功能，同时它又有很强的观赏性，例如它的色彩、线条、姿态等都具有很高的观赏特性，在绿地设计时应充分利用植物的观赏特性来进行合理有效配置园林植物，营造出一个“三季有花、四季常青”的园林植物景观。另外，每个城市都有它的乡土树种和具有地域特色的园林植物，所以在道路绿化的时候，一方面考虑到美观的功能，另一方面也要考虑到城市的地域特色风光。

## 三、道路绿地断面布置形式

道路绿地断面布置形式与道路横断面的组成密切相关，我国现有道路多采用一块板、两块板、三块板式，相应道路绿地断面也出现了一板两带（图7-1-1)、两板三带（图7-1-1)、三板四带（图7-1-2）以及四板五带（图7-1-2）式。

1.一板两带式绿地

一板两带式绿地是最常见的道路绿地形式，中间是行车道，在车行道两侧的人行道上种植一行或多行行道树，它的优点是：整齐简单，用地经济，管理方便。但当车行道过宽时，行道树的遮阳效果较差，相对单调，又不利于机动车辆与非机动车辆混合行驶时交通管理。多用于城市支路或次要道路。

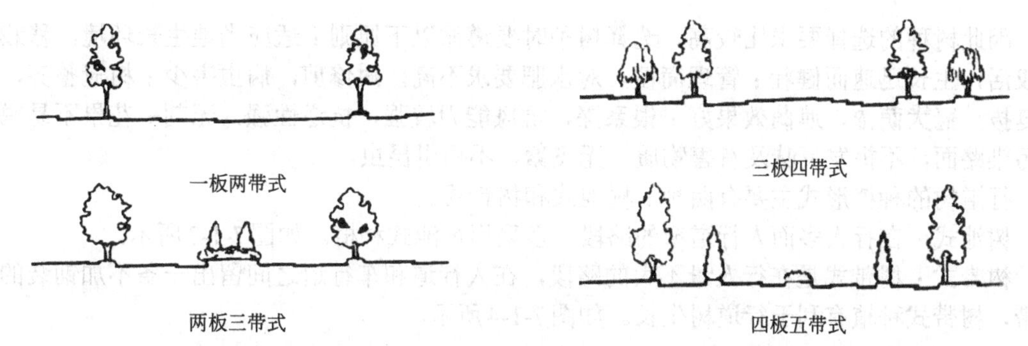


**图7-1-1　一板两带式绿地和两板三带式绿地示意图**　**图7-1-2　三板四带式绿地和四板五带式绿地示意图**

2.两板三带式绿地

两板三带式绿地即分成单向行驶的两条车行道和两条行道树，中间以一条分车绿带分隔，构成二板三带式绿带。这种形式适于宽阔道路，绿带数量较大，生态效益较显著，这种形式多用于高速公路和入城道路。由于各种不同车辆，同向混合行驶，还不能完全解决互相干扰的矛盾。

分车带绿带中可种植乔木，也可以只种植草坪、宿根花卉、花灌木，分车带宽度不宜低于2.5m，以5m以上景观效果为佳。

3.三板四带式绿地

三板四带式绿地是利用两条分车绿带把车行道分成三块，中间为机动车道，两侧为非机动车道，连同车行道两侧的行道树共为四条绿带，故称三板四带式。虽然这种形式的绿地占地面积大，但是城市中很理想的绿地形式，其绿化量大，组织交通方便，安全可靠，解决了各种车辆混合行驶相互干扰的问题。分车带以种植花灌木和绿篱型植物为主，分车带宽度在2.5m以上时可种植乔木。

4.四板五带式绿地

四板五带式绿地是利用三条绿带分隔将行车道分成四条，使机动车和非机动车都分成上、下行而各行其道互不干扰，车速安全都有保障，这种道路形式适于车速较高的城市主干道。

5.其他形式

按道路所处地理位置、环境条件等特点，因地制宜地设置绿带，如山坡道、水道的绿化。

## 四、城市道路绿地设计

道路绿地是指道路红线范围内的带状绿地，包括人行道绿带、分车带绿带、交通岛绿带、交叉口绿带等。

### （一）人行道绿带

人行道绿带是指从车行道边缘至建筑红线之间的绿地，包括人行道和车行道之间的隔离绿地（行道树绿带）以及人行道与建筑之间的缓冲绿地。人行道绿带既起到与嘈杂的车行道的分隔作用，也为行人提供安静、优美、遮荫的环境。

（1）行道树绿带设计　行道树绿带布置在人行道和车行道之间，主要为行人和非机动车提供遮荫的作用，以种植行道树为主。其宽度应根据道路性质、类别和对绿地的功能要求以及立地条件等综合考虑而决定。绿带较宽的情况下，可以考虑乔木、灌木、地被植物相结合的多层次配置结构，防护功能增强，景观效果提高。

行道树树种的选择：行道树的立地条件恶劣，根系生长范围小，空气干燥，地上部分要经受强烈的热辐射、烟尘与有害气体的危害，频繁的机械和人为损伤，地上地下管线的限制等，因此树种的选择要求比较高。选择树种时要遵循以下原则：适应当地生长环境，移栽容易成活，生长迅速而健壮；管理简便，对水肥要求不高，耐修剪，病虫害少；树冠整齐，树干挺拔，冠大荫浓，遮荫效果好；根系深，抗风能力较强，抗逆性强，无刺；花果不易脱落和污染路面，不挥发臭味及有害物质，无飞絮，不招引昆虫。

行道树的种植形式主要有两种：树池式和树带式。

树池式：在行人多而人行道窄的路段，多采用树池式种植。如图7-1-3所示。

树带式：树带式是在行人量不大的路段，在人行道和车行道之间留出一条不加铺装的种植带，树带式种植有利于行道树生长。如图7-1-4所示。

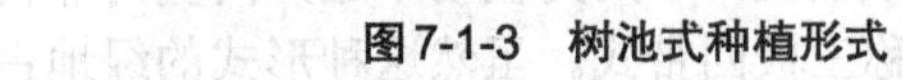

**图7-1-3　树池式种植形式**

**图7-1-4　树带式种植形式**

（2）路侧绿带设计　路侧绿带是街道绿地的重要组成部分，在街道绿地中一般占有较大比例。路侧绿带常见有三种情况：建筑物与道路红线重合，路侧绿带毗邻建筑布设，即形成建筑物的基础绿带；建筑退让红线后留出人行道，路侧绿带位于两条人行道之间；建筑退让红线后在道路红线外侧留出绿地，路侧绿带与道路红线外侧绿地结合。

## （二）分车带绿带

分车带绿带是指车行道之间可以绿化的分隔带。包括快慢车道隔离带和中央分车带，起着疏导交通和安全隔离的作用，目的是将人流与车流分开，机动车辆与非机动车辆分开，保证不同速度的车辆能全速前进、安全行驶。

（1）分车带绿带设计的原则　分车带的宽度差别较大，窄的仅有1m，宽的可达10m以上。目前我国各城市道路中的两侧分车带最小宽度一般不能小于1.5m，通常都在2.5～8m，但在不同的地区及地段均有所变化。在有些情况下，分车带绿带会作为道路拓宽的备用地，同时是铺设地下管线、营建路灯照明设施、公共交通停靠站以及竖立各种交通标志的主要地带。

为了便于行人过街，分车带应进行适当分段，一般以75～100m为宜，并尽可能与人行横道、停车站、大型商店和人流集中的公共建筑出入口相结合。

（2）中央分车带的设计　中央分车带应阻挡相向行驶车辆的眩光。在距相邻机动车道路面高度0.6～1.5m的范围内种植灌木、灌木球、绿篱等枝叶茂密的常绿树，能有效阻挡夜间相向行驶车辆前照灯的眩光，其株距应小于冠幅的5倍。

中央分车带的种植形式有以下几种。

① 绿篱式　将绿带内密植常绿树，经过整形修剪，使其保持一定的高度和形状。如图7-1-5所示。

② 整形式　树木按固定的间隔排列、有整齐划一的美感。但路段过长会给人一种单调的感觉。可采用改变树木种类、树木高度或者株距等方法丰富景观效果。如图7-1-6所示。

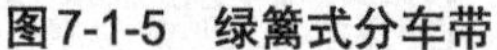

图7-1-5　绿篱式分车带

图7-1-6　整形式分车带

③ 图案式　将树木或绿篱修剪成几何图案，整齐美观，但需经常修剪，养护管理要求高。如图7-1-7所示。

（3）两侧分车带的设计　两侧分车带距交通污染源最近，其绿化所起的滤减烟尘、减弱噪声的效果最好，并且对行人和非机动车有庇护作用。因此，应尽量采取复层混交配置，扩大绿量，提高保护功能。

分车带绿带的植物设计应视绿带的宽度而定，如果宽度大于2.5m时，可采用乔木、灌木、绿篱、草坪和花卉相结合搭配的种植形式，这种形式的景观效果最好。如图7-1-8所示。

图7-1-7　图案式分车带

图7-1-8　两侧分车带

### （三）交通岛绿地

交通岛在城市道路中主要起疏导与指挥交通的作用，是为了回车、控制车流行驶路线、约束车道、限制车速和装饰街道而设置在道路交叉口范围内的岛屿状构造物。

交通岛绿地分为中心岛绿地、安全岛绿地和导向岛绿地。

（1）中心岛绿地　中心岛是设置在交叉口中央，用来组织左转弯车辆交通和分隔对向车流的交通岛，俗称转盘。中心岛一般多用圆形，常规中心岛直径在25m以上。

中心岛外侧汇集了多处路口，为保证清晰的视野，便于绕行车辆的驾驶员准确、快速识别路口，一般不种植高大乔木，忌用常绿乔木或大灌木，以免影响视线；也不布置供行人休息的小游园，以免分散司机的注意力。通常以草坪、花坛为主，或以低矮的常绿灌木组成简单的图案花坛，外围栽种修剪整齐、高度适宜的绿篱。但在面积较大的环岛上，为了增加层次感，会在中心岛中心部分配置零星的乔木。

位于主干道交叉口的中心岛因位置适中，人流量、车流量大，是城市的主要景点，可在其中以雕塑、市标、立体花坛等作为构图中心，其体量、高度都不能遮挡视线。如图7-1-9所示。

（2）安全岛绿地　在宽阔的道路上，由于行人为躲避车辆需要在道路中央稍作停留，这时应当设置安全岛。其安全岛除了为人们提供片刻停留的地方外，还应有一些植物的种植，可种植草坪或结合其他地形进行种植设计。

（3）导向岛绿地　导向岛是用以指引行车方向、约束车道、使车辆减速转弯，保证行车安全的。导向岛景观布置常以草坪、花坛或地被植物为主，不可遮挡驾驶员视线。如图7-1-10所示。

图7-1-9　中心岛绿地

图7-1-10　导向岛绿地

## （四）交叉路口绿地设计

交叉口绿地包括平面交叉口绿地和立体交叉口绿地。

（1）平面交叉口绿地　为了保证行车安全，在进入道路的交叉口时，必须在路的转角空出一定的距离，使司机在这段距离内能看到对面开来的车辆，并有充分的刹车和停车的时间而不致发生撞车。这种从发觉对方汽车立即刹车而刚能够停车的距离，称为“安全视距”。根据两相交道路的两个最短视距，可在交叉口平面图上形成一个三角形，即“视距三角形”。在此三角形内不能有建筑物、构筑物、树木等遮挡司机视线的地面物。在布置植物时其高度不得超过0.7m，或在三角视距之内不布置任何植物。安全视距的大小，随道路允许的行驶速度、道路的坡度、路面质量而定。如图7-1-11所示。

（2）立体交叉口绿地　立体交叉是指两条道路不在一个平面上的交叉。高速公路与城市各级道路交叉时，快速路与快速路交叉时必须采用立体交叉。立体交叉使两条道路上的车流可各自保持其原来的车速前进，互不干扰，是保证行车快速、安全的措施。

立体交叉绿地包括绿岛和立体交叉外围绿地。其设计应服从于道路的总体规划要求，和整个道路的绿地相协调；要与周围的建筑、广场等植物景观相结合，形成一个整体。绿地设计应以植物为主，发挥植物的生态效益。为了适应司机和乘客的瞬间观景要求，适合采用大色块的花坛设计，并且要求简洁明快，与立交桥的宏伟气势相协调。绿地在进行植物设计的时候，应注意体现其季相特征，尽量做到常绿树与落叶树相结合，乔木、灌木、草本相结合。如图7-1-12所示。

图7-1-11　平面交叉口绿地

图7-1-12　立体交叉绿地

## 五、高速公路绿地设计

高速公路是一个国家交通文明水平的标志之一。高速公路路面质量较高，车速一般为80～120km/h。因此高速公路上车辆快速行驶，形成了线性连续流畅的开敞性空间，其空间的景观构成应以汽车行驶速度为前提，从司机和乘客的角度考虑植物的配置方式。

与一般道路相比，高速公路的植物景观具有非常显著的特点，突出表现在中央隔离带的防眩设计、路侧防噪设计、立交围合地的视线引导安全设计以及边坡边沟的绿化设计等。在高速公路上行驶，由于速度快，司机的注视点远，视野狭小，对沿途景观的感知比较模糊，因此高速公路的沿途景观必须采用“大尺度”，并需注意视觉比例的协调。不能以传统的片植为主，而要多用片植的形式，形成较大的色块或线条，才能达到良好的视觉效果。

### 1.中央隔离带绿地的设计

中央隔离带一般宽1.5m以上，有的可达5～10m，主要目的是有效控制汽车分向、分道行驶，防止来往车辆互相撞车和防眩，避免会车时灯光对人眼的刺激，同时可以缓解司机紧张的心理，增强安全性。

中央隔离带绿化大多采用整形结构，简单重复形成节奏韵律，并控制适当高度，以遮挡对面车灯光，保证良好的行车视线。如图7-1-13所示。

中央隔离带绿化一般采用树篱式、球串式和图案式的形式来进行绿化。

### 2.边坡绿地的设计

边坡是高速公路的重要组成部分，对边坡进行绿地设计的主要目的是美化、保护路基和路肩、防止雨水冲刷、防止山体滑坡等，所以在植物选择上要选择根系较深、固土能力强的植物。边坡设计多选用草坪来进行水土保持，在草种的选择上，除了要考虑到适应当地气候、土壤条件外，还应该考虑以下几点：根系发达、生长快速、抗逆性强、管理粗放。

但高速公路要在每隔50～100km设置休息站，供司机和乘客休息。休息站包括减速车道、加速车道、停车场、加油站、餐厅、小卖部、厕所等服务设施，要结合这些设施进行绿地设计。停车场可进行绿化设计，种植具有遮荫的乔木，以防止车辆暴晒。休息区中可以利用草坪、花坛、树坛来进行美化装点。如图7-1-14所示。

**图7-1-13　中央隔离带绿化**

**图7-1-14　边坡绿化**

# 第二节　城市广场设计

城市广场是城市建设的重要组成部分，它反映这个城市的历史、文化。城市广场一般都有明确的主题、功能，是大众群体聚会的场所，也是现代都市人户外活动的重要场所。

## 一、城市广场的界定

《中国大百科全书》中，将广场定义为："由城市中建筑、道路或绿化地带围绕而成的开敞空间，是城市公共社区的中心。广场又是集中反映城市历史文化及艺术的建筑空间。"

作为一个城市广场应具备的条件如下。

① 清晰的边界轮廓。主要通过建筑或构成要素，使广场具有明确的"轮廓"。

② 空间领域的明确性。

③ 既与周边空间相通达，又具有独立的空间形态。

④ 与周围城市环境的相互协调。

## 二、广场的设计与原则

### 1.广场设计的原则

① 广场设计应遵循城市整体发展的规划需要，其布局与功能应与总体的环境相适应。

② 广场的布局应本着以人的需求为出发点，在空间尺度的处理上符合人的活动需要。

③ 植物的配置要体现艺术性和科学性。

④ 设计要富有个性，充分体现不同类型广场的特点与历史、文化等内容。

### 2.广场的设计

广场的三要素　形象、功能、环境是构成广场的三要素。

（1）形象　可以理解为广场的特色，它反映出一个地域或城市的风俗、文化积淀及大众审美取向等。

（2）功能　是指广场的合理使用性。广场仅有美的视觉感官要素是不够的，还要满足人们在行为活动上的需要。广场设计必须考虑到人流状况、交通流量和容量，同时还要考虑到周边环境情况，只有这样才能对公众产生亲和力与吸引力。广场的功能主要体现在：具有大型集会功能，构建具有自然美感的环境，点缀城市景观，为公众提供休闲、散步、交流的空间场所。

（3）环境　是指广场的自然与人工的景观。与功能相比，环境营造是显而易见的。环境的好坏直接影响到对公众的吸引力和景观的构建。广场环境的构建主要包括植物要素、公共艺术小品、水体等。植物要素是广场设计的一个重要要素，它体现大自然四季景观变化的美；公共艺术小品是城市不可缺少的造景要素之一，既有纯粹的艺术作品，又有一些经过艺术化的实用性物品，公共艺术的设置应结合广场所处的位置，环境等因素进行创作；水体是广场设计中比较常见的要素，由于水体的形式多样，所以营造出来的景观也是各有特色。

## 三、城市广场的类型

城市广场根据其功能可以分为市政广场、纪念广场、集散广场、休闲广场、文化广场等。

### 1.市政广场

市政广场一般位于城市的中心位置，通常是城市行政区中心，是一个城市的象征。广场的布局大多以规则式的轴线设计，并在其轴线位置上设置标志性建筑物（雕塑），用来加强广场稳重、严整的气氛。市政广场一般占地面积较大，人流量较大，所以应该具有很好的流通性和可达性。为了给人们提供一个自由活动的空间，又要作为城市主要庆典的集会场所，其构成形式有两大类：一是以硬质铺装为主体的形式，二是以绿化为主体的形式。如图7-2-1所示。

图7-2-1　市政广场

2. 纪念广场

图7-2-2　纪念广场

城市的纪念广场题材广泛，可以是纪念某个人物或某个事件，通常以纪念雕塑、纪念碑、纪念建筑或其他形式纪念物为主体标志物，主体标志物应位于整个广场构图的中心位置。考虑到广场会举行纪念性的活动，通常广场在设计时也要考虑到便于人群集散的特点，通常以硬质铺装作为主要的地面铺设材料，同时整个广场也要有轴线设计，周围的环境设计也要遵循规则式的形式。如图7-2-2所示。

3. 交通集散广场

交通集散广场的主要目的是有效地组织城市交通，包括人流、车流等，是城市交通体系中的有机组成部分。它连接交通的枢纽，起交通集散、联系过渡及停车的作用，植物景观只是点缀。交通广场通常分为两类：一类是站前交通广场，主要是城市内外交通汇合处，主要起交通转换作用，例如火车站、汽车站前的广场；另一类是环岛交通广场，主要是城市干道交叉口处交通广场。

站前交通广场是城市对外交通或者是城市区域间的交通转换地，设计时广场的规模与转换交通量有关，包括机动车、非机动车、人流量等，广场要有足够的行车面积、停车面积和行人场地。对外交通的站前交通广场往往是一个城市的入口，其位置一般比较重要，并且可能是一个城市或区域的轴线端点。广场的空间形态应尽量与周围环境协调，体现城市风貌。植物景观应能疏导车辆和行人有序通行，保证交通安全。大多数站前广场以花台、树池的形式点缀，以强调铺装地面的功能。如图7-2-3所示。

环岛交通广场是城市干道交叉口处的交通广场，地处道路交汇处，尤其是四条以上的道路交汇处，以圆形居多，三条道路交汇处常常呈三角形。环岛交通广场的位置是城市景观、城市风貌的重要组成部分，形成城市道路的对景。一般以绿化为主，但要充分考虑到人流和车流的出行方便和它的动态欣赏，同时广场还设有具有地标性特征的雕塑或喷泉等。如图7-2-4所示。

图7-2-3　站前交通广场

图7-2-4　环岛交通广场

4. 休闲广场

现代社会中，越来越多的休闲广场出现在城市中，它为广大市民提供休息、娱乐、游玩的空间场所，其位置多选在人口较密集的地方，以便市民使用，如街道旁、市中心区、商业区或居住区内，休闲广场的布局极为灵活，可大可小，主要根据现状环境来考虑。广场尺度、空间形态、环境小品、休闲设施都应符合人的行为规律和人体尺度要求。如图7-2-5所示。

5.文化广场

文化广场是为了展示城市深厚的文化积淀和悠久历史，经过深入挖掘整理，从而以多种形式在广场上集中地表现出来。因此，文化广场应该有非常明确的主题思想。文化广场是城市的室外文化展览馆，一个好的文化广场应让人们在休闲中了解该城市的文化渊源，从而达到热爱城市、激发上进精神的目的。

文化广场的选址没有固定的模式，一般选在交通比较方便，人口相对密集的地段，还可考虑与集中公共绿地相结合，甚至可以结合旧城改造进行选址。其规划设计不像纪念广场那样严谨，不一定需要有明显的中轴线，可以完全根据场地环境、表现内容和城市布局等因素进行灵活设计。如图7-2-6所示。

图7-2-5　休闲广场

图7-2-6　文化广场

6.商业广场

商业广场是为商业活动提供综合服务的功能场所。商业功能是城市广场最古老的功能，商业广场也是城市广场最古老的类型。商业广场的形态空间和规划布局没有固定的模式可言，它是根据城市道路、人流、物流、建筑环境等因素进行设计的。但是商业广场必须与其环境相融、与功能相符，合理组织交通，同时应充分考虑人们购物休闲的需要。在适当的场所，为人们提供休息的区域。如图7-2-7所示。

图7-2-7　商业广场

## 四、广场植物造景要素的处理

（1）市政广场的植物配置　以简洁为主，多采用针叶树种与阔叶树种的搭配种植。在广场的主空间，植物要保证不会对视线有阻挡；在广场的入口处，应选择色彩鲜艳，观赏效果好的植物，对人的视觉有一定的引导性。如图7-2-8所示。

（2）纪念性广场的植物配置　应营造庄

严、肃穆的环境氛围。植物以规则式栽植为主；树种以常绿为主，阔叶树为辅。如图7-2-9所示。

图7-2-8　市政广场的植物配置

图7-2-9　纪念性广场的植物配置

（3）休闲广场的植物配置　休闲广场是以娱乐、游玩为主的空间，其植物的栽植几乎没有任何特定的要求，在配置形式上可谓丰富多彩，植物的组合通常以落叶乔木、灌木为主，同时要对植物的季相变化加以考虑，丰富广场的色彩，创造一个相对安宁、富有自然气息的空间。如图7-2-10所示。

（4）商业广场的植物配置　商业广场是一个以功能为主的活动空间，其植物的配置以简洁为主。为了保证视线的通透性，植物以花草为主，注重植物的色彩运用，以配合五彩缤纷的商业环境。如图7-2-11所示。

图7-2-10　休闲广场的植物配置

图7-2-11　商业广场的植物配置

## 第三节　居住区绿地设计

居住区绿地是城市绿地系统的一部分，它在城市的绿化中起到非常重要的作用。居住区绿化水平直接影响到居民的日常生活，好的绿地可以调节气候、净化空气、美化环境，为居民提供舒适的空间。居住区绿地的设计直接反映城市的建设水平。

### 一、城市居住区的界定

城市居住区是城市居民日常生活和居住的一个区域空间，既可泛指不同规模的生活聚居地，也可指被城市道路围合的独立生活区域。

## 二、居住区绿化的作用

居住区绿化以植物为主体，植物具有吸收噪声、保护居住区环境等方面的作用，同时还具有降温增湿、改善小气候的作用。

婀娜多姿的植物，丰富多样的植物配置，同时还有建筑、水体的搭配可以营造一个非常惬意的居住环境；同时植物材料还有分隔空间，增加层次，弱化了生硬的建筑群线条。同时，还可以遮蔽丑陋不雅之物。

在良好的居住环境中，组织、吸引居民户外活动，使老人、少年、儿童各得其所，能在就近的绿地中游憩、玩耍、观赏或进行社交活动，有利于人们身心健康，增进居民间的相互了解，和谐相处。

居住区绿化中植物材料的选择既要有较高的观赏特性，同时又有一定的实用性，使绿化、美化、经济三者结合起来，取得良好的效益。

## 三、居住区设计的基本要求

居住区绿化应以植物造景为主进行布局，充分发挥绿地的卫生防护功能。为了居民的休息和景观等的需要，可适当布置园林小品，其风格及手法宜朴素、简洁、统一、大方。

为了达到良好的居住区绿化效果，在环境设计时应注意相应的基本要求。

（1）实用性　居住区绿化的目的是为本小区居民提供一个休息、游憩、活动、社交的空间，需要很强的功能性，所以在居住区绿地建设时一定注重其实用性。

（2）经济性　居住区绿地设计施工需要一定的资金，所以在设计和施工时，要注意成本的开支，可用于后续的养护管理在整个居住区管理中更大的一部分开支，所以植物材料的选择尽量选择乡土树种或驯化多年能够正常的植物材料用于设计中，可以大大节约居住区后期养护管理的费用。

（3）开放性　为了满足人们亲近自然的要求，将封闭的绿地开放，使人们有机会亲近自然，让人们放松，仿佛回归自然。

（4）多样性　居住区绿化强调的就是植物的选择和配置，所以在居住区绿化时，尽量将乔木、灌木、草本、地被、花卉合理的组合起来，形成一个稳定的群落，这样既可以有明显的季相特征，又形成非常好的有层次的群落。

## 四、居住区绿地的类型

居住区绿地的主要类型有居住区公共绿地、宅旁绿地、居住区道路绿地及公建设施绿地等。

（1）居住区公共绿地　为全区居民公共使用的绿地，其位置适中，并靠近小区主路，适于各年龄组的居民使用，其服务半径以不超过300 m为宜；具体应根据居住区不同的规划组织结构类型，设置相应的中心公共绿地，根据中心公共绿地大小不同，又分为居住区公园、小游园、居住生活单元组团绿地以及儿童游戏场和其他块状、带状公共绿地等。居住区公共绿地集中反映了小区绿地质量水平，一般要求有较高的规划设计水平和一定的艺术效果。如图7-3-1所示。

（2）宅旁绿地　也称宅间绿地，是最基本的绿地类型，多指在行列式建筑前后两排住宅之间的绿地，其大小和宽度决定于楼间距，一般包括宅前、宅后以及建筑物本身的绿化，它只供本幢居民使用。它是居住区绿地内总面积最大、居民最经常使用的一种绿地形式，尤其是对学龄前儿童和老人。如图7-3-2所示。

图7-3-1　居住区公共绿地

图7-3-2　宅旁绿地

（3）居住区道路绿地　居住区道路绿地是居民区道路红线以内的绿地，靠近城市干道，具有遮荫、防护、丰富道路景观等功能，可根据道路的分级、地形、交通情况等进行布置。如图7-3-3所示。

（4）公建设施绿地　各类公共建筑和公共设施四周的绿地称为公建设施绿地。例如：商店、棋牌室、物业管理中心等周围的绿地，还有其他块状观赏绿地等。其绿化布置要满足公共建筑和公共设施的功能要求，并考虑与周围环境的关系。如图7-3-4所示。

图7-3-3　居住区道路绿地

图7-3-4　公建设施绿地

## 五、居住区绿地指标

居住区绿地是城市园林绿地系统的一部分，其指标也是城市绿化指标的一部分。因此，居住区绿地指标也反映了城市绿化水平。随着城市建设的发展，绿化事业逐渐受到重视。居住区绿地也相应受到关注，绿地指标也不断在提高。我国衡量居住区绿地的指标有以下几点。

居住区绿地面积——居住小区公共绿地面积和住宅组团绿地面积，以公顷（$hm^2$）为单位。

居住区人均绿地面积——居住区每个居民平均拥有的绿地面积，以米$^2$/人（$m^2$/人）为单位。

居住区公共绿地率——居住区公共绿地占居住区总用地面积的百分比。

根据我国有关规定："居住区内公共绿地的总指标，应根据居住人口规模分别达到：组团不少于0.5$m^2$/人，小区（含组团）不少于1$m^2$/人，居住区（含小区与组团）不少于1.5$m^2$/人，并应根据居住区规划组织结构类型统一安排、灵活使用。旧区改造可酌情降低，但不得低于相应指标的50%。”

根据我国一些城市的居住区规划建设实际，居住区公园用地在10000m²以上就可建成具有较明确的功能划分、较完善的游憩设施和容纳相应规模的出游人数的公共绿地；用地4000m²以上的小游园，可以满足有一定的功能划分、一定的游憩活动设施和容纳相应的出游人数的基本要求；所以居住区公园的面积一般不小于1hm²，小区级小游园不小于0.4hm²。

我国各地居住区绿地由于条件不同，差别也较大。一些发达国家居住区绿地指标较高，一般在人均3m²以上，公共绿地率在30%左右。

## 六、居住区绿地规划设计

### （一）居住区绿地规划布局的原则

① 居住区绿地规划应在居住区总体规则阶段同时进行、统一规划，绿地均匀分布在居住区域小区内部，使绿地指标、功能得到平衡，居民使用方便。如果居住区规模大或离城市公园绿地比较远，就应规划布置较大面积的公共绿地，再与各组群的小块公共绿地、宅旁绿地相结合，形成以中心绿地为中心，道路绿地为网络，宅旁绿化为基础的点、线、面绿地系统，使居住区绿地能妥善地与周围城市园林绿地衔接，尤其与城市道路绿地衔接，使小区绿地融于城市绿地中。

② 要充分利用原有的自然条件，因地制宜，充分利用地形、原有树木、建筑，以节约用地和资金。尽量利用劣地、坡地、洼地以及水面作为绿化用地，并且要特别对古树名木加以保护和利用。

③ 居住区绿化应以植物造景为主进行布局，并利用植物组织和分隔空间，改善环境卫生与气候；利用绿色植物塑造绿色空间的内在气质，风格以亲切、平和、开朗，各居住区绿地也应突出自身特色，各具特色。

④ 居住区绿地建设应以宅旁绿地为基础，以小区公园（游园）为核心，以道路绿化为网络，使小区绿地自成系统，并与城区绿地系统相协调。

⑤ 居住区内各组团绿地既要保持风格的统一，但在立意、布局方式、植物选择上力求多样性，使得整个居住区绿化统一中又有变化。

⑥ 居住区内尽量设置集中绿地，为居民提供绿地面积相对集中、较开敞的游憩空间和一个相互沟通、交流的活动场所。

⑦ 充分运用垂直绿化，屋顶花园，墙面绿化多种形式，增加绿地面积，提高空气质量，改善居住环境。

图7-3-5 居住区公园

### （二）居住区绿地的规则设计

在居住区绿地系统中，由中心公园或花园、小游园及组团绿地形成三级公共绿地。

#### 1.居住区公园

居住区公园是为整个居民区服务的。居住区公园是比较大的，它与城市公园比较相似，有明确的功能分区和景区，设施比较齐全，内容比较丰富，有一定的地形设计、水体运用，还有一定比例的建筑、活动场地、园林小品、活动设施。在各个功能区设计的时候都是很有讲究的，比如体育运动区，要相应地设置多一些休息座椅，多栽植一些生长健壮、冠大荫浓的树种为运动的人提供乘凉的场所。如图7-3-5所示。

居住区公园的服务对象是居住区的居民，所以服务半径不宜超过800～1000m。便于居民步行十分钟左右即可到达。居住区公园最好与公共建筑、服务中心相结合布置，比如说，棋牌室、游泳馆等，形成居住区公共活动中心。这种布置形式可提高公园与服务设施的使用率。

居住区公园布置紧凑，各功能分区或景区间的节奏变化快，与城市公园相比，游人主要是本居住区的居民，并且游园时间比较集中，多在早晚，夏季的晚上更是游园的高峰，因此，公园的照明设备、灯具造型要独具匠心，成为居住区公园的特色。

居住区公园的设施要齐全，要满足不同年龄段、不同类型居民的需要，最好要拥有体育活动场所、适应各年龄段人群的游戏场、茶室、棋牌室、亭廊、雕塑等活动设施和丰富的四季景观的植物配置。植物配置应选用夏季遮阳效果好的落叶大乔木，结合活动设施布置疏林地。可用常绿绿篱分隔空间和绿地外围，并成行种植大乔木以减弱喧闹声对周围住户的影响。绿化树种避免选择带刺或带毒的、有味的树木，应以落叶乔木为主，配以少量的观赏花木、草坪、草花等。在大树下加以铺装，设置石凳、桌、椅及儿童活动设施，以利老人休息或看管小孩。总体来说，居住区公园的主要服务对象还是老人和儿童，所以在规划设计时，更多考虑到老人和儿童的使用状况。

2.小游园

小游园面积相对较小，功能也较简单，均匀分布在居住区各组群之中；为方便居民使用，减少服务半径的距离，它常常规划在居住区中心地段，也可在小区一侧沿街布置以形成防护隔离带，美化街景，方便居民及游人休息，同时可减少道路上的噪声及尘土对住户的影响。当小游园贯穿小区时，如绿色长廊一样形成一条景观带，使整个小区的风景更为丰满。小游园的面积大小适宜，其服务半径在400～500m，以方便居民使用。如图7-3-6所示。

小游园平面布置形式原则上分为规则式、自然式和混合式。

（1）规则式　也称几何式、整形式。具有庄严、雄伟的效果，但在面积较大的区域利用这种形式未免会有些单调，缺乏活泼之感。如图7-3-7所示。

**图7-3-6　小游园**

**图7-3-7　规则式小游园**

（2）自然式　又称风景式、自由式。以模仿自然为主，不要求严整对称。居住区公共绿地普遍采用自然式布置形式，采用曲折流畅的弧线形道路，有时结合地形起伏变化。这种形式较易表现我国传统的造园艺术和手法，在有限的面积中取得理想的景观效果。植物配置也模仿自然群落，与建筑、山石、水体融为一体，体现自然美。如图7-3-8所示。

（3）混合式　在绿地规划设计中，根据居住区功能要求，以规则式、自然式兼用的形式，布局灵活，能表现不同的空间艺术效果。如图7-3-9所示。

图7-3-8　自然式小游园

图7-3-9　混合式小游园

3.组团绿地

组团绿地是结合居住建筑组团的不同组合而形成的一级公共绿地，是随着组团的布置方式和布局手法的变化，其大小、位置和形状相应变化的绿地。面积不大，靠近住宅，供居民尤其是老人与儿童使用方便。

（1）位置

① 周边式住宅中间　这种组团绿地有封闭感。由于将楼与楼之间的庭院绿地集中组成，因此在相同的建筑密度时，这种形式可以获得较大面积的绿地。有利于居民从窗内看管在绿地玩耍的儿童。如图7-3-10所示。

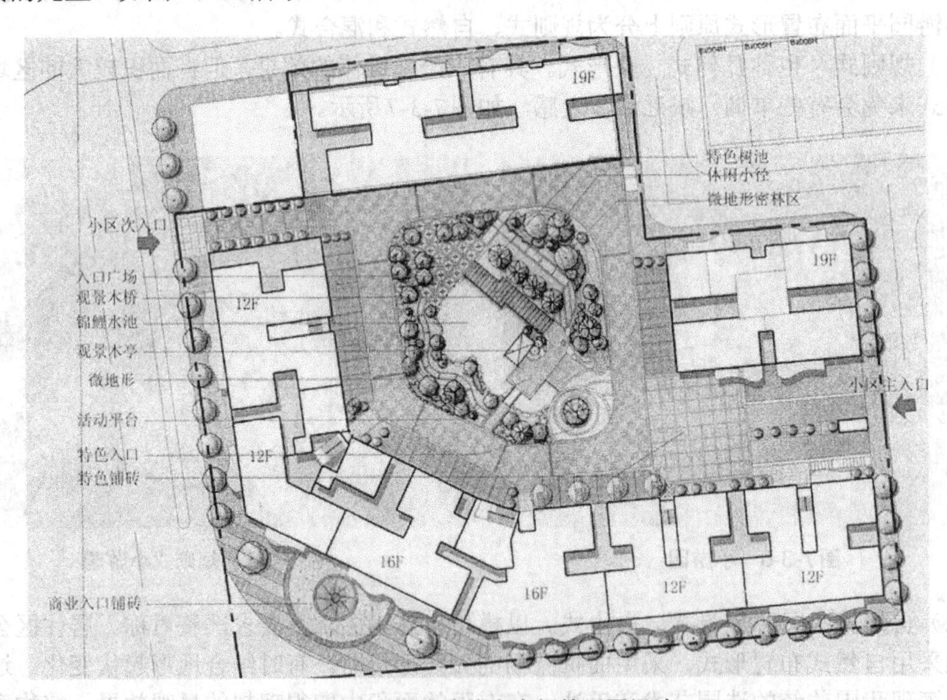


图7-3-10　周边式住宅中间的组团绿地

② 行列式住宅山墙之间　行列式布置的住宅对居民干扰小，但空间缺乏变化，比较单调。适当增加山墙之间的距离并开辟为绿地，可为居民提供一块阳光充足的半公共空间，打

破行列式布置的山墙间所形成的狭长胡同的感觉。这种组团绿地的空间与前后庭院绿地空间相互渗透，富于变化。如图7-3-11所示。

③ 扩大住宅建筑的间距　在行列式布置的住宅之间，适当扩大间距达到与原间距的1.5～2倍，即可以在扩大的间距中开辟组团绿地。如图7-3-12所示。

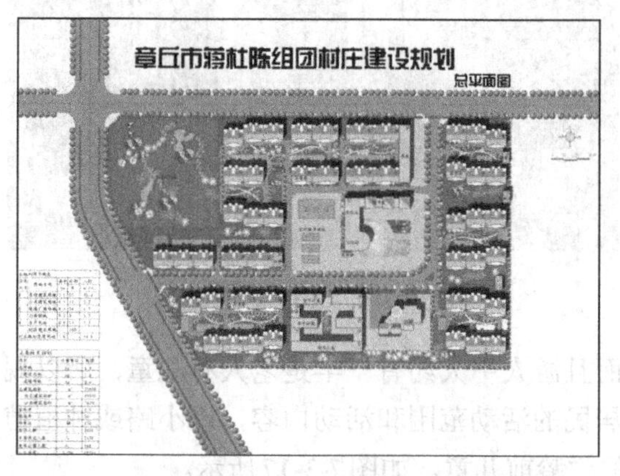


图7-3-11　行列式住宅山墙之间的组团绿地

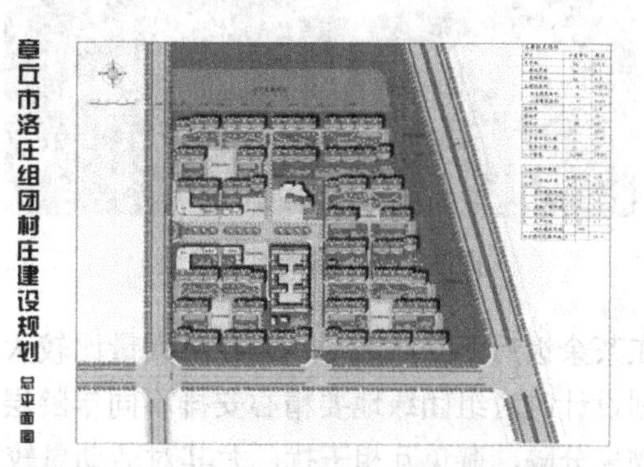


图7-3-12　扩大住宅建筑间距的组团绿地

④ 住宅组团的一角　组团内利用地形不规则的场地及不宜建造住宅的空间布置绿地，可充分利用土地，避免出现消极空间。如图7-3-13所示。

⑤ 两个组团之间　在组团内用地有限时，为争取较大的绿地面积，有利于布置活动设施与场地，常采用这种布置办法。如图7-3-14所示。

图7-3-13　住宅组团的一角的组团绿地

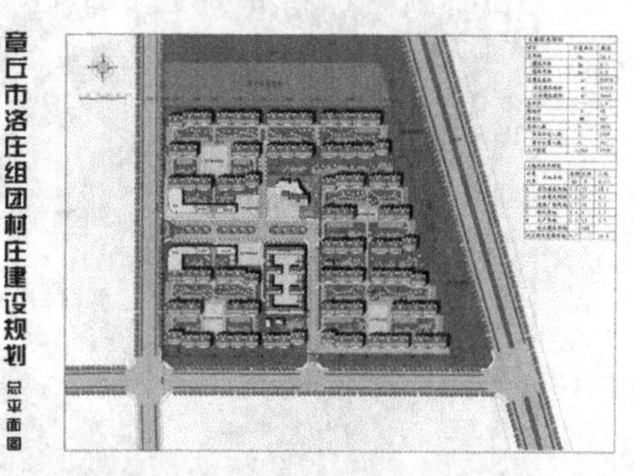


图7-3-14　两个组团间的组团绿地

⑥ 临街组团绿地　由于临街布置绿地，既可为居民使用，也可向市民开放；既是组团的绿化空间，也是城市空间的组成部分，与建筑产生高低、虚实的对比，构成借景。如图7-3-15所示。

⑦ 立体式组团绿地　随着住宅建筑的多式样，组团构成形式也不断丰富，类型逐渐打破兵营式的布置形式。在建筑的平面上逐渐多样化，如采取立体式布置组团，点式住宅周边式布置，把分散的宅间小空间集合成大空间，并用于绿化，组成了大片绿地，使居住环境形式新颖。如图7-3-16所示。

（2）规划设计　组团绿地供本组团居民集体使用，成为组团内居民提供室外活动、邻里交往、儿童游戏、老人聚集等良好的室外条件。用地规模为40～200$m^2$，服务半径为100～250m，居民步行几分钟即可到达。组团绿地离居民居住环境较近，便于使用，居民

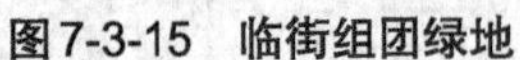
图7-3-15　临街组团绿地

图7-3-16　立体式组团绿地

在茶余饭后即来此活动，因此游人量比较大，而且游人中大约有一半是老人和儿童，所以规划设计时对组团绿地要精心安排不同年龄层次居民的活动范围和活动内容，以小路或种植植物来分隔，避免互相干扰，尤其对活动量较大的学龄前儿童。如图7-3-17所示。

（3）布置形式　住宅组团绿地的形式受居住区建筑布局的影响较大，组团绿地实际是宅间绿地的扩大或延伸，多为建筑所包围的环境空间。布置形式有开放式、封闭式和半开放式。

① 开放式　也称开敞式，居民可以自由进入绿地内休息活动，不用分隔物，其实用性较强，是组团绿地中采用较多的形式。如图7-3-18所示。

图7-3-17　组团绿地

图7-3-18　开放式组团绿地

② 封闭式　绿地被绿篱、栏杆隔离，其中主要以草坪、模纹花坛为主，不设活动场地，具有一定的观赏性，但居民不可入内活动和游憩，便于养护管理，但实用性较差。如图7-3-19所示。

③ 半开放式　绿地以绿篱或栏杆与周围有分隔，但留有若干出入口，居民可出入于内，但绿地中活动场地设置较少，而禁止人们入内的装饰性地带较多，常在紧邻城市干道，为追求街景效果时使用。如图7-3-20所示。

组团绿地的布置还要注意两个方面：第一，出入口的位置、道路、广场的布置要与绿地周围的道路系统及人流方向结合起来；第二，绿地内要有足够的铺装地面，以方便居民休息活动，也利于卫生的清洁，一般绿地覆盖率和游人活动面积率要相差不多。

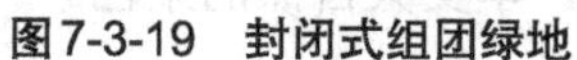

图7-3-19　封闭式组团绿地

图7-3-20　半开放式组团绿地

4.宅旁绿地

宅旁绿地包括宅前、宅后、住宅之间及建筑本身的绿化用地。住宅庭院绿地紧密结合住宅建筑的规划布局、住宅类型、层数、间距及建筑的组合形式等因素综合考虑。如图7-3-21所示。

图7-3-21　宅旁绿地

宅旁绿地是居住区绿地中的重要部分，属于居住建筑用地的一部分。在居住小区总用地中，宅旁绿地面积约占35%左右，其面积不计入居住小区公共绿地指标中，在居住小区用地平衡表中只反映公共绿地的面积与百分比。一般来说，宅旁绿地面积比小区公共绿地面积指标大2～3倍，人均绿地可达4～6m$^2$。

我国居住区宅旁绿地反映了居民的爱好以及当地的人文历史，不同时期出现了不同的绿化类型，大致可分为以下几种类型。

① 树林型　以高大的树木为主形成树林。在管理上简单、粗放，大多为开放性绿地，居民可在树下活动。树林型对住宅环境调节小气候的作用十分明显。如图7-3-22所示。

② 花园型　宅间以篱笆或栏杆围成，布置花草树木和园林设施，色彩层次较为丰富。

③ 草坪型　以草坪为主，在草坪边缘种植乔木和和花灌木、草花之类。这种形式多用于高级独院式住宅。

④ 庭院型　在绿化的基础上，适当设置园林小品，如花架、山石等。如图7-3-23所示。

图7-3-22　树林型宅旁绿地

图7-3-23　庭院型宅旁绿地

⑤ 园艺型　根据居民的爱好，在庭院绿地中种植果树、蔬菜，一方面绿化，另一方面又可以进行生产，尽享田园乐趣。

宅旁绿化布置的原则如下：

① 以绿化为主　保持居住环境的安静，可通过种植绿篱或乔灌木等方式，另外由于宅旁绿化周围建筑物密集而造成的背阴部位较多，要选择种植耐荫植物，以达到绿化效果。

② 美观、舒适　绿化设计要注意庭院的空间尺度，选择适合的树种，其形态、大小、色彩等与庭院的大小及风格相协调，形成完整的绿化空间。

③ 内外绿化结合　宅旁绿化是住宅室内外和庭院内外自然环境与居民紧密联系的重要部分，室内外与院内外绿化的结合使居民生活在绿色空间，享受大自然的景色。

5. 居住区道路绿化

道路绿化如同绿色的网络，将居住区各类绿化用地联系起来，是居民日常生活的必经之地，对居住区的绿化面貌有着极大的影响。道路绿化要有利于居住区的通风，改善小气候，减少交通噪声，保护路面和美化街景，以少量的用地，增加居住区的绿化覆盖面积。树种的选择、树木配置的方式应不同于城市道路，形成不同于市区街道的气氛，使乔木、灌木、绿篱、草地、花卉相结合，显得更为生动活泼。如图7-3-24和图7-3-25所示。

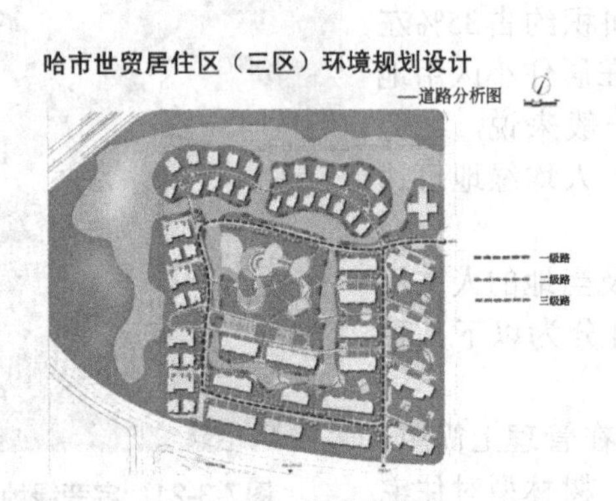


图7-3-24　道路分析图

图7-3-25　居住区园路绿化设计

图7-3-26　居住区幼儿园的绿化

6. 公建设施绿化

各种公建设施的专用绿地要符合不同功能的要求，并和整个居住区的绿地综合起来考虑，使之成为有机的整体。

如托儿所、幼儿园的绿化。托儿所、幼儿园是对3～6岁的学龄前儿童进行教育的场所，因而周围的绿化要针对幼儿的特点进行。如图7-3-26所示。

托儿所等地的植物选择宜多样化，多种植观赏价值高的植物、少病虫害、色彩鲜艳、季相变化明显的植物，使环境丰富多彩，气氛活泼。同时有助于儿童接近自然、了解自然。在儿童活动的范围内，不宜种植多飞絮、多刺、有毒、有刺激性气味、容易引起过敏的植物，例如悬铃木、紫丁香、暴马丁香等。

## 第四节　庭院绿地设计

庭院绿地是一个高品质居住环境的象征，它具有多重功能和意义，所有的设计都要估计到住宅中每个成员的要求。由于近来大型公寓住宅，硬质铺装的增加，人们对自然的渴望更加强烈，即使小小的空间，也要充分加以绿化和美化。因而庭院绿化是我们生活环境中必不可少的。

### 一、住宅庭院

住宅庭院，又称为家庭庭院或私人庭院。其意义为利用住宅空地，加以有计划地布置，栽种各种观赏性植物及其他装饰、休闲、娱乐设施。现代住宅庭院的意义，因生活方式的改变，已成为生活的一部分，它也是住所的延续，是户外活动的起居室，不但美化了环境，而且还有一定的实用性。

1.住宅庭院的设计原则

家庭庭院的设计对象为家庭，设计者应依家庭的大小、工作性质和兴趣爱好进行设计，要求经济、便利、且具有趣味的性质，妥善设计，若设计住宅庭院应遵循以下原则。

① 配合家庭生活格调，发挥家庭特色。庭院的风格与家庭生活格调一致，才能使其有整体感，而不致有突兀的感觉，并尽可能地发挥家庭特色。

② 根据家庭成员的职业、爱好、趣味进行设计。既然要设计融入生活的庭院，就需要征求家庭成员的希望与意见，并能配合其职业与需求。

③ 除了装饰美化外，还需注意其实用性。追求家庭庭院之美，不但使自己家人赏心悦目，也令观赏者赞叹。

④ 维护管理容易，且费用尽量减少。在庭院设计过程中，所选用的植物及设施物，应强调其维护的容易性与耐久性。

⑤ 采用最经济、最便利、最合理的设计和施工。如前所述，不但在植物及建材的选用上应强调其经济性，此外在施工工期与施工方式上，也应拟妥计划，不致因为拖延工期造成多余的开支。

⑥ 配合现有土地使用状况及自然状况来设计。配合现有土地的使用及自然状况来设计，是一种对环境的尊重。

2.住宅庭院绿地设计类型

（1）规则式庭院　特点是笔直、对称和平衡。修剪整齐的绿篱和灌木非常适合这类庭院。如图7-4-1所示。

（2）混合式庭院　大部分庭院具有规则式庭院的特点，又具有不规则式庭院的特点，称为混合式庭院。如图7-4-2所示。

（3）自然式庭院　柔和的曲线和不规则的花坛是不规则式庭院的典型特征。适用于不规则的场地和不平坦的坡地。如图7-4-3所示。

图7-4-1　规则式庭院

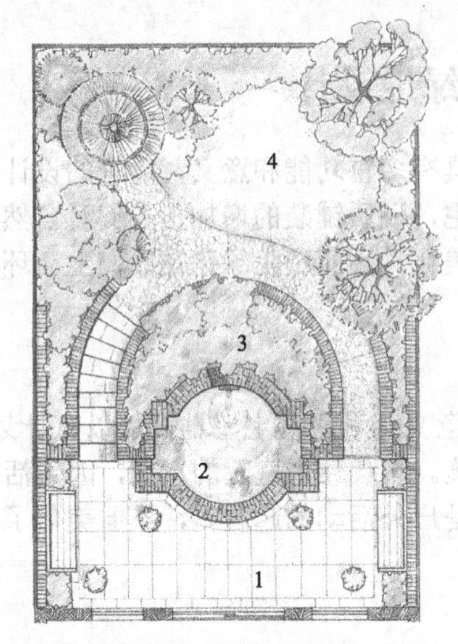


1.灰色铺装石块使近房处显得明快而开阔；2.水从椭圆形壁龛中的青铜贝壳内缓缓涌出，形成壁泉；3.挡土墙后的中心花坛种植了低矮的植被和灌木，以免使露台过于封闭；4.上层的台地采用了完全不同的风格，在严整、规则的露台后面形成了另一块宁静的休息地。

**图7-4-2　混合式庭院**

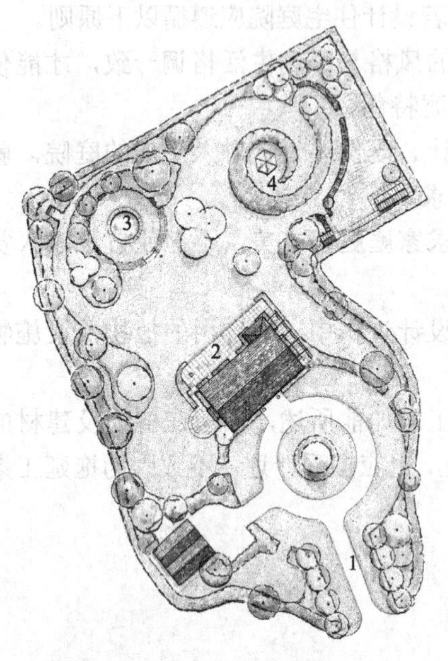


1.入口两侧的树木突出了庭院的入口；2.住宅的三边为露台所围绕，可以使就座区全天处于阳光中或阴凉处；3.下沉式草坪带有一点神秘感，中心的圆形水池位于从主露台延伸过来的轴线上；4.回旋的草坪中心有一座漂亮的亭子，成为庭院中最激动人心的景物，并延续了庭院的曲线主题。

**图7-4-3　自然式庭院**

## 二、学校庭院

学校校园绿化也是城市绿化的重要组成部分。校园环境绿化是以各类花草树木为主，这些绿色能以其特有的美化和防护作用起到净化空气、减少噪声、调节气候等改善环境的功能，使学校成为清洁、宁静、优美的学习和活动场所。

学校绿化面积一般应占总面积的50% ～ 70%，才能真正发挥绿化的生态效益。我国学校的绿化指标为绿地率达30%。

学校绿地因地制宜，一般大专院校因占地面积较大，地形高低富于变化，可采用自然布置。中小学学校大多地势平坦，则多用规则式进行布置。

### （一）学校绿地配置

学校用地一般分为主体建筑用地（教学楼、实验室、办公楼、道路）、学生生活区、职工生活区、体育运动场地（体育场、游戏场等）。

1. 大门、道路及围墙的环境绿化

学校大门除供出入外，还具有装饰和美化效果，是学校的标志性建筑之一，和城市主要干道相连，因此其绿地建设既要体现学校特色，又要与街景相协调。一般采用规则式绿化布局，以装饰开敞性绿地为主。在出入中轴线位置上可设置花坛、观赏性草坪及喷水池或抽象式主题雕塑等布置，使内外衔接自然、美观。植物多配置花灌木和草花，以色彩取胜，给人亮丽、活泼、整洁的感受。

学校出入口是校园绿化的重点，在主道两侧种植绿篱、花灌木以及树姿优美的常绿乔木，使入口主道四季常青，或种植开花美丽的乔木，间植以常绿灌木。

图7-4-4　道路绿化

道路绿化既要使道路成为校内外联系各个分区的绿色通道，又要体现不同功能分区的分界，它具有庇荫、防风、减少干扰、美化校园的作用。如图7-4-4所示。

道路两侧行道树沿道路沿线栽植。路面较宽时，行道树可在两边相对栽植，路面较窄时，可在两侧交叉排列。行道树绿带可采用乔灌草相结合的配置方式，并在有条件的情况下配置一些座椅、花架或凉亭，使人行道与小游园相结合，形成多功能校园绿地。

围墙绿化相对独立，便于管理。可选择常绿乔灌木或藤本植物进行带状布置，形成绿色的带状围墙，减少风沙对学校的袭击和外界噪声的干扰。

围墙绿化一般有两种形式：一种是垂直绿化，在围墙边种植攀缘性植物，如凌霄、木香等，使植物爬满墙壁；另一种是在围墙边种植枝叶稠密的树木，以树木的枝叶把墙面挡住。这类植物有珊瑚树、大叶黄杨、圆柏等。

2. 教学区绿地

教学区以教学楼、实验室、办公楼为主体，是学校的主要建筑及教学场所，应以安静、清洁的环境来满足学生学习和课间休息、活动、调节精神、保护视力。绿地的布局形式要与建筑相协调，方便师生通行，多为规则式布置，或混合式布置。如图7-4-5所示。

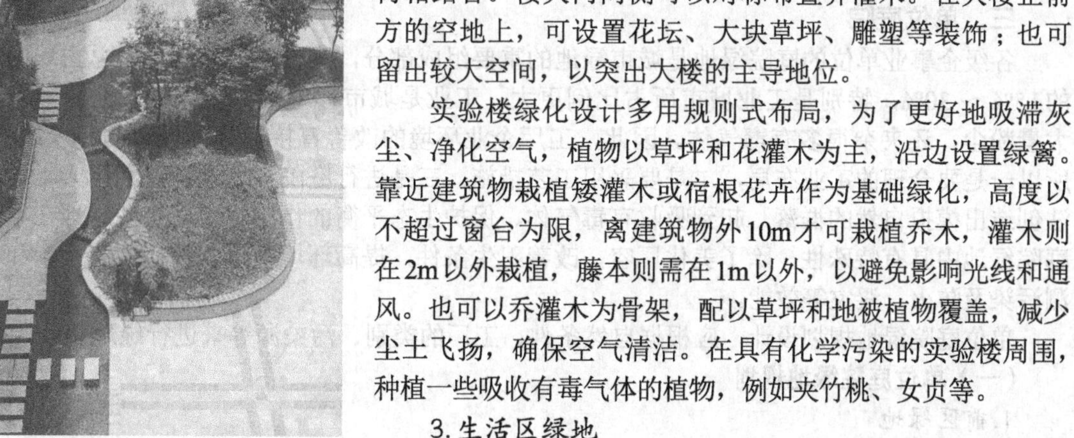

图7-4-5　教学区绿地

教学楼和办公楼周围绿化以植树为主，常绿树与落叶树相结合。楼大门两侧可以对称布置乔灌木。在大楼正前方的空地上，可设置花坛、大块草坪、雕塑等装饰；也可留出较大空间，以突出大楼的主导地位。

实验楼绿化设计多用规则式布局，为了更好地吸滞灰尘、净化空气，植物以草坪和花灌木为主，沿边设置绿篱。靠近建筑物栽植矮灌木或宿根花卉作为基础绿化，高度以不超过窗台为限，离建筑物外10m才可栽植乔木，灌木则在2m以外栽植，藤本则需在1m以外，以避免影响光线和通风。也可以乔灌木为骨架，配以草坪和地被植物覆盖，减少尘土飞扬，确保空气清洁。在具有化学污染的实验楼周围，种植一些吸收有毒气体的植物，例如夹竹桃、女贞等。

3. 生活区绿地

生活区包括学生生活区和教职工生活区。生活区的绿化功能主要是改善小气候，为广大师生创造一个整洁卫生、舒适优美的生活环境。

学生宿舍区人口密度大，绿化设计要充分考虑室内采光和通风的要求，乔木离宿舍大楼10m以上的距离，窗口前近墙处种植低矮花草、灌木，保证空气流通和自然采光的需要。宿舍楼北向、道路两侧可配置耐荫花灌木；南向一般都有较宽的晾衣区域，绿化时可配置可践踏的草坪；宿舍四周用常绿花灌木围合空间。

教职工生活区的绿化设计要具备庇荫、美化、游览、休息和活动的功能。教职工住宅楼周围多采用绿篱和花灌木，适当配置宿根、球根花卉。在距离建筑物7m以外，可以结合道路绿化，种植行道树。由于安全防护需要，住宅楼前常设栅栏和围墙，可以充分利用藤本植物进行垂直绿化。教职工生活区，应设小游园或小花园，供教职工业余时间游览、休息、锻炼活动使用。

学校食堂周围绿化设计要注意卫生、整洁、美观，在植物材料的选择上，选择生长健壮、无毒、无飞絮、无刺激性气味的树种和多种植常绿树种，创造四季景观，同时起到防风、防环境污染的作用。

4.体育活动运动区

学校体育活动运动区主要为师生进行体育锻炼的场地，有足球场、篮球场、网球场、排球场、田径场等。在学校规划设计时，尽量将体育活动区离教学区远一些，以免影响学生听课。在体育活动运动区周围可用隔离林带或疏林将其分隔，减少运动区对外界的影响，同时也不受外界干扰。

场地周围绿地以乔木为主，可选择物候季节显著的树种，使体育场随季节变化而色彩斑斓。

5.小游园

小游园是学校园林绿化的重要组成部分，可根据学校的特点，充分利用，合理布局，创造特色。一般可结合大门绿地、教学楼绿地、生活区绿地来进行布置。

**（二）学校绿地养护管理**

（1）浇水　对新栽的树木必须连年灌水，一般乔木连灌3～5年，灌木连灌5～6年，全年灌水不少于6次。

（2）施肥　对生长较弱的树木，可在秋冬季施基肥。

（3）修剪　在定植之后的5～6年内，应通过修剪使每株树都形成理想的树形。灌木一般采用疏枝和短截2种修剪和根据绿篱要求的形状进行修剪。

## 三、单位庭院

各级企事业单位的庭院绿地是城市绿地的重要组成部分，其中工厂绿地要占总占地面积的15%～30%，特别是工业城市所占比例更大。工业是城市环境的大污染源，它除散发出大量粉尘，还夹杂很多有毒气体。因此，工厂企业环境的改善直接影响到城市的环境质量，所以一是要合理的工业布局，二是要采用工艺措施，三是进行庭院绿地设计，利用人工的办法创造出模拟自然的群落，起到吸收有毒气体、保护生态平衡的作用。工厂企业绿地在单位庭院绿地中具有特殊性，除了美化厂容，改善卫生条件，提高环境质量外，还要有指示和检测污染及防火、避灾等效能。

单位庭院绿地规划设计，应根据自然条件、工厂的类别、污染源等来进行绿地建设。

**（一）单位庭院绿地规划**

1.前区绿地

前区是单位大门至办公楼的重要地段，是整个庭院绿化的重点，是职工集散的场所。此处的绿化，有着组织与分隔空间、美化与装饰及协调环境的作用。应根据企业的特点，创造一个既有利于生产，又对职工健康有益的优美环境。绿化设计要显示出壮观宏大的气魄，但也要有自己的特点与风格。大门前要有宽阔的通道，创造开朗明快、绿树成荫、生机盎然、富有自然气息的环境。

前区的绿地由大门、建筑物周围的绿地、林荫道、广场、花坛、花台等组成。单位前区的绿地布置应考虑到建筑平面布局，建筑的立面、色彩、风格与城市道路的关系等，多数采用规则式和混合式结合的布局。

2. 大门绿化

大门绿化要方便交通，与建筑的形体、色彩相协调，与街道绿化相适应，形成绿树成荫、多姿多彩的景象。从大门到办公楼的道路上、广场上，可布置花坛、喷泉、水池、山石。体现本单位特点的雕塑或园林小品，林荫大道上要选用冠大荫浓，遮荫效果好的树种，或植以树姿雄伟的常绿乔木，再配植花灌木、宿根花卉和草坪。单位前区还可与小游园的布置相结合，栽植观赏花木，铺设草坪，以增加庭院内色彩和层次。为使冬季仍不失其良好的绿化效果，常绿树一般占1/2左右。

3. 单位道路绿地

道路是单位的动脉，因此道路绿化既要保证交通运输的通畅，又要满足企业生产要求。道路由于车辆来往频繁，灰尘和噪声的污染较重，职工上下班比较集中，路旁及地下的设施给绿化带来了很多困难。道路绿化要满足庇荫、防尘、交通安全和美观要求。要结合道路的形式布置。路面较宽的道路，两旁应栽植树形较高大的树种，使人行道处在绿荫中。交叉口或转弯处不得种植高大树木和高于1m的灌木，以保证交通安全，有条件的可设置花坛。通往车间的路面较窄，又有绿化地段的道路两边，可栽绿篱。

4. 企业生产区绿地

在生产车间周围绿化，是企业工厂环境绿化的重点之一。车间周围绿化应以满足卫生防护的要求为主，能够达到遮阳、降温、减噪、隔热、滤尘、防风、防火等效果。同时要注意满足生产、安全、运输等方面的要求。

车间因生产性质不同，各具特点。由于环境与车间相互影响的不同，对绿化功能的要求也各有不同。首要的是选择抗逆性强的树种。

（1）对环境有污染车间周围的绿化　先要了解工厂的污染源及所受污染的程度，根据了解的情况在选择植物进行种植。在植物布置上，靠近车间可铺设开阔的草坪，稀疏的栽植乔灌木，以利于有害气体的扩散。与其他车间，可用道路绿化进行分隔。

（2）高温车间周围的绿化　为员工开辟一个舒适凉爽的休息场所，所以在高温车间附近的绿地的植物选择要求具有防火功能，有阻燃作用的，选择高大的阔叶乔木和色浓味香的花灌木。不宜栽植针叶树和其他油脂较多的松、柏类植物。在绿地中可设置一些喷水池。树木栽植要有利于通风，应留出较大的空旷地段，铺设草坪。

（3）噪声强烈车间周围的绿化　要选择枝叶茂密、树冠矮、分枝低的乔灌木，密集栽植形成障声带，种植方式应以常绿、阔叶树木组成混交林带，形成枝叶密接的绿篱墙。

5. 单位小游园

因地制宜地开辟小游园，有利于单位职工业余休息、观赏，也是开展业余文化娱乐活动的良好场所。根据厂区的具体情况，结合地形，来设计厂内的绿化。选择适宜的树木花草，再加以艺术设计，建置园林小品或建筑，形成非常好的园林景观。如图7-4-6所示。

图7-4-6 单位小游园

6.单位的卫生防护林带

工厂企业由于生产过程而引起的污染，是城市环境恶化的主要原因之一。为了提高厂区的空气质量，首先要改进生产的工艺过程；其次要根据厂区排出的有毒气体或污染物，来选择抗污树种，绿化厂区，形成良好的空气环境。《工业企业设计卫生标准》规定，凡产生有害物质的工业企业与住宅区之间应有一定的卫生防护间隔，在此范围进行绿化，营造防护林，使工业企业排放的有害物质得以吸收、过滤。

（二）单位绿地管理

单位绿地一般的养护管理工作，必须一年四季不间断地进行，包括灌水、排水、除草、施肥、修剪、整形、病虫害防治、防风、防寒等。除此以外，有些工厂有粉尘污染，要定期对树木进行喷水洗尘。

## 第五节 园林水景的设计

在园林设计中，水是非常重要的设计要素之一，在整个设计中起到非常重要的作用，随着人们生活水平的不断提高，人们对大自然的渴望就愈加强烈，而城市中的水体则会给人以很大的满足感，所以，水体的设计在园林中是至关重要的。

水是多变的，它可以是静止的水体，可以是潺流的水体，可以是喷涌的水体，也可以是跌宕的水体，总之，水体的设计都与景观设计的主题是合为一体的。

### 一、水体的形态及特点

根据其动态，水大体上可分为静态水和动态水。

静态的水面给人以安静、稳定感，令人遐想沉思，适于独处思考和亲密交往的场所，其艺术构图常以影子为主。静态的水面通常包括湖、池等形式，或柔美，或静谧，或深邃。

动态的水则活泼、多变、跳动，令人慷慨激昂，欢欣雀跃，加上种种不同的水声，更加引人注目；它可以更好地活跃气氛，增添乐趣。常见的动态水景包括溪流、瀑布、喷泉、涌泉、叠水等，其中以喷泉的形式最多为见。

### 二、水在园林中的应用形式

（一）静态水

1.静态水的类型

（1）湖　是较大面积的城市水体，在园林应用的比较多，如杭州西湖、北京颐和园的昆明湖等。湖在城市中多出现在较大的公园内，并成为园中重要的景区。湖面开阔，丰富景观，湖的驳岸线采用自然曲线、石砌、堆土，沿岸种植耐水湿植物，高低错落，与水中的倒影相呼应。

进行湖面总体规划时，常利用堤、岛、桥等来划分水面，增加层次，并组织游览路线；在较开阔的湖面上，还常布置一些划船、划水等游乐项目，满足人们的亲水愿望。如图7-5-1所示。

（2）池　池多由人工挖掘而成，或用固定的容器盛水形成，其面积一般较小，外缘线硬朗而分明。池的形状多是几何图形的组合，这要根据位置和所处的环境而定。水池是静态的水面，可布置在园内用以映照天空或地面景物，扩大景深，使景与影虚实结合，真假难辨，获得“小中见大”的效果，水边植物配置一般突出个体姿态或色彩，多以孤植为主，创造宁静的气氛；或利用植物分隔水面空间，增加层次，同时也可创造活泼和宁静的景观。如图7-5-2所示。

图7-5-1　湖

图7-5-2　水池

2.静态水的形式

（1）规则式　规则式水体外形轮廓为几何形，主要有方形、圆形、多边形等，其驳岸多为整齐的直驳岸，用条石、块石和砖等砌筑。西方园林中，规则式水体十分多见，其水体形式均与规则式园林规划布局和建筑形式相协调。规则式水体简洁明快，其几何图形和规则的图案都具有很高的平面形体的美感。如图7-5-3所示。

图7-5-3　规则式水池

（2）自然式　自然式水体外形轮廓为自然曲线，模拟自然界中水道轮廓进行设计，其驳岸多为自然式土驳岸或者置以置石，形成自然景观。自然式水体形式在中国古典园林中十分常见，它模拟自然界水道的形式进行设计，营造一个自然优美的景观。如图7-5-4所示。

（3）混合式　自然式水体和规则式水体组合在一起形成了混合式水体。混合式水体往往分段布置，靠近建筑或广场的区域一般会设计成规则式，靠近山地等自然地形的地方采用自然式的水体形式，以体现自然风光，如图7-5-5所示。

图7-5-4　自然式水体

图7-5-5　混合式水体

3.静态水的空间划分

（1）堤　呈带状，它具有分隔水面的作用，并有造景的功能。通过分隔水面，堤创造了分散多变的水面空间，形成了不同的小景区，并且丰富了水面的垂直空间景观。同时，堤还有作为深入水面的游览路线，起到导游的作用，并且堤本身可以成为一景。以杭州西湖的苏堤为例，苏堤将西湖水面分隔开来，丰富了水体的平面景观，同时堤上的绿化也丰富了水体的垂直立面上的景观，增加了西湖的景观层次，“苏堤春晓”也以其自身的景色成为独立一景。如图7-5-6和图7-5-7所示。

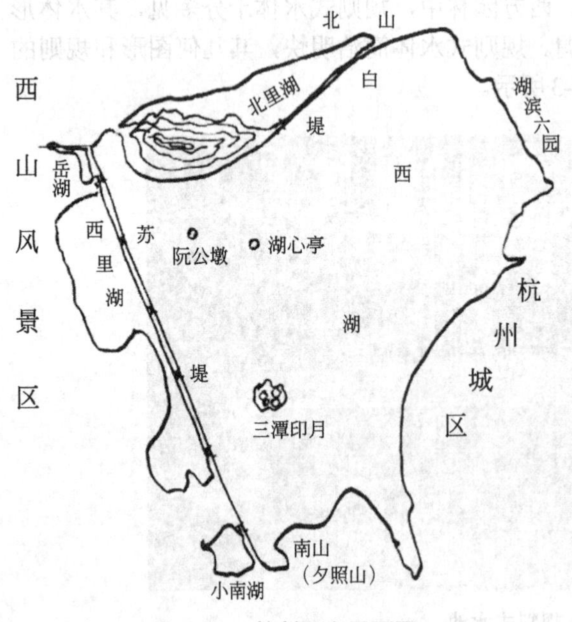


图7-5-6　杭州西湖平面图

图7-5-7　苏堤春晓

（2）岛　类型众多，大小各异。有可游的半岛及湖中岛，也有仅供远眺或观赏的湖中岛。前者远、近距离均可观赏，多设树林以供游人活动或休息，临水边或透或封、若隐若现，种植密度不能太大，应能透出视线去观景。且在植物配置时要考虑导游路线，不能有碍交通。如图7-5-8和图7-5-9所示，三潭印月的岛为湖中岛，供游人可以活动或休息的，通过南北堤和东西堤，引导游人岛上游览，把整个水面分成田字格形式，从岛的不同位置向对岸眺望都可以不同的景色。后者则不考虑导游，人一般不入内活动，只远距离欣赏，可选择多层次的群落结构形成封闭空间，以树形、叶色造景为主，注意季相的变化和天际线的起伏，但要协调好植物间的各种关系，以形成相对稳定的植物群落景观，如图7-5-10所示，上海松江区中央绿地湖中岛是不可进入的岛，岛上主要以植物配置形成的景色取胜，在岛上种植观赏特性很高的植物，有很强的季相变化，同时再加以雕塑或小品，形成具有一定主题的园林景观。

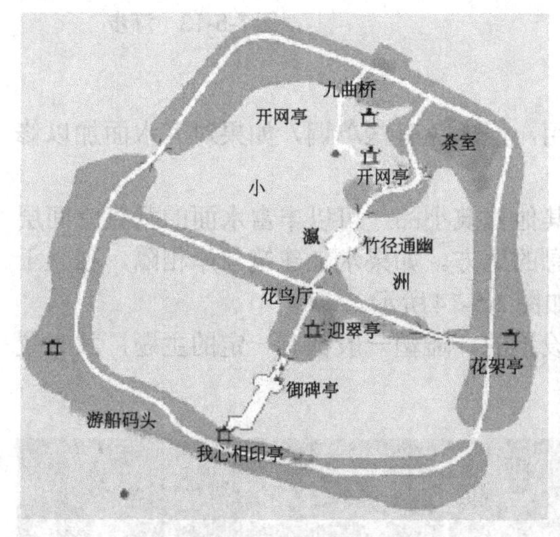


**图7-5-8　三潭印月平面图**

**图7-5-9　三潭印月南北十字堤**

（3）桥　跨水而过的桥的种类有多种，有简单的跨水桥、穿越宽阔水面的曲折长桥（图7-5-11）、拱形桥（图7-5-12）等，它们的主要功能是交通与造景，这是我们常见的桥的类型，另外还有一种别致的桥，就是汀步（图7-5-13），它没有桥分隔水面那么强烈，但对水面进行分隔，又起到很好的组织交通的作用。

**图7-5-10　上海松江区中央绿地湖中岛**

**图7-5-11　曲折长桥**

图7-5-12　拱形桥

图7-5-13　汀步

4.静态水水面设计

空旷的水面虽然有扩大视野、扩大空间的作用，但未免有些单调，如果对其水面加以修饰，则如锦上添花，使水景更优美、丰富。

（1）建筑小品　水中设置亭、台、楼、阁或其他建筑小品，可以丰富水面的垂直空间层次，与水体形成非常好的景观，又为游人提供休息的地方。如果水上建筑与岸相隔，独立于水面之上，游人只能划船前往，别有一番情趣。如图7-5-14所示。

（2）雕塑与灯饰　水上的雕塑是为了造景而设置的。雕塑一般都有一定的主题，故布置时应与水体环境相协调。如图7-5-15所示。

图7-5-14　建筑小品——亭

图7-5-15　水上雕塑

水上的灯饰是为了增加夜景效果而设置的，在夜间以观赏为主的水景中，均要布置灯光。水面上的灯饰要求造型优美而且要有特色，在白天，也能成为水中一景。如图7-5-16所示。

（3）假山　在自然山水园中，假山常与水池布置一起，形成一景，模拟自然风光，别有一番情趣。通常池中设置假山，作为主景，如图7-5-17所示。

（4）水生植物　水生植物通常是装点水景的必要材料，例如，杭州西湖的“曲院风荷”内种植着数十种荷花，形成优美的景观。

但对于水面上的水生植物的配置还是要有一些考虑的，通常水生植物种植不宜过密，至少应留出1/3以上的水面空间，以使游人能欣赏水中倒影，具体的预留空间要结合周围的景物分布及观赏视线而定，以欣赏到最佳的倒影效果为准。一般在重要的植物景观和亭、榭等水上建筑的附近不宜布置水生植物，以保证欣赏景物的同时还能欣赏水中的倒影。但是，如果要突出水生植物的整体效果以表现自然生态的景观，可以将大部分水面用水生植物覆盖，创造一种自然天成的感觉。

选择水生植物时，要考虑其生态习性，不同的水生植物对水的深浅程度有不同的要求，所以在设计水池时，可以建造不同深度以适合各种水生植物的生长，或者在深水处利用水下支架支撑花盆，以保持植物具有合适的水深要求。

(5) 水面光影效果　水面具有反射光线和倒映景物的作用。一是反射光线，微风吹过，水面波光粼粼，闪烁迷离。二是倒映景物形成倒影，如镜的水面倒影清晰，而微风过处，细细涟漪中的倒影，则跳动摇曳，朦胧缥渺。如果在雨中，倒影因雨点的击打而变得支离破碎，斑驳陆离，又是另一番景象。

在水中倒影的欣赏中，夜色中的倒影别具一格，让人产生无穷的遐想，而其中又由以水中月影为最，清冷、纯洁、美丽，引发了多少才子佳人的无限感慨，从而产生了许多对水中之月诗情画意的描写。如图7-5-18所示。

图7-5-16　水上灯饰

图7-5-18　倒影之美

图7-5-17　假山

5.静态水水岸设计

(1) 水边设计

① 水边植物配置的艺术手法　从水边植物配置的艺术构图来看，应注意以下几点。

a.林冠线。即植物群落配置后的立体轮廓线，要与水景的风格相协调。如“水边宜柳”是中国园林水旁植物配置的一种传统程式。如图7-5-19所示。

b.透景线。水边植物配置需要有疏有密，切忌等距种植及整形式修剪。应在有景可观之处疏种，留出透景线。但是水边的透视景与园路的透视景有所不同，它的景并不限于一个亭子、一株树木或一座山峰，而是一个景面。配置植物时，可选用高大乔木，加宽株距，用树冠来构成透景面。如图7-5-20所示。

图7-5-19 垂柳与钻天杨

图7-5-20 杭州花港观鱼新鱼池旁的树木配置

c.季相色彩。植物因四季的气候变化而有不同形态与色彩的变化，映于水中，则可产生十分丰富的季相水景。一片杏林可构成繁花烂漫、活泼多姿的春景；粉红色的合欢、满树黄花的栾树可以表现夏景；各种彩叶植物如枫香、槭类可大大地丰富秋季的水边色彩；冬季则可利用摆设耐寒的盆栽小菊以弥补季相之不足。如图7-5-21所示。

② 水边的植物景观类型

a.开敞植被带：是指由地被和草坪覆盖的大面积平坦地或缓坡地。场地上基本无乔木、灌木，或仅有少量的孤植景观树，空间开阔明快，通透感强，构成了岸边景观的虚空间，方便了水域与陆地空气的对流，可以改善绿地空气质量、调节陆地气温。另外，这种开敞的空间也是欣赏风景的透景线，对滨水沿线景观的塑造和组织起到重要作用。

由于空间开阔，适于游人聚集，所以开敞植被带往往成为滨河游憩中的集中活动场所，满足集会、户外游玩、日光浴等活动的需要。如图7-5-22所示。

图7-5-21 彩叶树秋天的季相色彩

图7-5-22 开敞植被带

b.稀疏型林地：是由稀疏乔、灌木组成的半开敞型绿地。乔、灌木的种植方式可多种多样，或多株组合形成树丛式景观，或小片群植形成分散于绿地上的小型林地斑块。在景观上，稀疏型林地可构成岸线景观半虚半实的空间。

稀疏型林地具有水陆交流功能和透景作用，但其通透性较开敞植被带稍差。不过，正因为如此，在虚实之间，创造了一种似断似续，隐约迷离的特殊效果。稀疏型林地空间通透，有少量遮荫树，尤其适合于炎热地区开展游憩、日光浴等户外活动。如图7-5-23所示。

c.郁闭型密林地：是由乔、灌、草组成结构紧密的林地，郁闭度在0.7以上。这种林地结构稳定，有一定的林相外貌，往往成为滨水绿带中重要的风景林。在景观上，构成岸线景观的实空间，保证了水体空间的相对独立性。密林具有优美的自然景观效果，是林间漫步、寻幽探险、享受自然野趣的场所。在生态上，郁闭型密林具有保持水土、改善环境、提供野生生物栖息地等作用。

d.湿地植被带：是指介于陆地和水体之间，水位接近或处于地表，或有浅层积水的过渡性地带。湿地具有保护生物多样性、蓄洪防旱、保持水土、调节气候等作用。其丰富的动植物资源和独特景观会吸引大量游客观光、游憩，或科学考察。湿地上的植物类型和种类多样，如海滨的红树林及湖泊带的水松林、落羽杉林、芦苇丛等。如图7-5-24所示。

**图7-5-23　稀疏型林地**

**图7-5-24　水松林**

③ 水边绿化树种选择　水面是一个形体与色彩都很简单的平面。为了丰富水体景观，水边植物的配置在平面上不宜与水体边线等距离，其立面轮廓线要高低错落，富有变化；植物色彩可以丰富一些，使之掩映于淡绿色的水中。

水边绿化树种首先要具备一定的耐水湿能力，另外还要符合设计意图中美化的要求，宜选择枝条柔软、分枝自然的树种。我国各地常见应用的树种有椰子、蒲葵、小叶榕、高山榕、广玉兰、水松、落羽杉、池杉、垂柳、大叶柳、水冬瓜、乌柏、枫香、枫杨、三角枫、柿树、榔榆、白榆、桑、柽柳、海棠、樟树、棕榈、芭蕉、蔷薇、云南黄馨、紫藤、迎春、棣棠、夹竹桃、圆柏等。

④ 水岸建筑与其他小品　园林水边在植物造景的基础上，通过建筑或雕塑等园林小品的点缀，可以丰富水岸线景观，突出水岸景观的文化和艺术特性。

对于大型水体，建筑小品一般均以点状分布在岸线上，在水景、树石的衬托下，建筑起到水池视线焦点的作用。而对于小型水体，建筑可为点状布置，也可以游廊的形式连接成环状，绕水而建，形成具有向心内聚空间特性的水庭。

水边建筑常见的有亭、廊、榭、舫、楼及临水平台等形式，它们是游人近水赏景、纳凉休息的场所，加强了空间的亲水性。廊还可起到引导游人游览和休息的作用，尤其在江南，绵绵细雨，廊是人们雨中观景的好地点。如图7-5-25所示。

（2）驳岸设计　岸边的植物配置很重要，既能使山和水融成一体，又对水面空间的景观起重要作用。驳岸有土岸、石岸、混凝土岸等，或自然式，或规则式。自然式的土驳岸常在岸边打入树桩加固。

① 土岸　自然式土岸曲折蜿蜒，线条优美，植物配置最忌选用同一树种、同一规格的等距离配置。应结合地形、道路、岸线配置，有近有远，有疏有密，有断有续，弯弯曲曲，

富有自然情调。土岸常少许高出最高水面，站在岸边伸手可触及水面，便于游人亲水、戏水，给人以朴实、亲切之感，但要考虑到儿童的安全问题，设置明显的标志。如图7-5-26所示。

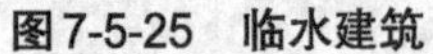

图7-5-25　临水建筑

图7-5-26　土驳岸

② 石岸　规则式的石岸线条生硬、枯燥，柔软多变的植物枝条可补其拙。自然式的石岸线条丰富，优美的植物线条及色彩可增添景色与趣味。图7-5-27为西冷印堂的柏堂前规则式石驳岸，图7-5-28为苏州私家园林的自然式石驳岸。

图7-5-27　规则式石驳岸

图7-5-28　自然式石驳岸

## （二）动态水

### 1.溪流

溪流是发源于山区的小河流，受流域面积的制约，其长度、水体差异很大。其形态、声响、流量与坡度、沟宽度及沟底的质地有关。宽而滑的沟水流比较稳定，沟底粗糙不平，则水流会有高低缓急的变化，产生种种不同的景观。溪是一种动态景观，但往往处理成动中取静的效果。两侧多植以密林或群植树木，溪流在林中若隐若现。

溪流的岸线要求曲折流畅，回转自如。曲折的岸线表现了自然界中溪流的特点，而且可丰富景观层次，营造空间旷奥之变化。通过溪流岸线变化的设计，可以创造开合变化的空间。在宽处，水流平缓，可以用来观鱼、戏水；在窄处，水流湍急，泛起的浪花和水声增添了空间的动感，形成欢快、愉悦的气氛。如图7-5-29所示。

图7-5-29　大连动物园花溪

2.喷泉

喷泉是利用水压，使水自管中喷向空中，又落到下面的一种景观。大多数喷泉设于静态的水如池、潭中，可以更显其动态魅力。喷泉既可作为主景，也可作为配景，常设于城市广场、街头、花园、公共庭院中。

喷泉的布置有规则式和自然式两种。规则式喷泉通常按一定的几何形状排列，有圆形、方形、多边形等形式，显得整齐、庄重，统一感强。如图7-5-30所示，规则式八角形花池配以喷泉形成很好的景观。而自然式喷泉则可根据需要与雕塑、山石等景观小品相结合，构成别具韵味的水景。如图7-5-31所示。

图7-5-30 规则式喷泉

图7-5-31 自然式喷泉

3.瀑布

瀑布在园林造景中通常指人工的立体落水。由瀑布造成的水景有着丰富的性格和表状，有小水珠的悄然滴流，也有大瀑布的轰然怒吼。在城市景观中，瀑布常以建筑物或假山石而建。模拟自然界的瀑布风光，将其微缩，可置于室内、庭园、街头或广场，为城市中的人们带来大自然的灵气。

瀑布的形式多样，主要介绍如下形式。

（1）落式瀑布　是指水体下落时未碰到任何障碍物而垂直下落的一种瀑布形式。水体在下落过程中是悬空直落的，形状不会发生任何改变。自然界中这种瀑布较多见，常出现于自然的山岭中。如图7-5-32所示。

（2）滑落式瀑布　是指水体沿着倾斜的水道表面滑落而下的一种瀑布形式。这种瀑布如同流水，但在坡度较陡、落差较大，且水道较宽的地方。

滑落式瀑布由于水沿水道表面而下，所以水道的形状决定了瀑布水流的形态。

如果水道坡度一致，表面平整，则水流呈平滑透明的薄片状，水流娴静轻盈，亲切怡人。如图7-5-33所示。

图7-5-32 镜泊湖瀑布

图7-5-33 水道坡度一致滑落式瀑布

如果水道坡度一致，但表面不平整，则水流会于突起的地方发生碰撞，产生飞溅的白色水花，水流动感加强，有较大的水声，活泼而富有生命力。

如果水道坡度有变化，时陡时缓，则水流会时急时缓，产生呈段状变化的瀑布。如图7-5-34所示。

（3）叠落式瀑布　是指水道呈不规则的台阶形变化，水体断断续续呈多级跌落状态的一种瀑布形式。

叠落式瀑布可以看成是多个小瀑布组合而成，或者叫多级瀑布。在平面上，它可以占据较大的景深，立面上也更为丰富，有较强的层次感和节奏感。如图7-5-35所示。

图7-5-34　水道坡度变化的滑落式瀑布

图7-5-35　叠落式瀑布

4.跌水

跌水是利用人工构筑物的高差使水由高处往低处跌落而下的落水景观。跌水与瀑布的理水方法类似，只是瀑布利用自然山石作为载体塑造水景，而跌水则利用规则的形体来塑造水景。

跌水与瀑布同样都具有三种形式：直落式、滑落式和叠落式。一般跌水都借助建筑、墙体来形成高差，也有利用坡地的水池高差来形成跌水。

（1）直落式跌水　水从平直的水口落下，在下落的过程中水体悬空直下，呈平滑、透明的帘幕状，故称其为水帘或水幕。一般而言，水帘常指水体轻薄的直落式跌水，水体透明感强，有些跌水未连成薄片，而是有密集的串珠状水滴组成，也称为水帘，水帘将内外空间分开，但又使两者隐约可见，虚实结合，更富情趣，如图7-5-36和图7-5-37所示。

图7-5-36　水帘

图7-5-37　串珠式水帘

水幕则指水体较厚重，如幕布般效果的直落式跌水，水体透明感弱。如图7-5-38所示。

（2）滑落式跌水　如果水体沿着墙体等的表面滑落而下，可称之为水幕墙或壁流。这种形式的跌水因墙体的倾斜度和光滑度不同而呈现出不同的效果。水幕墙（图7-5-39）最大的特点是用水柔化建筑生硬的表面，建筑因而变得更为亲切、自然，并且充满活力，让人产生一种与之亲近的欲望。

图7-5-38　水幕

（3）叠落式跌水　如果水体沿着台阶形的水道滑落而下，水体呈现有节奏的级级跌落的形态，称之为叠落式跌水，简称叠水。叠水是柔化地形高差的手法之一，它将整段地形高差分为多段落差，从而使每段落差都不会太大，给人亲切平和的感觉。台阶形的水道依地势而建，一般会占据较大的空间，能加强水景的纵深感，增强导向性。如图7-5-40所示。

图7-5-39　水幕墙

图7-5-40　叠落式跌水

# 第六节　园林植物种植设计

## 一、园林植物的生态学原理

关于环境对植物的生态作用主要表现为以下两个方面。

① 不同的生境中生长着不同的植物种类。例如，温湿度较高的热带和亚热带气候适宜生长棕榈科的植物，如椰子、蒲葵等；寒冷的北方或是高海拔地区适宜生长着落叶松、冷杉、云杉等；酸性土壤的环境适宜生长杜鹃、山茶、栀子等。

② 不同的环境影响植物体内有机物质的形成和积累。环境除了能影响植物的外部形态以外，例如，同样生长在热带沙漠地区的仙人掌和景天，它们的外部形态存在着巨大的差异；还能影响植物体有机物质的变化，例如，杜仲科的杜仲，杜仲在向阳面的有机成分含量要比背阴面的有机成分含量高出数倍。

## 二、温度对植物的生态作用及景观效果

### （一）温度对植物的生态作用

温度是植物生长发育非常重要的生态因子之一。植物生长发育的这个地球上，表面温度

变化很大。一般而言，每差一个地理纬度，年均温度大约降低0.5℃。从空间上来讲，随着海拔的升高温度降低；在北半球，随着纬度的北移温度也会降低。那么从时间上来讲，一年有四季的变化，一天有昼夜的变化。

1.温度对植物的影响

温度三基点：每种植物在不同的生长发育阶段都有它最适宜的温度，也有它所能承受的最低温度和最高温度，最低、最适、最高温度，称为温度三基点。温度三基点影响着植物的各个生长发育阶段。热带植物如椰子、橡胶、槟榔等要求日平均温度达到18℃才能生长；亚热带植物如柑橘、香樟等在15℃生长；暖温带植物如桃、紫叶李、槐树等在10℃，甚至不到10℃就开始生长；温带树种紫杉、白桦、云杉在5℃就开始生长。一般植物在0～35℃的温度范围内，随温度上升，生长加速，随温度降低生长减慢。一般地说，热带干旱地区植物能忍受的最高极限温度是50～60℃，原产北方高山的某些杜鹃花科小灌木，长白山自然保护区白头山顶的苞叶杜娟、毛毡杜鹃都能在雪地里开花。

季节性变温和昼夜变温：地球上除了南北回归线之间和极圈地区外，根据一年中温度因子的变化可分为四季。年均温度低于10℃为冬季，高于22℃为夏季，10～22℃属于春季和秋季。不同地区的四季长短差别很大，既取决于所处的纬度，也与地形、海拔、季风等其他因子有关。植物由于长期适应这种季节性的温度变化，就形成一定的生长发育节奏，即物候期。原产冷凉气候条件下的植物，每年必须经过一段休眠期，并要在温度低于5～8℃才能打破，不然休眠芽不会轻易萌发，例如桃需400h以上低于7℃的温度，其他如连翘、丁香的花芽在前一年形成，经过冬季低温后才能开花，如果不能满足这一低温阶段，第二年春季就不能开花或开花不良。在植物种植的设计中，必须充分了解当地气候变化以及植物的物候期，才能发挥植物最佳的景观功能。

日较差：气温的日变化，在接近日出时有最低值，在13：00～14：00时有最高值。一天中最高值与最低值之差称为“日较差”或“气温昼夜变幅”。植物对昼夜温度变化的适应性称为“温周期”。总体上，昼夜变温对植物生长发育是有利的。在一定的日较差情况下，种子发芽、植物生长和开花结实均比恒温下好。植物的温周期特性与其遗传性和原产地日温变化有关。原产于大陆性气候地区的植物适于较大的日较差，在日温度变幅为5～10℃条件下生长发育最好，而一些热带植物则要求较小的日较差。

在园林实践中，常通过调节温度而控制花期，满足造景的需要。例如桂花原产于亚热带地区的植物，在北京盆式栽培，通常于9月份开花。为了满足国庆用花的需要，通过调节温度，推迟到“十一”盛开。因桂花花芽在北京常在6～8月初形成，当高温的盛夏转入秋凉后，花芽就开始活动膨大，夜间最低温度在17℃以下，就要开放。通过提高温度，就可控制花芽的活动和膨大。具体的做法是在8月上旬看到第一个花鳞片开始裂开时，就将桂花转入玻璃温室，利用白天室内吸收的阳光热和晚上紧闭门窗，就能自然提高温度5～7℃，从而使夜间温度控制在17℃以上，这样花蕾生长受到挫折。到国庆节前两周，搬出室外，由于室外温度低，花蕾迅速长大，经过两周的生长，正好于国庆开放。

突变温度：温度对植物的伤害，除了由于超过植物所能忍受范围的情况外，在其本身能忍受的温度范围之内，也会由于温度发生急剧变化（突变温度）而受害甚至死亡。突然低温可由强大寒潮南下引起，对植物的低温伤害可分为寒害、冻害等。

在低纬度地区，某些植物即使在不低于0℃的温度下，也能受害，称为寒害。高纬度地区的冬季或早春，当气温降到零度以下，导致一些植物受害，称为冻害。冻害的程度要依极端低温度数和持续时间的长短及降温的速度而定。例如1975—1976年冬末春初的时候，全国各地的很多植物都受到了冻害，昆明最为突出，关键是寒潮来得特别早而且特别突然，4d

内降了22℃，使植物没有准备。从澳大利亚引入的银桦和蓝桉受到伤害最为严重。而当地的乡土树种则安然无恙。因此，在植物造景中，应尽量使用乡土树种，这样既能有当地特色，另外遇到极端的天气也有很好的适应性。

2.物候与植物景观

物候期是生命活动随自然界气候变化而变化所表现的季节性现象。植物物候变化包括萌芽、抽枝展叶、新芽形成或分化、果实成熟、叶变色及落叶等季相表现。不同地区物候现象显现的时期叫做物候期。物候是自然条件下的综合反映，由于每年中气候变化有一定规律，所以物候期也有一定的规律。

物候的规律性主要表现在物候的南北差异、东西差异、高下差异。南北差异表现在，春夏季节物候期南方来得早，秋冬季节物候期北方来得早；东西差异表明，无论春夏秋冬，我国东部比西部物候期出现得迟；物候的高下差异表现在，气温随海拔高度升高而降低。

植物种植设计正是利用了各种植物可供欣赏的物候现象，比如返青、开花、果熟、叶子变色等创造季相变化的景观，从而加强园林景观的时序性。设计者应掌握并巧妙运用物候来创造富有生机和变换的园林景观，如“三季有花，四季常青”即是有机地搭配植物物候的应用。

**（二）温度的差异营造的景观效果**

植物种类随着纬度的变化相应地变化，并且在南北半球表现出类似性。地球上气候带的划分是按照年均温度进行的，我国自南向北北跨热带、亚热带、温带和寒带，地带性植被分别为热带雨林和季雨林（云南、广西、台湾、海南等地南部）、亚热带常绿阔叶林（长江流域大部分地区至华南、西南）、暖温带落叶阔叶林（即夏绿林，东北南部、黄河流域至秦岭）和寒温带针叶林（东北）。

## 三、水分对植物的生态作用及景观效果

**（一）水分与植物的关系**

水分是植物重要的组成部分，一般植物体都含有60%～80%，甚至90%以上的水分；植物对营养物质的吸收与运输，以及植物进行的光合、呼吸、蒸腾等生理作用，必须是在有水的参与下才可以进行；另外，水是植物生长发育必不可少的物质，同时也影响到植物形态结构、生长发育等。所以说，水直接影响到植物能否健康生长。

**（二）空气湿度与植物景观**

空气相对湿度对园林植物具有重要的实际意义。一般来说，一天的最高温度出现在午后，此时的空气湿度最小，在清晨的时候，空气的相对湿度最大。但在山顶或沿海地区，一天当中的空气湿度变化较小。就季节变化而言，在内陆干燥地区，冬季空气相对湿度最大、夏季最小，但在季风地区，情况刚好相反。

图7-6-1　空中花园

高的相对空气湿度可以形成很好的植物景观，但在地面干燥、相对湿度小的城市中很难看到。在云雾缭绕的高山上，有着千姿百态、万紫千红的观赏植物，它们长在岩壁、石缝、瘠薄的土壤母质中，或附生于其他植物上。这类植物没有坚实的土壤基础，其生长与较高的空气湿度有着密切的关系。另外，在热带雨林有一个奇特的现象“空中花园”，在树的枝杈上还能生长植物，这都与较高的空气湿度紧密相连，图7-6-1是西双版纳热带雨林的一处空中花园，由于整个森林的空气湿度较

图7-6-2 王莲在园林造景中的应用

图7-6-3 菖蒲在园林中的应用

高，树杈上常年积累很多腐蚀的枝叶，再加上非常好的空气湿度，就为兰科植物的生长提供了温床。如果想在室内营造出“空中花园”的奇景，最主要的就是使室内的空气湿度达到80%以上，在一段朽木上就可以附生很多开花艳丽的气生兰、花叶俱美的菠萝科植物以及各种蕨类植物。

**（三）水与植物景观**

不同的植物种类，由于长期生活在一定水分条件的环境中，对水分的需求形成了一定适应性。根据植物对水分需求关系分类，分为水生植物、中生植物、湿生植物、旱生植物。不同类型植物的外部形态、内部结构不同，所营造的植物景观也不同。

1. 水生植物景观

园林水体有多种形式，例如河、湖、塘、溪、水池等，面积、形状各不相同，这样的水体上要有相应的美化，水生植物则是最好的选择。按照水生植物的生活习性、生态环境，可分为浮水植物、挺水植物和沉水植物，不同类型的水生植物，营造的景观也有所不同。

浮水植物生于浅水中，叶浮于水面，根长在水底土中的植物。睡莲、王莲、萍蓬等。如图7-6-2所示是王莲在园林造景中的应用，在其上面还坐着小女孩作为另外一种风景。

挺水植物的根、根茎生长在水的底泥之中，茎、叶挺出水面，常见的有荷花、菖蒲、芦苇、香蒲等。如图7-6-3所示为菖蒲在园林造景中的应用，与泉石相映成趣。

沉水植物是植物体全部位于水层下面，营固着生活的大型水生植物。常见的有金鱼藻、黑藻等。

2. 中生植物景观

大多数植物属于中生植物，它们不能忍受过分干旱和水湿的条件。这样的植物种类偏多，例如油松、侧柏、紫穗槐、响叶杨、夹竹桃、桑树、枫杨、旱柳、白蜡等。

3. 湿生植物景观

在自然界中，湿生植物的根常没于浅水中或湿透了的土壤中或在岸边，常见水边或热带潮湿、荫蔽的森林里。墨西哥落羽松、水松、池杉、水杉等植物。阴性的湿生环境则可选用天南星科和菠萝科植物。如图7-6-4所示为池杉林在湿地环境中的景观。

4. 旱生植物景观

在黄土高原、荒漠、沙漠等干旱的热带生长着很多抗旱植物。常见的旱生植物，樟子松、柽柳、朴树、黄檀、榆树、构树、胡颓子、皂荚、雪松、猴面包树等。荒漠及沙滩上的光棍树（图7-6-5）、木麻黄的叶都退化成细小的鳞片叶。另外，还有一些多浆的肉质植物，在叶和茎中储存大量的水分，可以经受过度干旱，例如猴面包树，如图7-6-6所示，此面包树的树干要有40个成年人手牵手才能围绕起来，树干的粗壮可以储存充分的水分以便猴面包树能够正常生长。

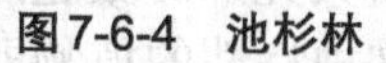

图7-6-4　池杉林　　图7-6-5　光棍树　　图7-6-6　猴面包树

## 四、光照对植物的生态作用及景观效果

### （一）光照与植物的关系

光对于绿色植物的光合作用是不可缺少的能量来源，也正是植物的光合作用将光能转化为化学能，储存在有机物中，才为地球上的生物提供了生命活动的能源。光照强度、光照长度、光质都影响着植物的生长发育，其中光照强度对于植物而言是非常重要的。在这里引入两个概念，光补偿点和光饱和点，这两个因素对于植物能否达到最佳景观起到非常重要的作用。光补偿点，收支平衡点，就是光合作用所产生的碳水化合物与呼吸作用所消耗的碳水化合物达到动态平衡时的光照强度；光饱和点在光补偿点以上，随着光强的增强，光合强度逐渐提高，这时光合强度就超过呼吸强度，开始在植物体内积累干物质，但是到一定数值以后，再增加光照强度，则光合强度却不再增加，这种现象叫做光饱和现象。达到光饱和现象的光照强度称为光饱和点。

### （二）不同光照强度要求的植物生态类型

根据植物对光强的要求，将植物分成阳性植物、阴性植物和居于这二者之间的耐荫植物。

（1）阳性植物　要求较强的光照，不耐荫蔽。一般需光度为全日照70%以上的光强，在自然植物群落中，常为上层乔木。如木棉、桉树、木麻黄、椰子、杨树、柳树（图7-6-7）及很多一二年生植物、宿根花卉。阳性植物在应用时要布置在阳光充足的环境中。

（2）耐荫植物　这类植物一般需光度在阳性和阴性植物之间，对光的适应幅度较大。在全日照下生长良好，也能忍受适当的荫蔽。大多属植物属于此类。比如罗汉松（图7-6-8）、山楂、栾树、桔梗、棣棠及蝴蝶花等。

（3）阴性植物　在较弱的光照条件下，比在强光下生长良好。一般需光度为全日照的5%～20%，不能忍受过强的光照，须在一定的荫蔽条件下才能生长良好。在自然植物群落中常处于中层、下层或生长在潮湿背阴处。常见的植物有红豆杉、人参、宽叶麦冬及吉祥草等。

### （三）不同光照长度要求的植物生态类型

植物对昼夜长短的日变化与季节长短的年变化的反应称为光周期现象，主要表现在诱导花芽的形成与休眠开始。不同植物在发育上要求不同的日照长度，这是植物在系统发育过程中适应环境的结果。根据植物对光照长度的适应性，可分为三种类型。

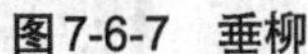

图7-6-7　垂柳

图7-6-8　罗汉松

（1）长日照植物　植物在生长发育过程中需要有一段时期，如果每天光照时数超过一定限度（14h以上）才能形成花芽，光照时间越长，开花越早，凡具有这种特性的植物即称为长日照植物。常见的花卉有唐菖蒲、百合、虞美人等二年生花卉。

（2）短日照植物　指给予比临界期长的连续黑暗（14h以上）下的光周期时，花芽才能形成或促进花芽形成的植物。自然界中，在日照比较短的季节里，花芽才能分化。常见的有菊花、牵牛花等。

（3）日中性植物　这类植物的成花对日照长度不敏感，只要其他条件满足，在任何长度的日照下均能开花。如月季、君子兰、向日葵、蒲公英等。

## 五、空气对植物的生态作用及景观效果

### （一）风对植物的生态作用及景观效果

空气的流动形成风，风对植物也是有利的，如风媒花的传粉和部分植物的果实、种子的传播都离不开风，如杨柳科、菊科、榆属、白蜡属等植物的种子都借助风来传播。

当然风对植物也有有害的一面，它体现在台风、焚风、冬春旱风、高山强劲的大风等的侵袭。尤其是沿海城市常受台风危害，本来冠大荫浓的榕树可被连根拔起，凤凰木小枝被折断等。

抗风能力强的植物大多根系发达，抗风能力强的树种有：侧柏、龙柏、马尾松、黑松、圆柏、池杉、榉树、国槐、臭椿、朴树、栗树、樟树、麻栎、梅树、竹类、柑橘等；抗风能力弱的树种有：刺槐、桃树、雪松、悬铃木、钻天杨、银白杨、垂柳、枇杷等。

### （二）大气污染对植物的影响

随着工业的迅速发展，工厂、汽车排放的有毒气体无论从数量上还是种类上都显著增多，对人的健康都带来不利的影响。因此景观设计者在选择绿化树种时应注意以下几点。

1.在污染严重的工厂、厂区

绿化中应选择抗逆性强的植物，在此基础上再考虑其景观效果。

2.行道树树种选择

一定要选择冠大荫浓、抗污性强并且能有效吸收有毒气体、净化空气的树种。

空气中的污染物多达400多种，危害较大的一般20多种，其中一氧化碳占总污染物的52%，二氧化硫约占18%，碳氢化合物如乙烯等约占12%，还有其他氟化氢、硫化氢、氯气、臭氧、粉尘等。对植物危害最大的是二氧化硫、臭氧。由于有毒气体破坏了植物的叶片组织，降低了光合作用，直接影响了生长发育，表现在生长量降低、早落叶、延迟开花或不开花、果实变小、产量降低等。

现将几种有毒气体侵蚀植物的症状和抗各种有毒气体的植物介绍如下。

（1）二氧化硫　进入叶片气孔后，遇水变成亚硫酸，进一步形成亚硫酸盐。当二氧化硫浓度高过植物自行解毒能力时，积累起来的亚硫酸盐可使叶肉细胞产生质壁分离、叶绿素分解，在叶脉间或叶脉与叶缘之间出现点状或块状伤斑，产生失绿漂白或褪色变黄的条斑。但叶脉一般保持绿色不受伤害。

常见的抗二氧化硫的木本植物主要有龙柏、柳杉、杉木、女贞、日本女贞、樟树、广玉兰、棕榈、小叶榕、柑橘、木麻黄、夹竹桃、凤尾兰、紫薇、梧桐、山桃、枫杨、朴树、白榆、木槿等。

（2）氟化氢　进入叶片后，常在叶片先端和边缘积累，当空气中的氟化氢浓度达到十亿分之三就会在叶尖和叶缘首先出现受害症状；浓度再高时，可使叶肉细胞产生质壁分离而死亡。故氟化氢所引起的伤斑多半集中在叶片的先端和边缘，呈环带状分布，然后逐渐向内发展，严重时叶片枯焦脱落。

抗氟化氢的植物有国槐、臭椿、泡桐、龙爪柳、悬铃木、胡颓子、白皮松、侧柏、丁香、山楂、紫穗槐、龙柏、大叶黄杨、罗汉松、广玉兰、棕榈、海桐、蚊母树、山茶、凤尾兰、木槿、菖蒲、鸢尾、金鱼草等。

（3）氯及氯化氢　聚氯乙烯塑料厂生产过程中排放的废气中含有较多的氯和氯化氢，对叶肉细胞有很强的杀伤力，能很快破坏叶绿素，产生褪色伤斑，严重时全叶漂白脱落。

抗氯气和氯化氢的植物有杠柳、木槿、合欢、五叶地锦、大叶黄杨、海桐、蚊母树、日本女贞、凤尾兰、龙柏、侧柏、白榆、苦楝、国槐、臭椿、接骨木、丝绵木、紫荆、紫藤、桑、山桃、皂角、茶条槭、天竺葵等。

（4）光化学烟雾　汽车排出气体中的二氧化氮经紫外线照射后产生一氧化氮和氧原子，后者立即与空气中的氧气化合成臭氧；氧原子还与二氧化硫化合成三氧化硫，三氧化硫又与空气中的水蒸气化合成硫酸烟雾；此外，氧原子和臭氧又可与汽车尾气中的碳氢化合物化合成乙醛。

对臭氧抗性强的植物有银杏、黑松、柳杉、悬铃木、连翘、海桐、日本女贞、夹竹桃、樟树、冬青等。

## 六、土壤对植物的生态作用及景观效果

土壤是植物生长发育的基质，土壤为植物根系生长提供场所，通过水分、肥力、土壤酸碱度来影响植物的生长。

### 1.基岩与植物景观

不同的岩石风化后形成不同性质的土壤，不同性质的土壤有不同的植被，具有不同的植物景观。基岩的种类主要有石灰岩、砂岩和流纹岩。

石灰岩主要是由碳酸钙组成，属钙质盐类风化物。风化过程中，碳酸钙可受酸性水溶解，随水流失，土壤中缺少磷和钾而多具石灰质，呈中性或碱性反应。土壤黏实，易干。针叶树种不宜生长，喜钙盐耐旱的植物适宜生长。植物群落中上层乔木以落叶树占优势，大多秋色美丽。常见的喜钙盐的树种有榆科、桑科、柏科以及部分槭树科树种。

砂岩中含大量石英，坚硬而较难风化，多构成陡峭的山脊、山坡。在湿润条件下，可形成酸性土，土壤呈砂质，营养元素贫乏。

流纹岩也难风化，在干旱条件下，是酸性或强酸性，形成红色黏土或砂质黏土。这一类基岩所形成的土壤适于大多数植物生长，植被总体上比石灰岩地区繁茂，植物景观郁郁葱葱。

### 2.土壤不同酸碱度的植物生态类型

在一定程度上，植物的酸碱度直接影响着植物的分布。根据土壤酸碱度可分为酸性土壤（pH＜6.5）、中性土壤（pH 6.5～7.5）、碱性土壤（pH＞7.5）。植物对酸碱的程度需求分为

三类：酸性土植物、中性土植物、碱性土植物。

（1）酸性土植物　在土壤pH小于6.5时生长最好，酸性土植物主要分布于暖热多雨地区，该地区的土壤由于盐质如钾、钠、钙被淋溶，而铝的浓度增加，土壤呈酸性。常见的酸性土植物有马尾松、池杉、红松、白桦、山茶、油茶、映山红、栀子、桉树、含笑、红千层等树种，藿香蓟以及多数兰科、菠萝科花卉。

（2）中性土植物　在土壤pH为6.5～7.5生长最适宜。大多数园林树木和花卉是中性土植物，如水松、桑树、苹果、樱花等树种，金鱼草、香豌豆、风信子、郁金香、四季报春等花卉。

（3）碱性土植物　适宜生长于pH大于7.5的土壤中。碱性土植物大多数是大陆性气候条件下的产物，多分布于炎热干燥的气候条件下。如柽柳、杠柳、沙棘、仙人掌等。

## 七、园林植物种植设计的美学原理

园林植物种植设计是以植物材料为基础的种植设计，必须讲究其科学性和艺术性。园林植物种植设计的一个重要目的是满足人们的审美要求，尽管审美意识或审美观在不同时代、不同民族、不同文化背景都有所不同，但美有其他的共性。美是植物造景追求的目的之一，同时它还要满足植物与环境在生态适应性上的高度统一，所以说植物种植设计是科学性与艺术性的统一体，在此，特将园林植物种植设计的美学原理介绍如下。

### （一）园林植物种植设计的艺术原理

优秀的艺术作品都是形式和内容的完美结合，园林植物造景中同样遵循着绘画艺术和造景艺术的基本规律，即统一与变化、对比与调和、均衡与稳定、节奏与韵律。

1.统一与变化

在植物种植设计时，植物的树形、色彩、线条、质感等方面要有一定的差异和变化，显示其多样性，但同时要使得植物的配置有一定的相似性，这样就可以形成既和谐统一又不缺乏多样性的景观。

运用重复的手法最能体现统一的原则，统一的布局可以给人以整齐、庄严和肃穆的感觉，但过分的统一使得景观呆板而又单调。所以力求统一中有变化。另外公园的植物造景中，基调树种种类可以少一些，但是数量是要所有树种中最多的，为了体现植物景观的多样性，可以多选择一些观赏价值高的植物种植进来，但是这些树种的数量要很少，主要体现公园植物景观的多样性，这样的植物种植设计充分地体现出统一与变化的原则。如图7-6-9所示为油松纯林，就其姿态、色彩有很强的统一性，同时由于纯林的树龄不同展现的是不同体量的形态，很好地体现出统一与变化的原则，又如图7-6-10所示为竹园，竹子在整个园子当中的生

图7-6-9　油松纯林

图7-6-10　竹园

长方式不同，有丛生、有散生等，但是它们叶子的形态，竹子的姿态具有高度的统一性，这也体现了统一与变化在园林中的应用，尤其是专类园的设计充分可以体现统一与变化的原则。

2. 对比与调和

对比是借两种或多种性状有差异的景物之间的对照，使彼此不同的特色更加显著，提供给观赏者一种新鲜兴奋的景观。调和则是通过布局形式、造园材料等方面的统一、协调，使整个景观效果和谐。对比在整个植物设计中有其重要的意义，通过对比使观赏者的视觉有很强的冲击力，对比性强，刺激感越强烈，可以形成兴奋、热烈的感受。因此，在植物景观设计中常用对比的手法来突出主题或引人注目。当植物与建筑配置在一起时，要注意体量、重量等比例的协调，这样可以使得对比与调和很好地应用到园林植物种植设计当中。如图7-6-11所示为一草坪上种植着多种植物，其中圆柏的树形与周围的植物形态有很大的差异，但同时又统一于绿色，形成非常和谐的植物景观。图7-6-12所示为南京雨花台的雕塑，常绿树种通常会营造出庄严、肃穆、纪念的气氛，在雪松群前建置了一个主题雕塑，此时雪松群作为背景树，把雕塑的全部内容凸显出来，雪松群和雕塑同样都表达出纪念的主题。

图7-6-11　圆柏

图7-6-12　雨花台

对比的形式有多种，现介绍如下。

（1）空间的对比　开敞空间与闭合空间的对比。如果人从相对狭隘的空间突然进入开敞的空间，有豁然开朗的感受，“柳暗花明又一村”就正是这样的一种意境，另外杭州西湖十景之一“曲径通幽”（图7-6-13），人们在狭窄幽暗的竹径中游走，竹径的尽头是一个花墙，当绕过花墙则是开阔的大草坪，使人有豁然开朗的感觉；相反地，如果人从开敞空间骤然进入闭合的空间，视线突然受到阻碍，会感受到很压抑。空间的这样一开一合的变化、衬托，人的感受也会随着环境的变化不停地变化，所以，巧妙地利用植物创造封闭与空旷的对比空间，有引人入胜之功效。

（2）方向对比　园林中植物的构成具有线的方向性时，会产生方向对比，它强调变化，增加景深与层次。植物的姿态分为向上型、平行型和无方向型。例如，在空旷的草坪，密植向上趋势很强的植物，这样就形成一个一横一立的对比；高大乔木与低矮草坪形成的高矮的对比。又如水平方向开场的大草坪与垂直方向的孤植树之间的对比，使孤植树更加突出。如图7-6-14所示，圆锥形的龙柏与经过修剪的绿篱在方向上形成鲜明的对比，充分突出画面的层次性。

图7-6-13　曲径通幽

图7-6-14　方向对比

（3）体量对比　体量指景物的大小。植物的体量上有很大的差异，不仅是种类不同，还表现在同一种类不同生长级别上。通过利用植物体量上的对比，可以形成多样的景观，如槟榔和散尾葵对比，蒲葵与棕竹对比，而这两者的叶形以及体现热带风光的姿态得到很好的调和。植物有常绿与落叶之分，冠为实而冠内为虚，实中有虚，虚中有实，是现代园林植物种植设计较好的手段。

（4）色彩对比　“远观其色，近观其形”，色彩往往给人以第一印象。色彩中有三原色，与三原色互补的是三补色，橙与蓝、红与绿、黄与紫，这种色彩对比能使人产生兴奋、刺激的感觉。万绿丛中一点红，利用的就是色彩上的对比。公园的入口及主要景点常采用色彩对比进行强调，突出入口的重要性，恰到好处的运用色彩的感染作用，可使景色增色不少；另外，在一些纪念性的环境中，经常利用常绿的树种作为背景，在其前面建造一座具有历史意义或纪念意义的雕塑，这充分利用的就是色彩对比的原则。

3.均衡与稳定

构图在平面上的平衡为均衡，在立面上的平衡则为稳定。园林植物景观种植设计是利用各种植物或其构成要素在形体、数目、色彩、质地以及线条等方面展现量的感觉。

均衡可以是对称的美，也可以是不对称的美，它只是人们在心理上对对称或不对称景观在重量感上的感受。例如，屋前栽植着两棵玉兰，肃穆典雅，是“对称的均衡”，一棵大乔木与三棵小灌木构成“不对称的均衡”。这是植物配置的一种布局方法，将体量、质地各异的植物种类按均衡的原则配置，景观就显得稳定。质感、色彩、大小等都可以影响均衡与稳定。一般地，色彩浓重、体量大、数量多、质地粗厚、枝叶茂密的植物种类，给人以厚重的感觉；相反地，色彩淡雅、体量轻巧、数量简少、质地细柔、枝叶疏朗的植物种类，则给人以轻盈的感觉。均衡也适用于景深，在园林中应该始终保持前景、中景和背景的关系。

图7-6-15　对称式植物造景

对称式的园林构图具有各种对称的几何形状，并且所运用的各种植物材料在品种、形体、数目、色彩等方面是均衡的，因此常给人一种规则整齐庄重的感觉，西方园林中经常利用对称式的手法来规划园林。规则式均衡常用于规则式建筑及庄严的陵园或雄伟的皇家园林中。如图7-6-15所示是西方典型利用剪形的绿篱进行对称式植物造景的创作。

不对称的均衡美赋予景观以自然生动的感觉。在植物景观设计中，人对各种景观素材的心理感觉，最终是统一的。比如利用体量大的乔木与利用成丛的灌木树丛对照配置，人的心理自然感到平衡，因为量和面积同样会折射出重量的感觉。自然式均衡常用于花园、公园、植物园、风景区等较自然的环境中。如图7-6-16所示为园路的种植平面图，从平面图中可以看出，园路一侧为相对大型的植物，但数量不多，而对面的相对低矮的植物种类多，数量多，在体量上让人感到均衡。图7-6-17为其效果图。

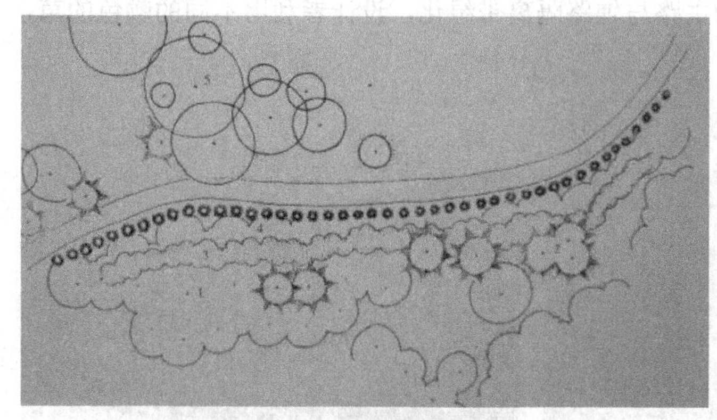

图7-6-16　不对称均衡美平面图

图7-6-17　不对称均衡美效果图

竖向均衡美是指在竖向设计中，整个画面体现均衡与稳定。众所周知，乔木的树形大多都是上大下小，给人以不稳之感，所以，最好在乔木的林荫下配置一些中乔木、小乔木或灌木丛，使其形体加重，可造就稳定的景观。在盆景艺术中，通常都是利用竖向的不均衡以显动势，但又在其周围配以山石，或显或隐，达到水平的均衡，来消减竖向的不稳定性。因此，在实际的景观设计中，经常注意景观的配置，从而达到整体的均衡美感。图7-6-18为广玉兰下种植着杜鹃来丰富竖向上景观。

4.节奏与韵律

有规律的再现称为节奏，在节奏的基础上深化而形成的既富于情调又有规律、可以把握的属性称为韵律。韵律包括连续韵律、渐变韵律、交替韵律等。连续韵律指重复出现相同的图案、相等的距离。行道树的种植方式符合这一韵律，如图7-6-19所示为水杉所形成的行道树，营造出非常静谧的气氛。渐变的韵律是以不同元素的重复为基础，重复出现的图案形

图7-6-18　竖向均衡美

图7-6-19　水杉

状不同、大小成渐变趋势，而形式上更复杂一些。交替韵律是利用特定要素的穿插而产生的韵律感。如图7-6-20所示为杭州西湖的园路设计，园路采用的是“间植桃间植柳”的交替种植，所形成的景观也格外优美。

造型艺术是由形状、色彩、质感等多种要素在同一空间内展开的，其韵律较之音乐更为复杂，因为它需要游赏者能从空间节奏和韵律的变化中体会到设计者的“心声”，即“音外之意，弦外之音”。如图7-6-21所示为主路与辅路隔离带绿化，设计者利用不同的颜色的草，不同的图案来刺激司机的视觉。

**图7-6-20　杭州西湖园路设计**

**图7-6-21　主路与辅路隔离带绿化**

园林植物种植设计，可以利用植物的单体或形态、色彩、质地等景观要素进行节奏和韵律的搭配。常利用节奏与韵律这一艺术原理的是行道树、高速公路中央隔离带等适合人心理快节奏感受的道路系统中。

### （二）园林植物种植设计的色彩美

1.色彩基础知识

风景秀丽的景区，视觉的感受是最强烈的，尤其人对色彩更为敏感。园林中的色彩以绿色为基调，配以其他色彩，如艳丽的花色、诱人的果色等，构成了色彩缤纷、耐人回味的园林景观。园林植物多为彩色，红花绿叶，黑、白、灰在园林植物中很少见，主要有白色的花或枝干，黑色的果实或者灰色的树干等。

（1）色彩的本质　“色”包含色光与色彩。光与色两者之间有不可分割的关系，由发光体放射出来的叫光，而色是受光体的反射物。阳光是所有颜色之源，太阳光谱由不同波长的色光组成，其中人眼看到的有7种：赤、橙、黄、绿、青、蓝、紫，而物体的色彩是对光线吸收和反射的结果，如红色的花多是因其吸收了橙、黄、绿、蓝、紫等各种颜色，而把红光反射给人眼，才显示红色；白色是因为物体本身不吸收阳光，而是全部反射出来；而黑色是把所有的光都吸收了。

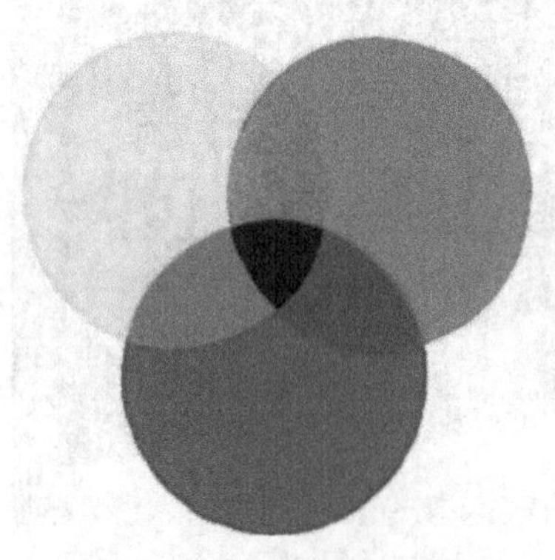

**图7-6-22　三原色与三补色**

（2）有彩色与无彩色　人眼可辨的色彩大致可分为两大类：有彩色如红、黄、绿、蓝、橙等系列；无彩色如黑、白、灰系列。

（3）三原色与三补色

① 红、黄、蓝是色彩的三原色，如图7-6-22所示，与三原色夹角成180°的颜色，与三原色互称三补色，三补色与红、

黄、蓝相对应的是绿、紫、橙，三原色与三补色的色彩具有强烈的对比效应，所以，在园林植物种植设计中，通常利用色彩的互补性来体现对比和强调主体的作用。例如，绿叶红花。

② 二次色与三次色。二次色是三原色两两混合而成二次色，又称间色，即橙、绿、紫，如图7-6-23所示，三次色则是指二次色再相互混合则成为三次色，也称为复色，如橙红、橙黄、黄绿、蓝绿、蓝紫、紫红等。自然界各种植物的色彩变化多样，凡是具有相同基础的色彩如红黄之间的橙、红橙、黄橙，与红、黄两个原色相互搭配，都可以达到调和的效果。二次色与三次色的混合层次越多，越呈现稳重、高雅的感觉。

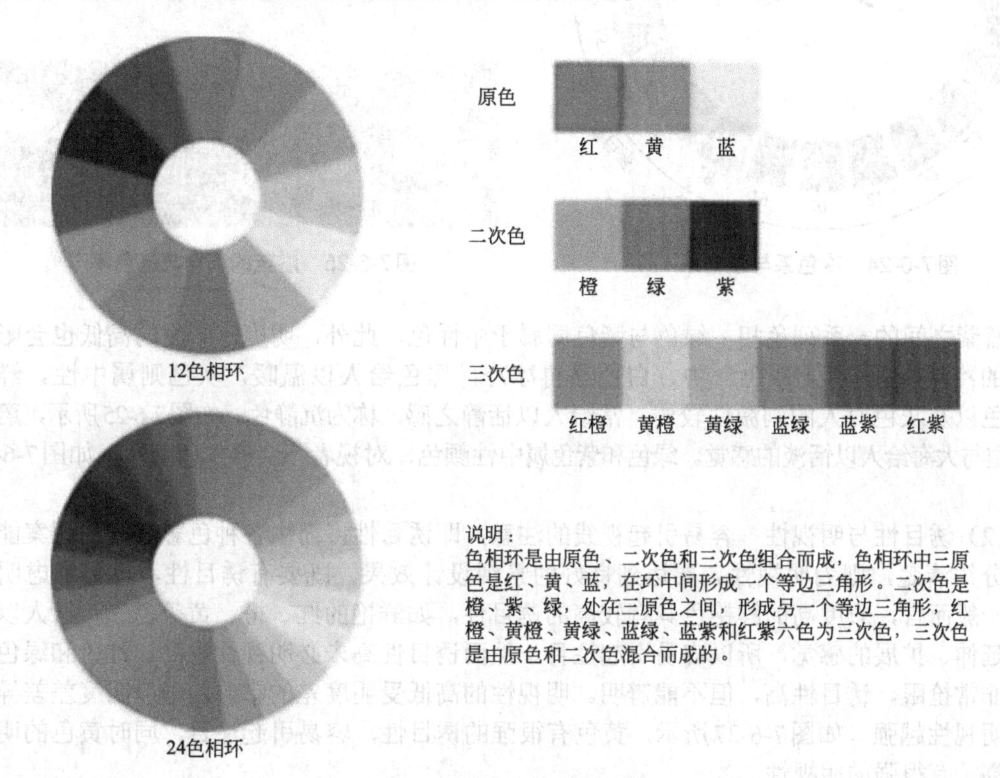


**图7-6-23 二次色和三次色**

（4）色彩的三要素 也称色彩的三属性，即色相、明度和彩度。色相即色彩的相貌，指植物反射阳光所呈现的各种颜色，如黄、红、绿等颜色。明度指色彩的明亮程度，是色彩明暗的特质，白色在所有色彩中明度最高，黑色明度最低。明度等级高低依次为：白、黄、橙、绿、红、紫、黑。彩度指植物颜色的浓淡或深浅程度，也称纯度或饱和度，艳丽的色彩饱和度高，彩色度也高，如红、黄、蓝三原色。黑、白色无彩度，只有明度。

2. 色彩效应

色彩因搭配与使用的不同，会使人的心理产生不同的情感，即所谓的“色彩情感”。一个空间所呈现的立体感、大小比例以及各种细节等，都可以因为色彩的不同运用而显得明朗或模糊。所以巧妙地将色彩的各种“情感”运用到园林植物种植设计中，可以起到事半功倍的效果。

（1）冷色与暖色 有些色彩给人以温暖的感觉，而有些色彩让人有冷凉的感觉，通常称给人以温暖感觉的色彩为暖色，相反，称为冷色，这种冷暖感取决于不同的色相。如图7-6-24所示，暖色以红色为中心，包括由橙到黄之间的一系列色相；冷色以蓝色为中心，包括从蓝

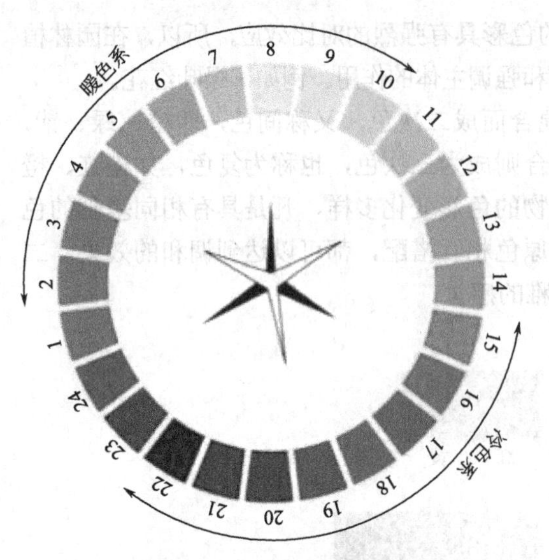


图7-6-24　冷色系与暖色系

图7-6-25　湛蓝的天空与蓝色海洋

绿到蓝紫之间的一系列色相；绿色与紫色同属于中性色。此外，明度、彩度的高低也会影响色相的冷暖变化。“无彩色”中，白色显得冰冷，黑色给人以温暖，灰色则属中性。鲜艳的冷色以及灰色对人的刺激性较弱，常给人以恬静之感，称为沉静色。如图7-6-25所示，蔚蓝的天空与大海给人以恬淡的感觉。绿色和紫色属中性颜色，对视者不会产生疲劳感，如图7-6-26所示。

（2）诱目性与明视性　容易引起视线的注意，即诱目性，而由各种色彩组成的图案能否让人分辨清楚，则为明视性。要达到良好的景观设计效果，既要有诱目性，也要考虑明视性。一般而言，彩度高的鲜艳色具有较高的诱目性，如鲜艳的红、橙、黄等色彩，给人以膨胀、延伸、扩展的感觉，所以容易引起注目。然而诱目性高未必明视性也高。红色和绿色颜色都非常抢眼，诱目性高，但不能辨明。明视性的高低受明度差的影响，一般明度差差异越大，明视性越强。如图7-6-27所示，黄色有很强的诱目性，容易引起注目，同时黄色的明度也很高，有很强的明视性。

图7-6-26　绿色的植物景观图

图7-6-27　花坛颜色的配置

（3）色彩的轻与重　色彩的轻、重受明度的影响，色彩明亮让人觉得轻，色彩深暗让人觉得沉重，明度相同者则彩度越高越轻、越低越重。深色与暗色感觉重，因此在室内植物景观设计中多采用暗色调植物，以显正统、威严。浅色调感觉轻，活泼好动者喜欢在室内摆色彩浅淡的植物，给人以亲近、轻松、愉快的感觉。同样的道理应用于室外的植物造景，如在烈士陵园等比较庄严的场所，植物应选择松柏等暗色调植物，以突出庄重、肃穆的气氛；而在儿童乐园或节日庆典等场合，则宜选择色彩浅淡的植物，以突出活泼、愉快的感觉。

（4）色彩的华丽与朴素　色彩有华丽与朴素之分，这与彩度、明度有密切关系。纯色的高彩度或高明度色彩，有华丽感；彩度低、明度低的暗色，给人以朴素感。一般而言，暖色华丽，冷色朴素。

（5）色彩的感情　色彩还可表现出一定的情感，亦即色彩的感情。但色彩的感情通常比较复杂，在一些情况下，它表现出积极的、向上的感受；在另外的情况下，它也可以表现出消极、暗淡的感受。

3.配色原则

（1）色相调和

① 单一色相调和　在同一颜色之中，浓淡明暗相互配合。同一色相的色彩，尽管明度或彩度差异较大，但容易取得协调与统一的效果。而且同色调的相互调和、和谐，会产生醉人的气氛与情调，但也会产生迷惘而精力不足的感觉。因此，在只有一个色相时，必须改变明度或彩度，以及植物的性状、排列、光泽、质感等，以免单调乏味。

在园林植物种植设计中，并非任何时候都有花开或者彩叶，绝大多数是绿色。而绿色的明暗与深浅的"同一色相调和"，使得整个景观协调。如草坪、树林、针叶树以及阔叶树、地被植物的深深浅浅，给人们不同的、富有变化的色彩感受。如图7-6-28所示，即采用不同的绿色来创造一个和谐美丽的景观。

② 近色相调和　近色相的调和，具有很强的调和关系，然而他们又有比较大的差异，即使在同一色调上，也能够分辨其差别，易于取得调和色；相邻色相，统一中又有变化，过渡不会显得生硬，易取得和谐、温和的气势，并加强变化的趣味性加之以明度、色度的差别运用，更可营造出各种各样的调和状态，配成既有统一又有起伏的优美配色景观。

近色相的色彩，依一定顺序渐次排列，用于园林植物种植设计中，常能给人以混合气氛之美感。如红色、蓝色相混为紫色，红色、紫色相混则为近色搭配；如果打破近色相调和的温和平淡，又能保持统一与调和，可以改变明度或色度；强色配弱色，或高明度配低明度，对比度增强效果会好。如图7-6-29所示，黄色与黄绿色为近色相，所营造的景观统一中有变化，形成完整的植物景观。

**图7-6-28　单一色相调和**

**图7-6-29　近色相调和**

③ 中差色相调和　红色与黄色、绿色和蓝色之间的关系为中差色相，一般认为其间具有不可调和性，植物种植设计时，最好改变色相，或调节明度，因为明度有对比关系，可以掩盖色相的不可调和性；中差色相接近于对比色，二者均鲜明而诱人，故必须至少要降低一方的彩度，才能得到较好的效果。

蓝天、绿地、喷泉即是绿与蓝两种中差色相的配合，但由于他们的明度差较大，故而色块配置仍然自然变化，给人以清爽、融合之美感。但在绿地中的建筑物及小品等设施，以绿色植物为背景，应避免使用中差色相蓝色。如图7-6-30所示，黄色和红色为中差色相，但图片形成的花带却很美观，是因为黄色降低了它的彩度。

④对比色相调和　对比色因其配色给人以现代、活泼、洒脱、明视性高的效果。在园林景观中运用对比色相的植物花色搭配，能产生对比的艺术效果。在进行对比配色时，要注意明度差与面积大小的比例关系。如图7-6-31所示，红色和绿色为对比色相，但为了使得两色相在植物造景中营造出美丽的景观，通过降低一方的种植面积，这样可以形成和谐统一的植物景观。

图7-6-30　中差色相调和

图7-6-31　对比色相调和

（2）背景搭配　园林植物种植设计中非常注重背景色的选择与搭配。

从本质上来说，背景的运用就是一种对比手法。背景与欲突出表现的景物宜色彩互补或邻补，以获得强烈、鲜明、醒目的对比效果。因此，除了熟悉园林植物本身的色彩外，还应当了解天然山水和天空的色彩，园林建筑和道路、广场、山石的色彩以及其它园林植物的色彩。植物景观既可以各种自然色彩和非生物设施为背景，如蓝天、白云、水面、山石、园林建筑以及各种园林小品，也可以其它园林植物景观为背景，如草坪、常绿阔叶林、松柏片林、竹丛等。

（3）配色修正　绿地中以乔、灌木等配置的景观一般不易更改，而花坛和节庆日临时摆花的色彩搭配可以利用以下手段加以修正或改变。

改变色相、明度和彩度。单一色相的配色，要用不同的明度、彩度来组织，以避免流于单调乏味。不同色相的配色，如果是邻近色相容易取得调和；对比色相不易取得调和，最好改变一方的面积或者彩度。如果有中差色相的存在，最好改变一方色相，增大或减少色块的面积；三种色相配色，不宜均采用暖色相；控制色相2～3种，以求典雅不俗。

同一明度的色彩不易调和，尽量避免搭配在一起；明度差异大，易调和，明视性高。彩度不同的各种颜色配在一起，会相互影响，使高之愈高，低之愈低；色彩差很大时，应以高彩度为主色，低彩度为副色。

改变色块。在色彩调和时，如果无法从更改色相、明度和彩度中得到缓解，则可考虑改变色块的大小、色块的集散，色块的排列及配置，以及色块的浓淡等。

加色搭配。若两种颜色互相冲突，根本无法搭配，有效的办法是在配色之间加上白、黑、灰、银、金等线条，将其分割、过渡。这样往往会消除冲突感，使配色清晰活泼。

利用强调色。主观上分出主色和副色，从旁边陪衬。色彩强烈，色块又大，易产生幼稚、俗艳的感觉。其实，明色调比鲜艳色调在应用上更高雅。

寻求与背景相和谐、调和。植物景观配置必须强调用色的背景与整体景观相协调。对背景不加思考而强加人为色彩搭配，如果不合适，会造成对统一的破坏。常用的背景色有绿色背景、白色或灰色背景、暖色背景，远山和蓝天做借景等。

## 八、园林植物种植设计的基本原则与设计类型

### （一）园林植物种植设计的基本原则

优秀的园林植物种植设计作品是科学性与艺术性高度统一的，它既需要考虑植物的生物学和生态学特性、观赏特性，又要考虑季相、色彩或艺术原理的应用。所以，在进行园林植物种植设计时，应该要遵循一定的原则。

#### 1.确定园林植物种植设计的功能

园林植物的功能表现在美化功能、改善和保护环境的功能，以及生产功能等几个方面。在进行园林植物种植设计时，要明确此设计的主要功能。例如，行道树植物的种植，行道树起到美化和遮荫作用，所以在植物选择时，应选用遮荫能力好，树形美观的树种。

#### 2.遵循“适地适树”原则

“适地适树”原则主要指的是两个方面：一方面要满足植物的生态要求，即植物配置必须符合“适地适树”“适地适草”的原则。每种植物在生长发育过程中，对生态的各个因子，例如温度、光照、水分都有不同的要求，只有根据植物习性的不同进行合理搭配，才能创造出生态适宜的植物景观；另外，植物种植的时候，一定要满足造景的功能要求，植物配置必须与景观的总体设计、环境相协调一致，即“因地制宜”。不同的地形地貌、不同的绿地类型、不同的景观和景点对植物配置的要求不同，突出地域特点，注重地方特色。例如，规则式的园林中，多采用对植或列植规则式的植物景观。

#### 3.注重植物多样性原则

丰富的园林自然景观，为园林绿地内“植物造景”提供充足的植物素材。每一种植物在正常的生长环境下，都具有各自的形态特征和观赏特点。在城市园林设计中，应选用多种园林观赏植物，这样才能形成丰富多彩的园林绿地景观，提高园林艺术水平和观赏价值，使城市园林绿地呈现出“三季有花，四季常青”的美丽景观。

#### 4.遵循“尽量形成人工群落”的种植原则

在进行园林植物种植设计的时候，我们应该对各种乔木、灌木、藤本、花卉以及地被植物进行合理的配置，使之形成很好的植物景观，同时也可以形成一个稳定的植物群落，单位面积内种植的植物越多，群落所发挥的生态效益越大，对环境的改善能力越强，另外，形成一个稳定的植物群落还有一个很突出的地点，就是后期的养护管理费用很低，我们仿照大自然创造“植物群落”，目的也是这个群落能够相互补充，相互影响，形成一个稳定的植物群落。

#### 5.遵循“多样统一，协调对比”的原则

植物种植设计的一个重要目的就是为人们提供一个舒适、宜人休息、锻炼的环境。它在

很大程度上是要强调其美观性的。所以，在进行园林绿地或者植物种植设计时，一定要满足人们的审美要求，体现具有现代园林气息的审美价值。因此，园林植物种植设计强调注意植物的生态性和科学性的同时，还要注重其植物配置的艺术性，使植物与城市园林的各种建筑、道桥、山石、小品之间，使城市园林中的各种花草树木之间，在色彩、形态、体量等方面，进行既富于多样变化的对比，又能够互相烘托协调的艺术构思和配置设计。这样，才能使我们的城市绿地，既能体现出园林植物的多样性，又无繁华凌乱之感，使植物的多样性与园林的艺术性协调统一起来。注意园林植物自身的文化性与周围环境相融合，如岁寒三友松、竹、梅在私家园林中应用的是很多的。

总之，园林植物种植设计在遵循生态学原理的同时，还应遵循美学原理。但生态学原理在整个植物设计中是需首要考虑的。另外园林植物种植设计还可以根据需要结合经济性、文化性、知识性等内容，扩大园林植物功能的内涵和外延，充分发挥其综合功能，服务于人类。

**（二）园林植物种植设计的设计类型**

按照树木的生态习性，运用美学原理，依据其姿态、色彩、形态进行平面和立面的构图，使其具有不同形式的组合，构成千姿百态的美景，创造各种引人入胜的树木景观。树木配置的形式多样，归为两类：规则式配置和自然式配置。

规则式又称整形式、几何式、图案式等，是把树木按照一定的几何图形栽植，具有一定的株行距或角度，整齐、严谨、庄重，常给人以雄伟的气魄感，体现一种严整大气的人工艺术美，视觉冲击力强，但有时也显得呆板，单调乏味。常用规则式园林和需要庄重的场合，如寺庙、陵墓、广场、道路、入口以及大型建筑周围等。包括对植、列植等。法国、意大利的古典园林中，植物景观主要是规则式的，植物被整形修剪成各种几何形体，与规则式建筑的线条、外形，乃至体量协调统一。如图7-6-32所示为埃斯特庄园规则式的花坛设计。

自然式又称为风景式、不规则式，植物景观呈现出自然状态，没有明显的轴线关系，各种植物根据艺术原理的配置自由灵活。树木种植没有固定的株行距和排列方式，形态大小不一，富于变化，体现出柔和、舒适的空间艺术效果。适用于自然式园林、风景区和普通的庭院，如大型公园和风景区常见的疏林草地就属于自然配置。中国式庭园、日本式茶庭及富有田园风趣的英国式庭院多采用自然式配置。如图7-6-33所示，日式枯山水式园林，模拟的是大自然的景观。

**图7-6-32　规则式园林**

**图7-6-33　自然式园林**

1.乔、灌木植物种植的类型

（1）孤植　在一个较为开旷的空间，远离其他景物种植一株乔木称为孤植。孤植树也叫园景树、独赏树或标本树，目的是突出树木的个体美，一般单株种植，在设计中多处于绿地平面的构图中心和园林空间的视觉中心而成为主景，也可起引导视线的作用，并可烘托建筑、假山或活泼水景，具有强烈的标志性、导向性和装饰作用。如图7-6-34所示。

孤植树的选择或植株姿态优美，或树形挺拔、端庄、高大雄伟，或秋色艳丽，或花果美丽、色彩斑斓。总之，要配置得体，起到画龙点睛的作用。如图7-6-35所示。

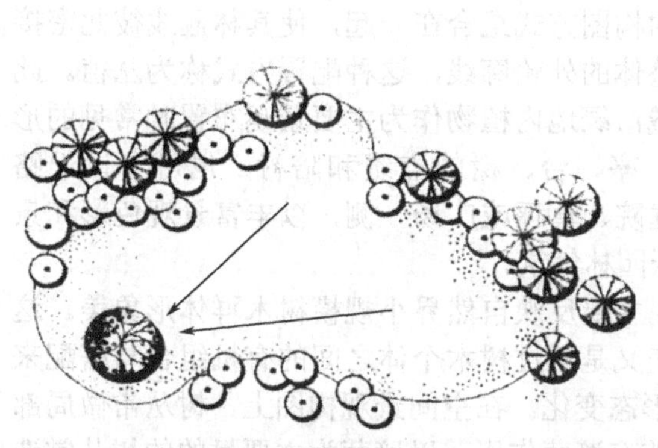

图7-6-34　孤植示意图

图7-6-35　孤植

可做孤植树使用的还有：黄山松、栎类、七叶树、栾树、国槐、金钱松、南洋楹、海棠、白兰花、白皮松、圆柏、油松、毛白杨、白桦、元宝枫、糠椴、柿树、白蜡、皂角、白榆、薄壳山核桃、朴树、冷杉、云杉、丝棉木、乌柏、合欢、枫香、广玉兰、桂花、喜树、小叶榕、菩提树、腊肠树、橄榄、凤凰木、大花紫薇等。

（2）对植　将树形美观、体量相近的同一树种，按照构图中轴线对称的原则进行植物的种植，称为对植。对植多选用树形整齐优美、生长较慢的树种，以常绿树为主，但很多花色优美的树种也适合对植。如图7-6-36所示。

对植常用于房屋和建筑前、广场入口、大门两侧、桥头两旁、石阶两侧等，起衬托主景的作用，或形成配景、夹景，以增强透视的纵深感。如图7-6-37所示，南京栖霞寺门前对植的银杏。

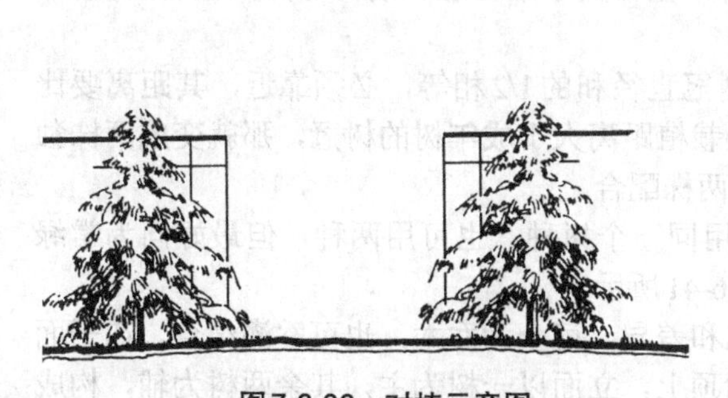

图7-6-36　对植示意图

图7-6-37　对植

（3）列植　树木成行成带的行列式种植称为列植，列植主要用于公路、铁路、城市街道、广场、大型建筑周围、防护林带、农田林网、水边种植等。如图7-6-38所示为列植的椰树路。

图7-6-38 列植

列植应用最多的是道路两旁，通常为单行或双行，选用一种树木，必要时亦可多行，且用多种树木按一定方式排列。行道树列植宜选用树冠形体比较整齐一致的种类。株距与行距的大小应视树的种类和所需要遮荫的郁闭程度而定。一般乔木株行距为5～8m，中小乔木为3～5m，大灌木为2～3m，小灌木为1～2m。完全种植乔木或将乔木与灌木交替种植皆可。

（4）丛植　由2～3株至10～20株同种或异种的树木按照一定的构图方式组合在一起，使其林冠线彼此密接而形成一个整体的外轮廓线，这种配置方式称为丛植。此种植方式是城市绿地内植物作为主要景观布置时常见的形式，用于桥、亭、台、榭的点缀和陪衬，也可专设于路旁、水边、庭院、草坪或广场一侧，以丰富景观色彩和景观层次，活跃园林气氛。

树丛景观主要反映自然界小规模树木群体形象美。这种群体形象美又是通过树木个体之间的有机组合与搭配来体现的，彼此之间既有统一的联系、又有各自形态变化。在空间景观构图上，树丛常做局部空间的主景，或配景、障景、隔景等，同时也兼有遮荫作用。以遮荫为主要目的的树丛常选用乔木，并多用单一树种，如毛白杨、朴树、樟树、橄榄，树丛下也可适当配置耐荫花灌木；以观赏为目的的树丛，为了延长观赏期，可以选用几种树种，并注意树丛的季相变化，最好将春季观花、秋季观果的花灌木以及常绿树种配合使用，并可在树丛下配置常绿地被。

从植形成的树丛既可做主景，也可以做配景。做主景时，四周要空旷，宜用针阔叶混植的树丛，有较为开阔的观赏空间和引导视线，栽植点位置较高，使树丛主景突出。树丛配置在空旷草坪的视点中心上，具有极好的观赏效果；在水边或湖中小岛上配置，可作为水景的焦点，能使水面和水体活泼而生动。

① 两株配合　树木配置构图上必须符合多样统一的原理，既要有调和又要有对比，如图7-6-39所示。因此，两株树的组合，首先必须有相似的地方，同时又有其特别的地方，才能使二者有变化又有统一。凡是差别太大的两种树木，如棕榈和马尾松对比性强，配置在一起不协调，很难配置在一起。

一般而言，两株丛植最宜选用同一种树种，但在大小、姿态、动势等方面要有所变化，才能生动活泼。

两株的树丛，其栽植的距离不能与两树树冠直径和的1/2相等，必须靠近，其距离要比小树冠小得多，这样才能成为一个整体。如果栽植距离大于成年树的树冠，那就变成两株独树而不是一个树丛。如图7-6-40所示为枫香的两株配合。

② 三株配合　三株树丛的配合中，可以用同一个树种，也可用两种，但最好同为常绿树或同为落叶树，忌用三个不同树种。如图7-6-41所示。

三株配合，树木的大小、姿态都要有对比和差异，可全为乔木，也可乔灌结合。在平面布置上要把三株树置于不等边三角形的三个角顶上，立面以一树为主，其余两树为辅，构成主从相宜的画面。三株忌在一直在线，也忌等边三角形栽植。三株的距离都要不相等，其中有两株，即最大一株和最小一株要靠近些，使成为一小组，中等的一株要远离一些，使其成为另一小组，但两个小组在动势上要呼应，构图才不致分割。如图7-6-42所示为三株配合忌用形式。

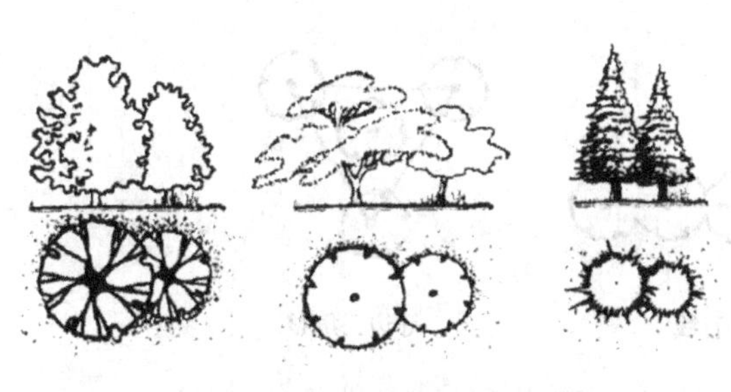

图7-6-39　两株配合示意图

图7-6-40　两株配合

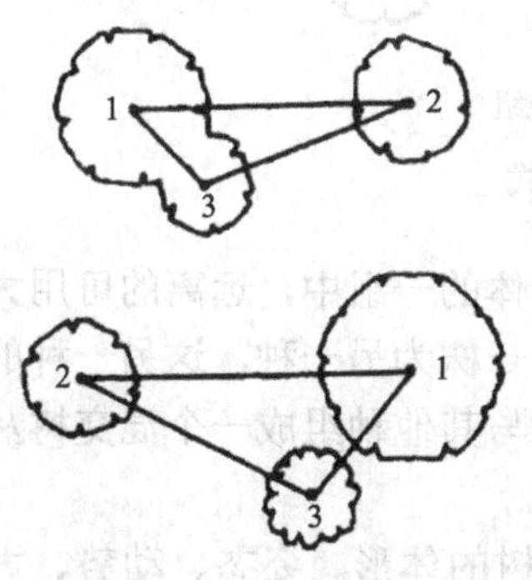


图7-6-41　三株配合示意图

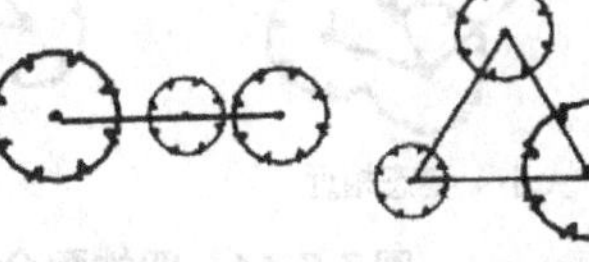


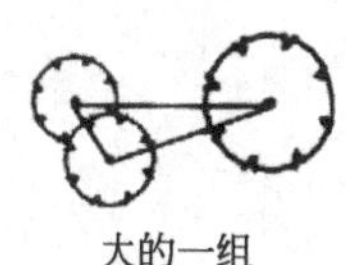


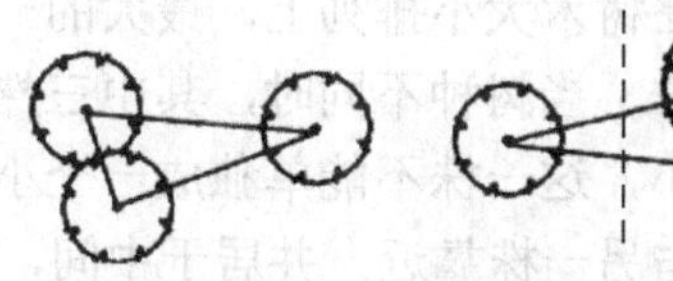


图7-6-42　三株配合忌用形式

③ 四株配合　四株树丛的配合，用一个树种或两种不同的树种，必须同为乔木或同为灌木。如果应用三种以上的树种，或大小悬殊的乔木、灌木，就不易调和，如果是外观极相似的树木，可以超过两种。所以原则上四株的组合不要乔、灌木合用。当树种完全相同时，在体形、姿态、大小、距离、高矮上，应力求不同，栽植点标高也可以变化，如图7-6-43所示。

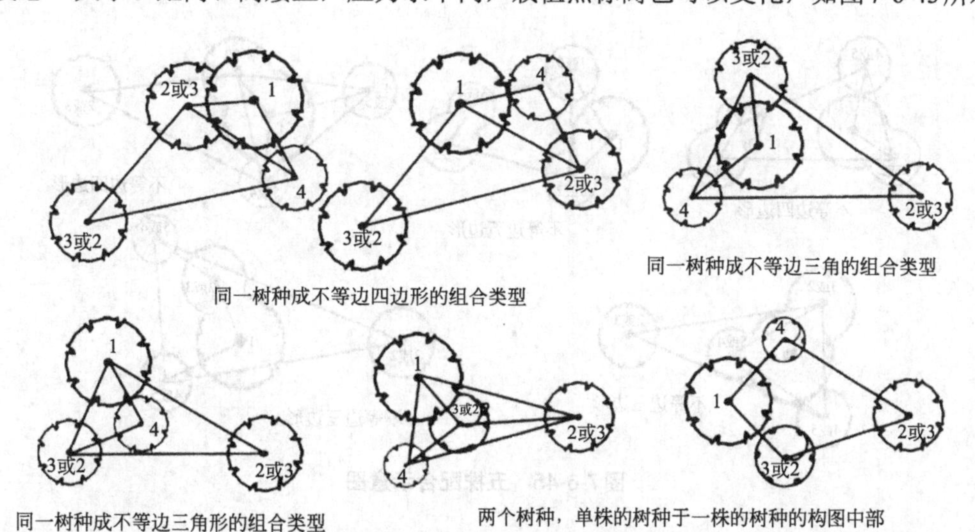


图7-6-43　四株配合示意图

四株树组合的树丛，不能种在一条直线上，要分组栽植，但不能两两组合，也不要任何三株成一直线，可分为两组或三组。分为两组，即三株较近一株远离；分为三组，即两株一组，另一株稍远，第三株远离。如图7-6-44所示。

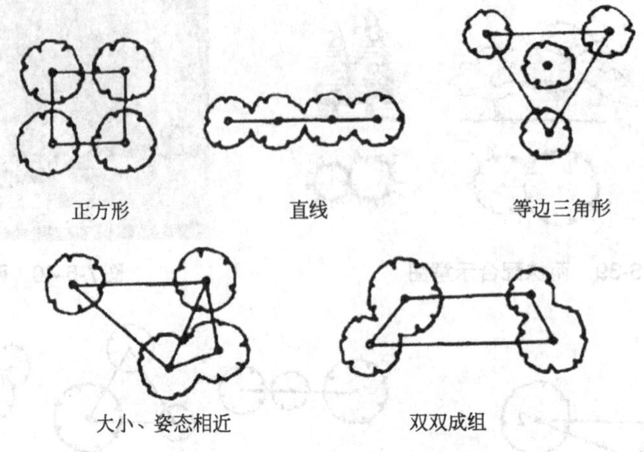


图7-6-44　四株配合忌用形式

树种相同时，在树木大小排列上，最大的一株要在集体的一组中，远离的可用大小排列在第二、三位的一株；当树种不同时，其中三株为一种，一株为另一种，这另一种的一株不能最大，也不能最小，这一株不能单独成一个小组，必须与其他种组成一个混交树丛，在这一组中，这一株应与另一株靠近，并居于中间，不要靠边。

④ 五株配合　五株同为一个树种的组合方式，每株树的体形、姿态、动势、大小、栽植距离都应不同。最理想的分组方式为3∶2，就是三株为一小组、两株一小组，如果按照大小分为5个号，三株的小组应该是1、2、4成组，或1、3、4成组，或1、3、5成组。总之，主体必须在三株的那一组中。组合原则三株的小组与三株的树丛相同，两株的小组与两株的树丛相同，但是这两小组必须各有动势。另一种分组方式为4∶1，其中单株树木，不宜最大或最小，最好是2、3号树种，两个小组距离不宜过远，动势上要有联系。如图7-6-45所示。

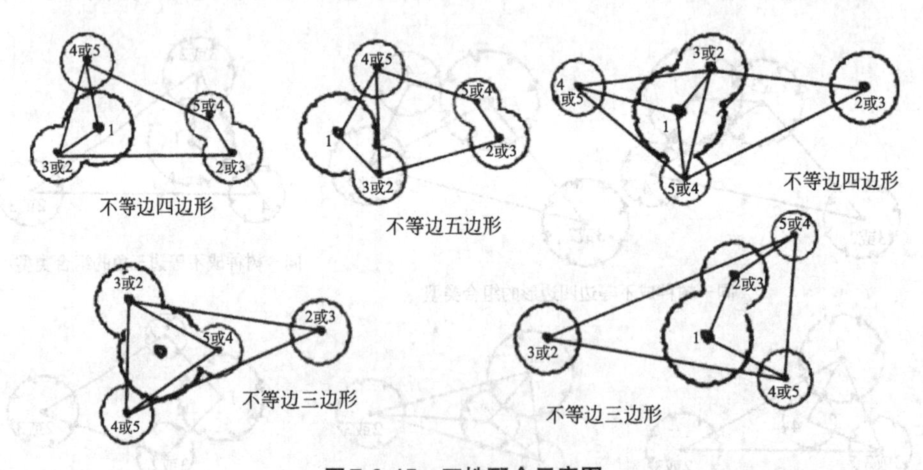


图7-6-45　五株配合示意图

五株树丛由两个树种组成，一个树种为三株、另一个树种为二株合适，否则不协调。如三株桂花配二株槭树配合容易均衡，如果四株黑松配一株丁香，就不协调。

五株由两个树种组成的树丛，配置上可分为一株和四株两个单元，也可分为二株和三株的两个单元。当树丛分为1 ∶ 4两个单元时，三株的树种应分置两个单元中，两株的一个树种应置一个单元中，不可把两株的那个树种分配为两个单元。或者，如有必要把两株的树种分为两个单元，其中一株应该配置在另一树种的包围之中。当树丛分为2 ∶ 3两个单元时，不能三株的一种在同一单元，两株的种在同一单元。如图7-6-46所示为五株配合忌用形式。

⑤ 五株以上的树丛　树木的配置，株数越多就越复杂，但分析起来，孤植树是一个基本单位，二株丛植也是一个基本单位，三株由二株和一株组成，四株又由三株和一株组成，五株则由一株和四株或二株和三株组成。理解了五株配置的道理，则六七八九株同理类推。例如，六株配置可以按照二株和四株的组合，七株配置可以按照三株和四株或者二株和五株的组合，八株配置可以按照三株和五株的组合，九株配置可以按照四株和五株或者三株和六株的组合。其关键是在调和中要求对比差异，差异中要求调和，所以株数越少，树种越不能多用。在10～15株以内时，外形相差太大的树种，最好不要超过五种。如图7-6-47所示。

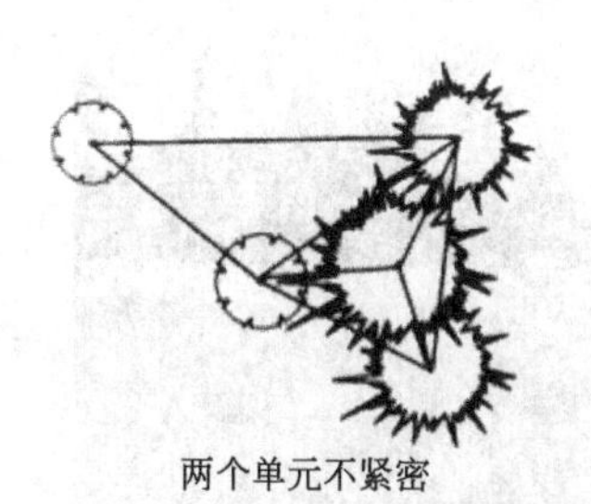

两个单元不紧密　　构图分割，不统一

图7-6-46　五株配合忌用形式

图7-6-47　棕榈丛植

（5）群植　由二三十株以至数百株的乔、灌木成群配置称为群植，形成的群体称为树群。树群可由单一树种组成，也可由数个数种组成，因此可分为单纯树群和混交树群两种。单纯树群由一种树种构成。混交树群是树群的主要形式。混交树群分为五个部分：乔木层、亚乔木层、大灌木层、小灌木层、多年生草本层。其中每一层都要显露出来，其显露部分，应该是该植物观赏特征突出的部分。乔木层选用的树种，树冠的姿态要特别丰富，使整个树群的天际线富于变化，灌木应以花木为主，草本植物应以多年生野生花卉为主，树群下的土面不能暴露。

树群所表现的主要为群体美，树群可以做构图。因此树群应该布置在有足够距离的开朗场地上，如靠近林缘的大草坪上、宽广的林中空地、水中的小岛屿上、宽广水面的水滨、小山的山坡上、土丘上等。树群主要立面的前方，至少在树群高度的4倍、树宽度的1.5倍距离上，要留出空地，以便游人欣赏。树群规模不宜太大，在构图上要四面空旷，组成树群的每株树木，在群体的外貌上，都起到一定作用，树群的组合方式，最好采用郁闭式、成层的结合。树群内通常不允许游人进入，因而不利于庇荫休息之用，但是树群的北面，树冠开展的林缘部分，仍然可供庇荫休息之用。

树群由于株数较多，占地较大，在园林中也可作背景。两组树群还可起到框景的作用，树群不但有形成景观的艺术效果，还有改善环境的作用。

群植是为了模拟自然界中的树群景观，根据环境和功能要求，可多达数百株，但应以一两种乔木树种为主体和基调树种，分布于树群各个部位，以取得和谐统一的整体效果。其他树种不宜过多，一般不超过10种，否则会显得零乱和繁杂。在选用树种时，应考虑树群外貌的季相变化，使树群景观具有不同的季节景观特征。树群设计应当源于自然而高于自然，把客观的自然树群形象与设计者的感受情思结合起来，抓住自然树群最本质的特征加以表现，求神似而非形似。

与丛植相比，群植更需要考虑树木的群体美，树群中各树种之间的搭配，以及树木与环境的关系，对树种个体美的要求没有树丛严格，因而树种选择的范围更广一些。乔木的树群多采用的是郁闭式。由于树群的树木数量多，特别是对较大的树群来说，树木之间的相互影响、相互作用会变得突出，因此在树群的配置和营造中要十分注意各种树木的生态习性，创造满足其生长的生态条件。另外从景观营造角度考虑，要注意树群林冠线、林缘线的优美及色彩季相效果。一般常绿树在中央，可做背景，落叶树在边缘，叶色及花色艳丽的种类在更外围，要注意配置画面的生动活泼。树群在园林中的观赏功能与树丛比较近似，在开朗宽阔的草坪和小山坡上都可用做主景，尤其配置于滨水效果更加。由于树群树种多样，树木数量较大，尤其是形成群落景观的大树群具有极高的观赏价值，同时对城市环境质量的改善又有巨大的生态作用，是园林景观营造的常用方法。如图7-6-48和图7-6-49所示是雪松群围合的开敞空间。

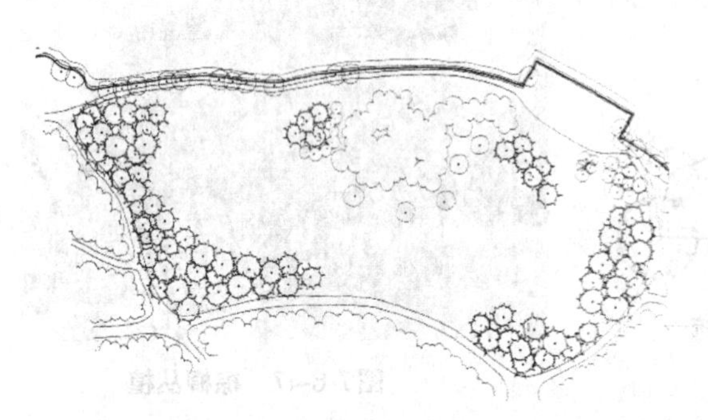

**图7-6-48　由雪松组成的开阔空间平面图**

**图7-6-49　雪松群立面图**

树群组合的基本原则为，高度喜光的乔木层应该分布在中央，亚乔木在其周围，大灌木、小灌木在外缘，这样不致互相遮掩，但其各个方向的断面，不能向金字塔那样机械，树群的某些外缘可以配置一两个树丛及几株孤植树。

大多数园林树种均适合群植，如以秋色叶树种而言，枫香、元宝枫、黄连木、黄栌槭树等群植均可形成优美的秋色。

（6）林植　凡成片、成块大量栽植乔灌木，构成林地和森林景观的称为林植，也叫树林。这是将森林学、造林学的概念和技术措施按照园林的要求引入自然风景区、大面积公园、风景游览区或休疗养区及卫生防护林带建设中的配置方式。在配置时除防护带应以防护功能为主外，一般要特别注意群体的生态关系以及养护上的要求。在自然风景游览区中进行林植时应以早风景林为主，应注意林冠线的变化、疏林与密林的变化、林中树木的选择与搭配、群体内及群体与环境间的关系以及按照园林休憩游览的要求留有一定大小的林间空地等措施。林植分为林带、密林和疏林三种。

① 林带　一般为狭长带状，多用于周边环境，如路边、河滨、广场周围等。大型的林带如防护林、护岸林等可用于城市周围、河流沿岸等处，宽度随环境而变化。既有规则式的，也有自然式的。

林带多选用1～2种高大乔木，配合林下灌木组成，林带内郁闭度较高，树木成年后树冠应能交接。林带的树种选择根据环境和功能而定，如工厂、城市周围的防护林带，应选择适应性强的种类，如刺槐、杨树、白榆等；河流沿岸的林带则应选择喜湿润的种类，如水杉、池杉、落羽杉等；而广场、路旁的林带，应选择遮荫性好、观赏价值高的种类，如水杉、白桦、银杏等。

② 密林　一般用于大型公园和风景区，郁闭度常在0.7～1.0，阳光很少透入林下，土壤湿度很大，地被植物含水量高、组织柔软脆弱，经不起踩踏，容易弄脏衣物，不便游人活动，通常会在林下布置曲折的小径，可供游人散步，但一般不供游人做大规模活动。很多公园和景区的密林都是利用原有的自然植被加以改造形成的。图7-6-50为马尾松林。

图7-6-50　马尾松林

密林又有单纯密林和混交密林之分。在艺术效果上各有特点，前者简洁壮阔，后者华丽多彩，两者相互衬托，特点更突出。

单纯密林是由一个树种组成的，它没有垂直郁闭景观美和丰富的季相变化。为了弥补这一缺点，可以采用异龄树种造林，结合利用起伏地形的变化，同样可以使林冠得到变化。林区外缘还可以配置同一树种的树群、树丛和孤植树，增强林缘线的曲折变化。林下配置一种或多种开花华丽的耐荫或半耐荫草本花卉以及低矮、开花繁茂的耐荫灌木。单纯林植一种花灌木也可以取得简洁壮阔之美。为了提高林下景观的艺术效果，水平郁闭度不可太高，最好为0.7～0.8，以利于地下植被正常生长和增强可见度。

混交密林是一个具有多层结构的植物群落，大乔木、小乔木、大灌木、小灌木、高草、低草各自根据自己的生态要求和彼此相互依存的条件，形成不同的层次，所以季相变化比较丰富。供游人欣赏的林缘部分，其垂直成层构图要十分突出，但也不能全部塞满，以致影响游人欣赏林下特有的幽邃深远之美。为了能使游人深入林地，密林内部可以有自然路通过，但沿路两旁垂直郁闭度不可太大，游人漫步其中有如回到大自然中。必要时还可以留出大小不同的空旷草坪，利用林间溪流水体，种植水生花卉，再附设一些简单构筑物，以供游人做短暂的休息或躲避风雨之用，更觉意味深长。

③ 疏林　常用于大型公园的休息区，并与大片草坪相结合，形成疏林草地景观。树林的郁闭度一般为0.4～0.6，常与草地相结合，故又称草地疏林。

疏林还可以与广场相结合形成疏林广场，多设置于游人活动和休息使用频繁的环境。树木选择同疏林草地，只是林下做硬地铺装，树木种植于树池中。树种选择时还要考虑具有较高的分枝点，以利人员活动，并能适应因铺地造成的不良通气条件。如图7-6-51所示为高尔夫球场的疏林。

图7-6-51　疏林

2.攀缘植物的设计类型

攀缘植物是园林植物中重要的一类，它们的攀缘习性和观赏特性各异，在园林造景中有着特殊的用途，是重要的垂直绿化材料，可广泛应用于棚架、花格、篱垣、栏杆、凉廊、山石、阳台和屋顶等多种造景方式。花亭、花廊和垂花门等均由攀缘植物布置而成，蔷薇架、紫藤架等都是古典园林常见的造景形式。

（1）附壁式造景　吸附类攀缘植物不需要任何支架，可通过吸盘或气生根固定在垂直面上。因而，围墙、楼房等的垂直立面，可以用吸附类攀缘植物进行绿化，从而形成绿色或五彩的挂毯。

附壁式造景还可用于围墙、楼房等的垂直立面，还可用于各种墙面、断崖悬壁、挡土墙、大块裸岩、桥梁等设施的绿化。如图7-6-52所示为凌霄吸附墙面生长。

附壁式造景在植物材料选择上，应注意植物材料与被绿化物的色彩、形态、质感的协调。粗糙表面如砖墙、石头墙、水泥混沙抹面等可选择枝叶较粗大的种类，如爬山虎、薜荔等，而表面光滑、细密的墙面如马赛克贴面则宜选用枝叶细小、吸附能力强的种类，如络石、小叶扶芳藤等。如图7-6-53所示为爬山虎在野外攀缘的景观。

图7-6-52　凌霄吸附墙面

图7-6-53　爬山虎野外景观

（2）篱垣式造景　主要用于篱架、栏杆、铁丝网、栅栏、矮墙、花格的绿化，这类设施在园林中最基本的用途是防护或分隔，也可单独使用，构成景观。

竹篱、铁丝网、围栏、小型栏杆的绿化以茎柔叶小的种类为宜，如防己、千金藤、金线吊乌龟、络石、牵牛花、月光花、茑萝、倒地铃、海金沙等。如图7-6-54所示为络石在栏杆上的造景应用。

在庭院和居民区，应充分考虑攀缘植物的经济价值，尽量选择可供食用或药用的种类，如金银花、绞股蓝、丝瓜、苦瓜、扁豆、豌豆、菜豆和各种瓜豆类，如图7-6-55所示为金银

图7-6-54　络石在园林中的应用

图7-6-55　金银花在园林中的应用

花在居民区中的应用。

在公园中，利用富有乡村特色的竹竿等材料，编制各式篱架或围栏，配以红花菜豆、菜豆、香豌豆、刀豆、落葵、蝴蝶豆、相思子等，结合葡萄棚架、茅舍，可以形成一派朴拙的村舍风光，别有一番农村田园的情趣。

（3）棚架式造景　是园林中应用最广泛的攀缘植物造景方式。棚架是用竹木、石材、金属、钢筋混凝土等材料构成一定形状的格架，供攀缘植物攀附的园林设施，也称花架。棚架式造景装饰性和实用性均强，既可作为园林小品独立形成景观或点缀园景，又具有遮阳和休闲功能，供人们休息、消暑，有时还具有分隔空间的作用。

按立面形式，可分为两面设立柱式的普通廊式棚架、两面为柱中间设墙的复式棚架、中间设柱的梁架式棚架、一面为柱一面为墙的半棚架以及各种特殊造型的棚架，如花瓶状、伞亭状、蘑菇状等。图7-6-56～图7-6-60分别为普通廊式棚架、复式棚架、梁架式棚架、半棚架和伞亭状棚架。

按使用材料分，有竹木结构、绳索结构、钢筋混凝土结构、砖石结构、金属结构和混杂结构等。

图7-6-56　普通廊式棚架

图7-6-57　复式棚架

图7-6-58　梁架式棚架

图7-6-59　半棚架

图7-6-60　伞亭状棚架

棚架式造景可单独使用，成为局部空间的主景，也可用作为由室内到花园的类似建筑形式的过渡物，均具有园林小品的装饰性特点，并具有遮荫的使用目的。棚架可用于各种类型的绿地中，几乎可以布置在园林中的任何地方，如草地边缘、草地中央、水边、建筑附近、大门入口等，最宜设置在风景优美的地方供休息和点景，也可以和亭、廊、水榭、景门、园桥相结合，组成外形优美的建筑群，甚至可用于屋顶花园。如图7-6-61所示为留园曲溪楼前的紫藤所营造的“花廊桥”。

一般而言，卷须类和缠绕类攀缘植物最宜供棚架造景使用，如木质的紫藤、中华猕猴桃、葡萄、木通、五味子、菝葜、木通马兜铃、常春油麻藤、瓜馥木、炮仗花、黎豆藤、西番莲、蓝花鸡蛋果等都是适宜的材料。

（4）立柱式造景　随着城市建设，各种立柱如电线杆、立交桥立柱不断增加，它们的绿化也成为垂直绿化的重要内容之一。从一般意义上讲，吸附类的攀缘植物最适于立柱式造景，不少缠绕类植物也可应用。高架路立柱主要选用五叶地锦、常春油麻藤、常春藤等。此外，还可用木通、南蛇藤、络石、金银花、爬山虎、蝙蝠葛、小叶扶芳藤等耐荫种类。电线杆及灯柱的绿化可选用凌霄、络石、素方花、西番莲等观赏价值高的种类。如图7-6-62所示为小叶扶芳藤、凌霄在树干上的造景。

（5）假山置石的绿化　假山置石源于自然，应反映自然山石、植被的状况，以加强自然情趣。关于假山置石的绿化，古人有“山借树而为衣，树借山而为骨，树不可繁，要见山之秀丽”的说法。

利用攀缘植物点缀假山石，一般情况下，植物不宜太多，应当让山石最优美的部分充分显露出来，并注意植物与山石纹理、色彩的对比和统一。植物种类选择依假山类型而定，一般以吸附类为主。若与表现假山植被茂盛的状况，可选择枝叶茂密的种类，如五叶地锦、紫藤、凌霄，并配合其他树木花草。如图7-6-63所示为炮仗花在置石上的造景。

图7-6-61　紫藤“花廊桥”

图7-6-62　攀缘植物立柱式造景

图7-6-63　攀缘植物置石的造景

园林水体的石质驳岸也适合用攀缘植物点缀，可与荷花等水生植物一起组成丰富的岸边景色。驳岸一般有自然式和规则式两种。自然式驳岸有自然的曲折，规则式驳岸是以石料、砖、混凝土等砌筑而成的整形式岸壁，线条生硬，更易以柔和的植物材料来打破其呆板，使画面流畅生动。如图7-6-64和图7-6-65所示。

图7-6-64　自然式驳岸造景

图7-6-65　规则式驳岸造景

3.花卉的设计类型

花卉是园林植物种植设计的基本素材之一，具有品种繁多、色彩艳丽、生产周期短、更换容易、花期容易调控等特点，在园林中应用十分广泛。花卉在园林中的设计类型主要有花坛、花境、花池、花台以及立体装饰等。

思考题

1.城市道路绿地和高速公路绿地的绿地类型以及各类型绿地的设计要点是什么？
2.各类城市广场绿地的设计要点是什么？
3.居住区各类绿地设计的要点是什么？
4.各类庭院绿地的类型以及设计的要点是什么？
5.静态水和动态水设计的要点是什么？
6.环境对植物的生态作用有哪些？
7.各生态因子对植物的生态作用以及景观效果如何？
8.园林植物种植设计的艺术原理是什么？
9.园林植物种植设计的类型包括哪些？

# 第八章

# 园林规划设计的基本程序与方法

## 第一节　基地调查与分析

园林拟建地又称为基地，它是由自然力和人类活动共同作用形成的复杂空间实体，它与外部环境有着密切联系。所以对基地的现场调查是获得基地环境认知和空间感受不可或缺的途径。

### 一、基地调查的内容和方法

1.基地现状调查内容

基地现状调查包括收集与基地有关的技术数据和进行实地勘察、测量两部分工作。有些技术资料可从有关部门查询到，如基地所在地区的气象数据、基地地形及现状图、各种相关管线资料、相关的城市规划资料等。查询不到的，但又是设计所必需的资料，通常通过实地调查、勘测得到，如基地及其周边环境的视觉质量、基地小气候条件、详细的现状植被状况等。同时，如果现有数据精度不够、不完整或与现状有差异，则应重新勘测或补测。基地现状调查的内容涉及以下几方面。

① 自然条件　地形、水体、土壤与地质、植被。

② 气象资料　日照条件、温度、风、降雨。

③ 人工设施　建筑及构筑物、道路和广场、各种管线设施。

④ 人文及自然环境　基地现状自然与人文景观、视域条件、与场地有关的历史人文资料。

⑤ 基地范围及其周边环境　基地范围、基地周边知觉环境、基地周边地段相关的城市规划与建设条件。

现状调查并不需要将以上所列的内容全部调查清楚，应根据基地的规模与性质、内外环境的复杂程度，分清主次目标。相关的主要内容应深入详尽地调查，次要的仅需作一般了解。

2.基地分析

基地分析是在客观调查和基于专业知识与经验的主观评价的基础上，对基地及其环境的各种因素做出综合性的分析与评价，趋利避害，使基地的潜力得到充分发挥。基地分析在整个设计过程中占有很重要的地位，深入细致的基地分析有助于园林用地规划和各项内容的详细设计，并且在分析过程中产生的一些设想通常对设计构思也会有启发作用。基地分析包括在地形数据的基础上进行坡级分析、排水类型分析，在地质数据的基础上进行地面承载分析，在气象数据的基础上进行日照条件分析、小气候条件分析等。

较大规模的基地需要分项调查，因此基地分析也应按不同性质的分项内容进行，最后再综合。首先，将调查结果分别绘制在基地底图上，一张底图上通常只做一个单项调查内容，然后把所有项内容都迭加到一张基地综合分析图上。由于各项的调查或分析是分别进行的，因此能够做得较细致与深入，但在综合分析图上应该着重表示各项的主要和关键内容。基地综合分析图的图纸宜用描图纸，各项内容可用不同的颜色加以区别。基地规模较大，条件相对复杂时可以借助计算机进行分析，例如地理信息系统（GIS）都具有很强的分析功能。

3. 资料表达

在基地调查和分析时，所有资料应尽量用图面或图解并配以适当的文字说明的方式表示，并做到简明扼要。这样数据才直观、具体、醒目，给设计带来方便。

带有地形的现状图是基地调查、分析不可缺少的基本数据，通常称为基地底图。基地底图应依据园林用地规模和建设内容选用适宜的比例。在基地底图上需表示出比例和朝向、各级道路网、现有主要建筑物及人工设施、等高线、大面积的林地和水域、基地用地范围等内容。另外，在需要缩放的图纸中应标出现状比例尺图，用地范围采用双点划线表示。基地底图不要只限于表示基地范围之内的内容，也应给出一定范围的周围环境。为了能准确地分析现状地形及高程关系，也可做一些典型的场地剖面。

## 二、基地自然条件

1. 地形

基地地形图是最基本的场地条件资料。根据地形图，结合实地调查可进一步分析与掌握现有地形的起伏与分布，基地的坡级分布和地形的自然排水类型，其中地形的陡缓程度和分布可以用坡度分析图来表示。由于地形图只能表明基地整体的起伏，而不能够明确表达不同坡度地形的分布条件。地形陡缓程度的分析能帮助合理安排建筑物、道路、停车场地以及不同坡度要求的活动内容。

2. 水体

基地中现状水体可分静态水（池塘、湖泊）和动态水（河流、溪涧）两个方面进行调查，水体调查和分析的主要内容有以下几方面。

① 了解现有水面的位置、范围、平均水深；常水位、最低和最高水位；洪涝水面影响的范围（河滩、湖滩）和洪水水位；流动的水体还需要了解水流速度、流量、流向、水体来源及组成等。

② 了解水面岸带情况，包括岸带的形式与受破坏的程度；自然岸带的边坡陡缓、自然岸带边的植物、现有硬质驳岸的分布情况及其稳定性；分析岸带受水体冲刷或侵蚀的情况和破坏成因。

③ 了解地下水位波动范围，地下常水位，地下水质。

④ 了解现有水体的水质状况、影响水面的污染源状况。

⑤ 了解现有水面与基地外水系的关系，包括水流的来龙去脉、水位落差、各种水工设施（如水闸、水坝等）的使用情况。

⑥ 结合地形划分出汇水区，表明汇水点或排水体，主要汇水线。地形中的脊线通常称为分水线，是划分汇水区的界线；山谷线常称为汇水线，是地表水汇集线。

3. 土壤

一般来说，较大的工程项目需要由专业人员提供有关土壤情况的综合报告，较小规模的工程则需了解主要的土壤特征，如pH、土壤承载极限、土壤类型等。在场地现状调查中有时还可以通过观察当地植物群落中某些能指示土壤类型、肥沃程度及含水量等的指示性植物和土壤的颜色来协助调查。

土壤调查的主要内容有：土壤的类型、结构；土壤的酸碱度（pH）、有机物的含量；土壤的含水量、透水性；土壤的承载力、抗剪切强度、安息角；土壤冻土层深度、冻土期的起止日期与天数；地面侵蚀状况。

4. 植被

基地现状植被调查的主要内容有：现状植被的种类、数量、分布以及可利用程度。在基地范围小、种类不复杂的情况下可直接进行实地调查和测量定位，这时可结合基地底图和植物调查表格将植物的种类、位置、高度、长势等标出并记录下来，同时可做些现场评价。对规模较大、组成复杂的林地应利用林业部门的调查结果，或将林地划分成格网状，抽样调查一些单位格网林地中占主导的、丰富的、常见的、偶尔可见的和稀少的植物种类，最后做出标有林地范围、植物组成、水平与垂直分布、郁密度、林龄、林内环境等内容的植被调查图。

与基地有关的自然植物群落是进行种植设计的依据之一。若这种植物景观已消失，则可以通过历史记载或对与该地有相似自然气候条件的自然植被进行了解和分析获得。进行现状植物的生长情况分析对设计中植物种类的选择有一定的参考价值；进行现状乔灌木、常绿落叶树、针叶树、阔叶树所占比例的统计与分析，对树种的选择和调配、季相植物景观的创造十分有用，并且现有的一些具有较高观赏价值的乔灌木或树群等还能充分得到利用。另外，了解冬季盛行风向上的植物群体的确切位置、高度、挡风面长度以及叶丛或树冠的透风性，可以划分出不同的挡风区，通常叶丛或树冠较稀疏的植物群体的最佳挡风区较远，而较密的植物群体则较近。

### 三、基地气象资料

基地气象数据包括基地所在地区或城市常年积累的气象数据和基地范围内的小气候资料两部分。区域与城市气象数据通常不难得到，但是，小气候资料却需要通过现场调查与观察才能获得。

1.日照条件

不同纬度地区的太阳高度角不同。在同一地区，一年中夏至的太阳高度角和日照时数最大，冬至的最小。根据太阳高度角和方位角可以分析日照状况、确定地形阴坡和永久无日照区。基地中的建筑物、构筑物或林地等北面的日照状况可用下面的方法进行分析。先根据该地所在的地理纬度，查表或计算出冬至和夏至两天中日出后每一整点时刻的太阳高度角（$h$）、方位角（$A$），并算出水平落影长率（$l$）。因为方位角在正午时刻两侧是对称的，所以作图时可先找出正午时刻线（南北方向），再量方位角，作落影方向线，并在其上截取实际落影长度，作落影并行线完成落影平面。其中某时刻下的实际落影长度等于该时刻下的水平落影长率与实际高度的乘积。

通常用冬至阴影线定出永久日照区，将建筑物北面的儿童游戏场、花园等尽量设在永久日照区内。用夏至阴影线定出永久无日照区，避免设置需日照的内容。根据阴影图还可划分出不同的日照条件区，为种植设计提供设计依据。

2.温度、风和降雨

基地所在地区的温度、风和降雨等气象要素受到更大的区域气候和城市局地气候条件的制约。对某一地区气候条件的了解可以更好地认识园林使用关于温度、风和降雨等气象要素，通常需要了解下列内容：年平均温度，年最低和最高温度；持续低温或高温阶段的历时天数；月最低、最高温度和平均温度；各月的风向和强度，夏季及冬季盛行风风向；年平均降雨量与天数、阴晴天数；最大暴雨的强度、历时、重现期。这些内容可以用表格说明，也可以用图表示。

3.基地小气候

由于下垫面构造特征，如小地形、小水面和小植被等的不同，使热量和水分收支不平衡，从而形成了近地面大气层中局部地段特殊的气候，即小气候，它与基地所在地区或城市的气候条件既有联系又有区别。较准确的基地小气候数据要通过多年的观测积累才能获得。通常在了解了当地气候条件之后，随同有关专家进行实地观察，合理地评价和分析基地地形起伏、坡向、植被、地表状况、人工设施等对基地日照、温度、风和湿度条件的影响。小气候数据对园林用地规划和园林设计都很有价值。

4.地形小气候

下垫面的地形起伏对基地的日照、温度、气流等小气候因素有影响，从而使基地的气候条件有所改变。引起这些变化的主要因素为地形的凹凸程度、坡度和坡向。在分析地形小气候之前应首先了解基地的地形和区域性气候条件。

地形主要影响太阳辐射和空气流动。坡面的日辐射量由太阳高度角、日照时数、地形坡度和坡向决定。不同坡度与坡向的地形坡面，其水热条件会有所差别。例如，西南坡较东北坡要干热得多。在地形分析的基础上先做出地形坡向和坡级分布图，然后分析不同坡向（常用四方位或八方位）和坡级的日照状况，通常选冬夏两季进行分析。基地通风状况主要由地形与盛行风向的位置关系决定。在地形图上做出山脊和山谷线，标出盛行风向。通常顺风谷通风良好，与风向垂直的山脊线后的背风坡的风速比顺风坡要小，与风向垂直的谷地通风不佳，山顶和山脊线多风，做盛行风向上的地形剖面可以帮助分析地形对通风的影响。顺风谷的相对通风量与谷的上下底宽和谷深有关。另外，除了风引起的水平气流外，还应注意重力产生的垂直气流。在基地中，坡面长、面积大、坡脚段平缓的地形很容易积留冷空气和霜冻，因此早晨温度较低，湿度较大，对一些不耐寒的植物生长不利。地形对温度的影响主要与日辐射和气流条件有关，日辐射小、通风良好的坡面夏季较凉爽；日辐射大，通风差的坡面冬季较暖。最后将地形对日照、通风和温度的影响综合起来分析，在地形图中标出某个盛行风向下的背风区及其位置、基地小气流方向、易积留冷空气和霜冻地段、阴坡和阳坡等与地形有关的内容。

## 四、基地人文及知觉环境

基地内的景观和从基地中所感受到的周围环境景观的状况需要经实地勘察后才能做出评价。感受基地环境可以从人文与知觉两方面着手，在勘察中常用速写、拍照片或记笔记的方式记录一些现场视觉印象和感受。

1.人文环境

涉及历史人文景观的园林项目，对人文环境的了解不能仅局限在基地范围之内，应该扩展到基地所在地区，包括当地历史、人物传记、民间传说、风俗习惯、地方曲艺等内容。这些内容可通过查阅地方文献、走访名胜古迹、深入社会生活等方式进行调查。虽然这部分是一种非物质化的“软”环境，需要借助各种载体加以流传，但是却是地域文化的精神所在，是设计师应该重视的。

2.知觉环境

知觉环境包括人们视觉、听觉、嗅觉、触觉、味觉等所能感受到的各种环境，其中视觉景观是人们空间经历中的主体知觉对象。

（1）基地现状景观　对基地中的植被、水体、山体和建筑等组成的景观可从形式、历史文化及特异性等方面去评价其优劣，并将结果分别标记在基地的景观调查现状图上，同时标出主要观景点的平面位置、标高、视域范围。

（2）基地外的环境景观　环境景观也称介入景观，分为基地外的现状可视景观和潜在的发展景观，它们各自有各自的视觉特征，根据它们自身的视觉特征可确定它们对将来基地园林景观形成所起的作用。现状景观视觉调查结果应该用图面表示，在图上需标出确切的观景位置、视轴方向、视域、清晰程度（景的远近）以及简略的评价。

（3）其他知觉环境　了解基地总体环境还需要对其他知觉环境进行评价，该过程可与基地视觉质量评价同时进行。例如，了解基地外噪声的位置和强度，并注意噪声与盛行风向的关系。当顺风时，噪声趋向地面传播，而逆风时则正好相反。了解基地外空气污染源的位置、主要污染物、污染影响范围，污染源位于基地的上风向还是下风向。此部分还可以结合基地小气候调查结果，形成一个基地总体直觉环境评价。

### 五、基地人工设施及建设条件

1.人工设施

人工设施的调查与分析应针对场地中不同类型的设施分别考虑。

（1）建筑和构筑物　了解基地现有的建筑物、构筑物等的数量、结构、材料、破损程度及使用情况。基地中的园林建筑应仔细调查，了解平面、立面、标高以及与道路的连接情况。

（2）道路和广场　了解道路的宽度和分级、道路面层材料、道路平曲线及主要点的标高、道路排水形式、道路边沟的尺寸和材料。了解广场的位置、大小、铺装、标高以及排水形式。

（3）各种管线　管线有地上和地下两部分，包括电线、电缆线、通信线、给水管、排水管、煤气管等各种管线。有些是供园内使用的，有些是过境的，因此，要区别园中这些管线的种类，了解它们的位置、走向、长度，每种管线的管径和埋深以及一些技术参数。例如，高压输电线的电压，园内或园外邻近给水管线的流向、水压和闸门井位置等。

2.建设条件

园林项目的建设条件主要指基地外围一些限制因素，包括基地范围、周边交通与用地条件、城市发展规划三方面。

（1）基地范围　应明确园林用地的界线及其与周围用地界线或规划红线的关系。

（2）交通和用地　了解基地周围的交通情况，包括与主要道路的连接方式、距离、主要道路的交通量，与主（次）干道交叉口的距离。另外，还应表明基地周围工厂、商业或居住等不同性质的用地类型，根据基地的规模了解其服务半径内的人口数量及其工程。

（3）城市发展规划　城市发展规划对城市各种用地的性质、范围和发展已做出明确的或引导性的规定。因此，要使园林规划设计符合城市规划的要求，就必须了解基地所处地区的城市用地特性及其发展方向以及可能与园林设计相关的交通、管线、水系、绿地系统等一系列专项规划的详细情况。

## 第二节　园林规划设计流程

园林设计的工作范围可包括庭院、宅园、小游园、花园、公园以及城市街区、机关厂矿、校园、宾馆饭店等。整个设计程序可能很简单，由一两个步骤就可以完成，也可能是比较复杂的，要分几个阶段才能完成。例如城市绿地系统规划，对于一个城市而言是全面的、范围较大的园林绿地规划设计，其设计程序就复杂一些。

一般一块附属于其他部分的绿地，设计程序比较简单，如居住区绿地、街道绿地等。但是要建造一个独立的大中型公共绿地、公园就比较复杂，要经过由浅入深、由粗到细、不断完善的过程，设计者应先进行基地调查，熟悉物质环境、社会文化环境和视觉环境，然后对所有与设计有关的内容进行概括和分析，最后，拿出合理的方案，完成设计。较复杂的公园设计一般可分为三个阶段：园林规划设计的前期阶段、总体规划设计方案阶段、局部详细设计阶段。

### 一、园林规划设计的前期阶段

#### （一）承担园林规划设计任务书

作为建设项目的业主（甲方）会邀请多家设计单位进行方案设计。设计师在承担设计任务后，必须在进行总体规划构思之前，认真阅读甲方提供的"设计任务书"("设计招标书")，小型绿地可口头委托，掌握设计任务的精髓。

这是设计的前期阶段，确定建设任务初步设想，是进行园林绿地设计的指示性。设计任务书的内容包括以下几方面。

① 园林绿地的作用和任务、服务半径、使用效率。

② 绿地的位置、方向、自然环境、地貌、植被及原有设施。

③ 园林绿地用地面积、游人容量。

④ 园林绿地内拟建的政治、文化、宗教、娱乐、体育活动类大型设施项目的内容。

⑤ 建筑物的面积、朝向、材料及造型要求。

⑥ 园林绿地布局在风格上的特点。

⑦ 园林绿地建设近、远期的投资经费。

⑧ 地貌处理和种植设计要求。

⑨ 园林绿地分期实施的程序。

⑩ 规划设计进度和完成日程。

**（二）资料搜集和现场勘察**

接到工程设计任务之后，首先就是要对现场进行详尽的调查。数据的选择、分析判断是设计的基础。搜集实地有关的技术资料并进行实地勘查、测量，在总体方针下，进行分析判断，从而提取出有价值的数据。根据原有地形和环境的变化，勾勒出大体的轮廓，作为设计的重要参考。调查内容有以下方面。

1.自然条件调查

（1）气象方面　每月最低、最高和平均气温，湿度，降雨量，无霜期，冰冻期，每月阴、晴日数，风力、风向和风向玫瑰图等。

（2）土壤方面　土壤的质地，氮、磷、钾的含量，土壤的pH，土层深度，自然安息角，不同土壤的分布区域。

（3）地形方面　位置、面积、用地的形状、地表起伏变化状况、走向、坡度等。

（4）水系方面　水系范围，水的流速、流量、方向，水底标高，河床情况，常水位、最低及最高水位，水质及岸线情况，地下水状况等。

（5）植被方面　原有植被的种类、数量、高度、生长势、群落构成，古树名木分布情况，苗源等。

2.社会条件调查

（1）使用效率的调查　居民人口，服务半径，其他娱乐场所，使用者要求，使用方式、时间，使用者年龄的构成、习俗与爱好，人流集散方向等。

（2）交通条件调查　交通路线、交通工具、停车场、码头桥梁等状况调查，建设用地与城市交通的关系，游人来向、数量，以便确定园林绿地的服务半径和设施内容。

（3）现有设施调查　建设用地的给水、排水设施，能源、电力、电讯的情况；原有的建筑物位置、面积、用途等。

（4）工农业生产情况的调查　农用地及其主要产品，工矿企业的分布，有污染工业的类别、程度等。

（5）城市历史、人文资料的调查　地区性质，如乡村，未开发地，大、中、小型城市，人口，产业，经济区等；历史文物：文化古迹种类，历史文献中的遗址等；居民习俗：传统节日、纪念活动、民间特产、历史沿革等。

（6）其他情况的调查　对建设单位的开发经营方式，近期、远期可保证的资金和施工力量，以及在城市园林系统中的地位等方面，也许做必不可少的调查。

3.规划设计图纸数据

（1）城市规划资料用纸　比例为1∶5000～1∶10000的城市现状图以及比例为1∶5000～1∶10000的城市土地利用图。参照城市绿地系统规划，明确规划对建设用地的要求和控制性指标以及详细的控制说明文本。

（2）园林地形及现状图

① 进行总体规划所需的测量图　此测量图中画出原有地貌、水系、道路、原建筑物等。园林绿地面积在8hm$^2$以下，比例1∶500。等高距：在平坦地形、坡度为10%以下时为0.25m，地形坡度在10%以上时为0.5m；在丘陵地，坡度在25%以下的地形用0.50m，坡度在25%以上的地形用1～2m。园林绿地面积在8～100 hm$^2$时，比例为1∶1000～1∶2000。等高距视比例不同而异，大比例，等高距可以小些；小比例，等高距应大些。当比例为1∶1000，地形坡度在10%以下的部分，等高距可用0.5m；地形坡度为10%～25%的部分，等高距可用1m；地形坡度在25%以上的部分，等高距可用2m。公园面积在100hm$^2$以上时，比例为1∶2000～1∶5000，等高距可视地形坡度及比例不同而异，大致为1～5m。

② 设计所需要的测量图　比例为1∶200～1∶500，最好进行方格测量，方格距离为20～50m。图纸要真实反映建设单位的详细布局，如标出各控制点、线、面的高程，画出各种建筑物、公用设备网、岩石、道路、地形、水体、乔木的位置以及灌木群的范围。

③ 施工平面所需的测量图　比例为1∶100～1∶200，按20～50m设立方格木桩。平坦地形方格网间距可大些，复杂地形方格间距可小些，等高距为0.25m，必要的地点等高距为0.1m。图纸中应明确显示原有乔木具体位置及树冠大小，成群及独立的灌木、花卉植物群的轮廓和范围大小，现有保留的上水、雨水、污水、化粪池、电信、电力、暖气、煤气、热力等管线的位置等。除平面图外还要有剖面图，并需注明管径的大小，管底或管顶的标高、压力、坡度等。

4.现场勘察

无论园林建设用地的大小，项目的难易程度，设计者都必须认真到现场进行勘察。一方面是核对、补充所收集的资料，如现状的建筑、树木等情况，水文、地质等自然条件；另一方面，设计者到现场，可以根据周围的环境条件，进行艺术构思。把发现可以利用的景物或者对整个设计起到不良影响的景物，在设计中适当处理。现场勘察的同时，拍摄一定的环境现状照片，将实地现状的情况带回去，加深对基地感性认识，以供进行总体设计时参考。

5.调查资料的分析整理

数据的选择、分析、判断是设计的基础。把搜集到的上述数据加以整理，从而在规划方针指导下，进行分析判断，选择有价值的内容。对场地进行分析，在综合优劣势的基础上，因地制宜勾画出大体的轮廓，作为设计的重要参考。

## 二、园林规划设计的总体规划设计方案阶段

在明确公园在城市绿地系统中的关系，确定了公园总体设计的原则与目标以后，着手进行以下设计工作。

### （一）主要设计图纸平面图样

（1）园林绿地的位置图（1∶5000、1∶10000）　要表现该绿地在城市中的位置、轮廓、交通和四周环境的关系。

（2）现状分析图　根据分析后的现状资料归纳整理，形成若干空间，用圆圈或抽象图形将其粗略地表示出来。如对绿地四周道路、环境进行分析后，划定出入口范围；某一方位人

口居住密度高、人流多、交通四通八达，则可划为开放的、内容丰富多彩的活动区域。

（3）功能分区图　根据设计原则和现状图分析，根据不同年龄段游人活动规划，不同兴趣爱好游人的需要，确定不同的分区，划出不同的空间，使不同空间和区域满足不同功能要求，并使功能与形式尽可能统一。同时，分区图可以反映不同空间、分区之间的关系。该图属于示意说明性质，可以用抽象图形或圆圈等图案予以表示。

（4）园林绿地总体设计平面图　根据总体设计原则、目标，总体设计方案图应包括以下诸方面内容：第一，公园与周围环境的关系；公园主要、次要、专用出入口与市政关系，即面临街道的名称、宽度；周围主要单位名称或居民区等；公园与周围园界是围墙或透空栏杆要明确表示。第二，公园主要、次要、专用出入口的位置、面积，规划形式，主要出入口的内、外广场，停车场，大门等布局。第三，公园的地形总体规划，道路系统规划。第四，全园建筑物、构筑物等布局情况，建筑平面要能反映总体设计意图。第五，全园植物设计图。图上反映密林、疏林、树丛、草坪、花坛、专类花园、盆景园等植物景观。此外，总体设计图应准确标明指北针、比例尺、图例等内容。

总体设计图，面积50～100$hm^2$，比例尺多采用1∶2000～1∶5000；面积为10～50$hm^2$，比例尺用1∶1000；面积8$hm^2$以下，比例尺可用1∶500。

（5）地形设计图　地形是全园的骨架，要求能反映出公园的地形结构。以自然山水园而言，要求表达山体、水系的内在有机联系。根据分区需要进行空间组织；根据造景需要，确定山地的形体、制高点、山峰、山脉、山脊走向、丘陵起伏、缓坡、微地形等陆地造型。同时，地形还要表示出湖、池、潭、溪、涧、堤、岛等水体造型，并要表明湖面的最高水位、常水位和最低水位线。此外，图上标明入水口、排水口的位置（总排水方向、水源及雨水聚散地）等。也要确定主要园林建筑所在地的地坪标高、桥面标高、广场高程以及道路变坡点标高。还必须标明公园周围市政设施、马路、人行道以及与公园临近单位的地坪标高，以便确定公园与周围环境之间的排水关系。

（6）道路总体设计图　先在图上确定公园的主要出入口、次要入口与专用入口。还有主要广场的位置及主要环路的位置以及消防通道。同时确定主干道、次干道等的位置以及各种路面的宽度、排水纵坡。并初步确定主要道路的路面材料，铺装形式等。图纸上用虚线画出等高线，再用不同的粗线、细线表示不同级别的道路及广场，并将主要道路的控制标高注明。

（7）种植设计图　根据总体设计图的布局、设计的原则以及苗木的情况，确定全园的总构思。种植总体设计内容主要包括不同种植类型的安排，如密林、草坪、疏林、树群、树丛、孤植树、花坛、花境等内容。还有以植物造景为主的专类园，如月季园、牡丹园、盆景园、观赏或生产温室，公园内的花圃、小型苗圃等。同时，确定全园的基调树种、骨干造景树种，包括常绿、落叶的乔木、灌木、草花等。

园林设计方案阶段的多方案比较，是一种很好的设计选择手段。不同的设计者，由于个人的园林设计经验、经历以及文化素质、修养等不同，在同一命题下，产生风格、形式迥然不同的方案。

（8）管线总体设计图　根据总体规划要求，解决全园的上水水源的引进方式，水的总用量（消防、生活、造景、喷灌、浇灌、卫生等）及管网的大致分布、管径大小、水压高低等以及雨水、污水的水量、排放方式、管网大体分布、管径大小及水的去处等。北方冬天需要供暖，则要考虑供暖方式、负荷多少，锅炉房的位置等。

（9）电气规划图　为解决总用电量、用电利用系数、分区供电设施、配电方式、电缆的铺设以及各区各点的照明方式及广播、通讯等的位置。

（10）园林建筑布局图　要求在平面上，反映全园总体设计中建筑在全园的布局，主要、次要、专用出入口的售票房、管理处、造景等各类园林建筑的平面造型。大型主题建筑具有展览性、娱乐性、服务性等建筑平面位置及周围关系；还有游览性园林建筑，如亭、台、楼、阁、榭、桥、塔等类型建筑的平面安排。除平面布局外，还应画出主要建筑物的平面、立面图。

**（二）鸟瞰图**

设计者为更直观的表达公园设计的意图，更直观的表现公园设计中各景点、景物以及景区的景观形象，通过钢笔画、铅笔画、钢笔淡彩、水彩画、水粉画、中国画或其他绘画形式表现，都有较好效果。鸟瞰图制作要点如下。

① 无论采用一点透视、二点透视或多点透视，轴测图都要求鸟瞰图在尺度、比例上尽可能准确反映景物的形象。

② 鸟瞰图除表现公园本身，又要画出周围环境，如公园周围的道路交通等市政关系，公园周围城市景观，公园周围的山体、水系等。

③ 鸟瞰图应注意“近大远小、近清楚远模糊、近写实远写意”的透视法原则，以达到鸟瞰图的空间感，层次感，真实感。

④ 一般情况，除了大型公共建筑，城市公园内的园林建筑和树木比较，树木不宜太小，而以15～20年树龄的高度为画图依据。

**（三）总体设计说明书**

总体设计方案除了图纸之外，还要求一份文字说明，全面的介绍设计者的构思、设计要点等内容，具体包括六方面：位置、现状、面积，工程性质、设计原则，功能分区，设计主要内容（山体地形、空间围合，湖池，堤岛水系网络，出入口、道路系、建筑布局、种植规划、园林小品等），管线、电讯规划说明，管理机构。

**（四）工程总匡算**

在规划方案阶段，可按面积（$hm^2$、$m^2$），根据设计内容，工程复杂程度，结合常规经验匡算。或按工程项目、工程量，分项估算再汇总。

现以工程项目概算为例说明概算的方法，园林工程项目主要包括土建工程项目和绿化工程项目。

1.土建工程项目

①园林建筑及服务设施：如门房、动植物展览馆、园林别墅、塔、亭、榭、楼、阁、舫及附属建筑等。

②娱乐体育设施：如娱乐场、射击场、跑马场、旱冰场、游船码头等。

③道路交通：如路、桥、广场等。

④水、电、通讯：如给水、排水管线、电力、电讯设施等。

⑤水景、山景工程：如积土成山、挖地成池、水体改造、音乐喷泉、水下彩色灯等。

⑥园林设施：如椅、灯、栏杆等。

⑦其他：如新建园林征地用费、挡土墙、管理区改造等。

2.绿化工程项目

绿化工程项目包括：营造、改造风景林，重点景区、景点绿化，观赏植物引种栽培，观赏经济林工程等。子项目有树木、花灌木、花卉、草地、地被等。

概算要求列表计算出每个项目的数量、单价和总价。单价由人工费、材料费、机械设施费用和运输费用等项目组成。对于规模不大的园林绿地，可以只用一种概算表，表格形式见表8-2-1；对于规模较大的园林绿地，概算可用工程概算表和苗木概算表两种表格。苗木概算表与表8-2-2格式相同，只是工程项目的苗木部分分两部分列出，即分别列出苗木费和施工费。苗木费直接用表8-2-2中计算的费用，施工费按苗木数量计算，包括工时费、材料费、机械费用和运输费用。施工费的计算应根据各地植树工程定额进行计算。表中工程概算费与苗木概算费合计，即为总工程造价的概算直接费。

建设概算除上述合计费用之外，尚包括间接费、不可预见费（按直接费的百分数取值）和设计费等。

**表8-2-1　×××绿化工程概算表**

| 工程项目 | 数量 | 单位 | 单价 | 合计 | 备注 |
|---|---|---|---|---|---|
| | | | | | |

**表8-2-2　×××绿化苗木概算表**

| 品种 | 规格 | 苗源 | 数量 | 单价 | 合计 | 备注 |
|---|---|---|---|---|---|---|
| | | | | | | |

表中品种指植物种类，规格指苗木大小，落叶乔木以胸径计，常绿树、花灌木以高度计，苗源指苗本来出圃地点，苗木单价包括苗木费、起苗费和包装费、苗木具体价格依所在地的情况而定。

总体设计完成后，由建设单位报有关部门审核批准。

## 三、园林规划设计的局部详细设计阶段

在上述总体设计阶段，有时甲方要求进行多方案的比较或征集方案投标。经甲方、有关部门审定，认可并对方案提出新的要求和意见，有时总体设计方案还要做进一步的修改和补充。在方案评审会上，如条件允许，设计方应尽可能运用多媒体技术进行讲解，这样能使整个方案的规划理念和精细的局部设计效果完美结合，使设计方案更具有形象性和表现力。在总体设计方案最后确定之后，接着就要进行局部详细设计工作。

局部详细设计工作主要内容如下。

### （一）平面图

首先，根据公园或工程的不同分区，划分若干局部，每个局部根据总体设计的要求，进行局部详细设计。一般比例尺为1：500，等高线距离为0.5m，用不同等级粗细的线条，画出等高线、园路、广场、建筑、水池、湖面、驳岸、树林、草地、灌木丛、花坛、花卉、山石、雕塑等。

详细设计平面图要求标明建筑平面、标高及与周围环境的关系。道路的宽度、形式、标高；主要广场、地坪的形式、标高；花坛、水池面积大小和标高；驳岸的形式、宽度、标高。同时平面上标明雕塑、园林小品的造型。

### （二）横纵剖面图

为更好地表达设计意图，在局部艺术布局最重要部分，或局部地形变化部分，做出断面图，一般比例尺为1：200～1：500。

### （三）局部种植设计图

在总体设计方案确定后，着手进行局部景区、景点的详细设计的同时，要进行1：500的种植设计工作。一般1：500比例尺的图纸上，能较准确地反映乔木的种植点、栽植数量、树种。树种主要包括密林、树林、树群、树丛、园路树、湖岸树的位置。其他种植类型，如花坛、花境、水生植物、灌木丛、草坪等的种植设计图可选用1：300比例尺或1：200比例尺。

### （四）施工设计阶段

在完成局部详细设计的基础上，才能着手进行施工设计。

1.施工设计图纸要求

（1）图纸规范　图纸要尽量符合国家建委的《建筑制图标准》的规定。图纸尺寸如下：0号图841mm×1189mm、1号图594mm×841mm、2号图420mm×594mm、3号图297mm× 420mm、4号图297mm×210mm。4号图不得加长，如果要加长图纸，只允许加长图纸的长边，特殊情况下，允许加长1～3号图纸的长度、宽度，0号图纸只能加长长边，加长部分的尺寸应为边长的1/8或其倍数。

（2）施工设计平面的坐标网及基点、基线　一般用纸均应明确化出设计项目范围，画出坐标网及基点、基线的位置，以便作为施工放线之依据。基点、基线的确定应以地形图上的坐标线或现状图上工地的坐标据点或现状建筑屋角、墙面或构筑物、道路等为依据，必须纵横垂直，一般坐标网依图面大小每10m、20m或50m的距离，从基点、基线向上、下、左、右延伸，形成坐标网，并标明纵横标的字母，一般用A、B、C、D……和对应的A'、B'、C'……英文字母和阿拉伯数字1、2、3、4……和对应的1'、2'、3'、4' ……从基点0、0'坐标点开始，以确定每个方格网交点的纵横数字所确定的坐标，作为施工放线的依据。

（3）施工图纸要求内容　图纸要注明图头、图例、指北针、比例尺、标题栏及简要的图纸设计内容的说明。图纸要求字迹清楚、整齐，不得潦草；图面清晰、整洁，图纸要求分清粗实线、中实线、细实线、点划线、折断线等线型，并准确表达对象。图纸上文字、阿拉伯数字最好用打印字剪贴复印。

（4）施工放线总图　主要表明各设计因素之间具体的平面关系和准确位置。图纸内容如下。

保留利用的建筑物、构筑物、树木、地下管线等。

设计的地形等高线、标高点、水体、驳岸、山石、建筑物、构筑物的位置，道路、广场、桥梁、涵洞、树种设计的种植点，园灯、园椅、雕塑等全园设计内容。

（5）地形设计总图　地形设计主要内容：平面图上应确定制高点、山峰、台地、丘陵、缓坡、平地、微地形、丘阜、坞、岛及湖、池、溪流等岸边、池底等的具体高程，以及入水口、出水口的标高。此外，各区的排水方向，雨水汇集点几个景区园林建筑、广场的具体高程。一般草地最小坡度为1%，最大不得超过33%，最适坡度在1.5%～10%，人工剪草机修剪的草坪坡度不应大于25%。一般绿地缓坡坡度在8%～12%。

地形设计平面图还应包括地形改造过程中的填方、挖方内容。在图纸上应写出全园的挖方、填方数量，说明应进园土方或运出土方的数量及挖、填土之间土方调配的运送方向和数量。一般力求全园挖、填土方取得平衡。

除了平面图，还要求画出剖面图。主要部位山形、丘陵、坡地的轮廓线及高度、平面距离等。要注明剖面的起点、编号，以便与平面图配套。

（6）水系设计　除了陆地上的地形设计，水系设计也是十分重要的组成部分。平面图应标明水体的平面位置、形状、大小、类型、深浅以及工程设计要求。

首先，应完成进水口、溢水口或泄水口的大样图。然后，从全园的总体设计对水系的要求考虑，画出主、次湖面，堤、岛、驳岸造型，溪流、泉水等及水体附属物的平面位置以及水池循环管道的平面图。

纵剖面图要表示出水体驳岸、池底、山石、汀步、堤、岛等工程做法图。

（7）道路、广场设计　平面图要根据道路系统的总体设计，在施工总图的基础上，画出各种道路、广场、地坪、台阶、盘山道、山路、汀步、道桥等的位置，并注明每段的高程、纵坡、横坡的数字。一般园路分主路、支路和小路3级。园路最低宽度为0.9m，主路一般为5m，支路为2～3.5m。国际康复协会规定残疾人使用的坡道最大纵坡为8.33%，所以，主路纵坡上限为8%。山地公园主路纵坡应小于12%。支路和小路，日本资料园路最大纵坡15%，郊游路33.3%。综合各种坡度，《公园设计规范》规定，支路和小路纵坡宜小于18%，超过18%的纵坡，宜设台阶、梯道。并且规定，通行机动车的园路宽度应大于4m，转弯半径不得小于12m。一般室外台阶比较舒适高度为12cm，宽度为30cm，纵坡为40%。长期园林实践数字：一般混凝土路面纵坡为0.3%～5%，横坡为1.5%～2.5%；石路面纵坡为0.5%～9%，横坡为3%～4%；天然土纵坡为0.5%～8%，横坡为3%～4%。

除了平面图，还要求用1∶20的比例绘出剖面图，主要表示各种路面、山路、台阶的宽度及其材料、道路的结构层（面层、垫层、基层等）厚度做法。注意每个剖面都要编号，并与平面配套。

（8）园林建筑设计　要求包括建筑的平面设计（反映建筑的平面位置、朝向、周围环境的关系）、建筑底层平面、建筑各方向的剖面、屋顶平面、必要的大样图、建筑结构图等。

（9）植物配置　种植设计图上应表现树木花草的种植位置、品种、种植类型、种植距离，以及水生植物等内容。应画出常绿乔木、落叶乔木、常绿灌木、开花灌木、绿篱、花篱、草地、花卉等具体的位置、品种、数量、种植方式等。

植物配置图的比例尺，一般采用1∶500、1∶300、1∶200，根据具体情况而定。大样图可用1∶100的比例尺，以便准确地表示出重点景点的设计内容。

（10）假山及园林小品　如园林雕塑等也是园林造景中的重要因素。一般最好做成山石施工模型或雕塑小样，便于施工过程中，能较理想地体现设计意图。在园林设计中，主要提出设计意图、高度、体量、造型构思、色彩等内容，以便于与其他行业相配合。

（11）管线及电讯设计　在管线规划图的基础上，表现出上水（造景、绿化、生活、卫生、消防）、下水（雨水、污水）、暖气、煤气等，应按市政设计部门的具体规定和要求正规出图。主要标明每段管线的长度、管径、高程及如何接头，同时注明管线及各种井的具体的位置、坐标。

同样，在电气规划图上将各种电气设备、（绿化）灯具位置、变电室及电缆走向位置等具体标明。

2.编制预算

在施工设计中要编制预算。它是实行工程总承包的依据，是控制造价、签订合同、拨付工程款项、购买材料的依据，同时也是检查工程进度、分析工程成本的依据。

预算包括直接费用和间接费用。直接费用包括人工、材料、机械、运输等费用，计算方法与概算相同。间接费用按直接费用的百分比计算，其中包括设计费用和管理费。

3.施工设计说明书

说明书的内容是初步设计说明书的进一步深化。说明书应写明设计的依据、设计对象的地理位置及自然条件。园林绿地设计的基本情况，各种园林工程的论证叙述，园林绿地建成后的效果分析等。

## 思考题

1.基地自然条件调查的内容包括什么？

2.园林规划设计的三个阶段要完成的任务各是什么？

# 第九章

# 园林工程施工

本章着重介绍园林工程施工程序以及园林工程的主要内容，包括土方工程、给排水工程、水景工程、铺装工程、假山工程、绿化种植工程等。

## 第一节 园林工程施工的程序

### 一、技术资料准备

1.前期准备工作

一个项目在施工之前，应提前与设计单位沟通，掌握扩大初步设计方案编制情况，使方案的设计在质量、功能、工艺技术等方面均能适应建筑材料、建设工艺、施工技术的发展水平，使施工项目能够顺利进行。

2.熟悉和审查施工图纸

① 施工图纸是否完整和齐全，施工图纸是否符合国家有关工程设计和施工的方针及政策。

② 施工图纸与其说明书在内容上是否一致，施工图纸及其各组成部分间有无矛盾和错误。

③ 建筑图及与其相关的结构图在尺寸、坐标、标高和说明方面是否一致，技术要求是否明确。

④ 熟悉工业项目的生产工艺流程和技术要求，掌握投产的先后次序和相互关系；审查设备安装图纸和与其相配合的土建图纸，在坐标和标高尺寸上是否一致，土建施工的质量标准能否满足设备安装的工艺要求。

⑤ 基础设计或地基处理方案与建造地点的工程地质和水文地质条件是否一致，弄清建筑物与地下构筑物、管线间的相互关系。

⑥ 掌握拟建工程和建筑结构的形式和特点，需要采取哪些新技术；复核主要承重结构或构件的强度、刚度和稳定性能否满足施工要求；对于工程复杂、施工难度大和技术要求高的分部工程要审查现有施工技术和管理水平能否满足工程质量和工期要求；建筑设备及加工订货有何特殊要求等。

3.原始资料调查分析

（1）自然条件调查分析　自然条件调查包括建设地区的气象、建设场地的地形、工程地质和水文地质、施工现场地上和地下障碍物状况、周围民宅的坚固程度及其居民的健康状况等项调查；为编制施工现场计划提供依据，如地上建筑物的拆除、高压输电线路的搬迁、地下构筑物的拆除和各种管线的搬迁；防止施工公害，如打桩工程应在打桩前，对居民的危房和居民中的心脏病患者采取保护性措施。

（2）技术经济条件调查分析　技术经济条件调查包括地方建筑生产企业、地方资源、交通运输、水电及其他能源、主要设备、材料和特殊物资以及有关单位的生产能力等项调查。

（3）编制施工图预算和施工预算 施工图预算应按照施工图纸所确定的工程量、施工组织设计拟定的施工方法、建筑工程预算定额和有关费用定额，由施工单位编制。

（4）编制施工组织设计 拟建工程应根据工程规模、结构特点和建设单位要求，编制指导该工程施工全过程的施工组织设计。

## 二、施工现场准备

1.物资准备

（1）物资准备工作内容

① 建筑材料准备 根据施工预算的材料分析和施工进度计划的要求，编制建筑材料需要量计划，为施工备料、确定仓库和堆场面积以及组织运输提供依据。

② 构（配）件和制品加工准备 根据施工方案和进度计划的要求，编制施工机具需要量计划，为组织运输和确定机具停放场地提供依据。

③ 建筑施工机具准备 根据施工方案和进度计划的要求，编制施工机具需要量计划，为组织运输和确定机具停放场地提供依据。

④ 生产工艺设备准备 按照生产工艺流程及其工艺布置图的要求，编制工艺设备需要量计划，为组织运输和确定堆场面积提供依据。

（2）物资准备工作程序 编制各种物资需要量计划、签订物资供应合同、确定物资运输方案和计划、组织物资按计划进场和保管。

2.劳动组织准备

（1）建立施工项目领导机构 根据工程规模、结构特点和复杂程度，确定施工项目领导机构的人选；遵循合理分工与密切协作、因事设职与因职选人的原则，建立有施工经验、有开拓精神和工作效率高的施工项目领导机构。

（2）建立精干的工作队组 根据采用的施工组织方式，确定合理的劳动组织，建立相应的专业或混合工作队组。

（3）集结施工力量，组织劳动力进场 按照形式日期和劳动力需要量计划，组织工人进场，安排好职工生活，并进行安全、防火和文明施工等教育。

（4）做好职工入场教育工作 为落实施工计划和技术责任制，应按管理系统逐级进行交底。交底内容通常包括：工程施工进度计划和月、旬作业计划，各项安全技术措施、降低成本措施和质量保证措施，质量标准和验收规范要求以及设计变更和技术核定事项等。

3.施工现场准备

（1）施工现场控制网测量 根据给定永久性坐标和高程，按照建筑总平面图要求，进行施工场地控制网测量，设置场区永久性控制测量标桩。

（2）做好“四通一平”，认真设置消火栓 确保施工现场水通、电通、道路畅通、通讯畅通和场地平整；按消防要求，设置足够数量的消火栓。

（3）建造施工设施 按照施工平面图和施工设施需要量计划，建造各项施工设施，为正式开工准备好用房。

（4）组织施工机具进场 根据施工机具需要量计划，按施工平面图要求，组织施工机械、设备和工具进场，按规定地点和方式存放，并应进行相应的保养和试运转等项工作。

（5）组织建筑材料进场 根据建筑材料、构（配）件和制品需要量计划，组织其进场，按规定地点和方式储存或堆放。

（6）拟定有关试验、试制项目计划 建筑材料进场后，应进行各项材料的试验、检验。

对于新技术项目，应拟定相应试制和试验计划，并均应在形式前实施。

（7）做好季节性施工准备　按照施工组织设计要求，认真落实冬施、雨施和高温季节施工项目的施工设施和技术组织措施。

4.施工场外协调

（1）材料加工和订货　根据各项资源需要量计划，同建材加工和设备制造部门和单位取得联系，签订供货合同，保证按时供应。

（2）施工机具租赁或订购　对于本单位缺少且需用的施工机具，应根据需要量计划，与有关单位签订租赁合同或订购合同。

（3）做好分包或劳务安排，签订分包或劳务合同　通过经济效益分析，适合分包或委托劳务而本单位难以承担的专业工程，如大型土石方、结构安装和设备安装工程，应尽早做好分包或劳务安排；采用招标或委托方式，与相应承担单位签订分包或劳务合同，保证合同实施。

为落实以上各项施工准备工作，建立、健全施工准备工作责任和检查等制度，使其有领导、有组织和有计划地进行，必须编制相应施工准备工作计划。

## 第二节　园林工程施工的主要内容

### 一、土方工程

在园林建设中，土方工程是需要先行的一个项目，它完成的速度和质量，直接影响着后续工程。土方工程根据其使用期限和施工要求，可分为永久性和临时性两种，但都要求有足够的密实性和稳定性，这样才使整个工程质量和艺术造型达到原来设计的要求。在进行土方工程施工之前，要先了解工程所在地的地形和土壤情况，才能做到有的放矢。

#### （一）地形

1.地形的功能

地形在造园中的功能作用是多方面的，概括起来，一般有骨架作用、空间作用、景观作用和工程作用等几个主要方面。

（1）骨架作用　地形是构成园林景观的骨架，是园林中所有景观元素与设施的载体，它为园林中其他景观要素提供了赖以存在的基面。作为各种造园要素的依托基础，地形对其他各种造园要素的安排与设置有着较大的影响和限制。

（2）空间作用　地形具有构成不同形状、不同特点园林空间的作用。园林空间的形成是由地形因素直接制约着的。地块的平面形状如何，园林空间在水平方向上的形状就如何。地块在竖向上有什么变化，空间立面形式也就会发生相应的变化。

（3）景观作用　景观作用包括背景作用和造景作用两方面。

作为造园诸要素的底界面，地形承担了背景角色。

地形还具有许多潜在的视觉特性，对地形可以进行改造和组合，以形成不同的形状，产生不同的视觉效果。

（4）工程作用　地形可以改善局部地区的小气候条件。在采光方面，为了使某一区域能够受到冬季阳光的直接照射，就应该使用该区域为朝南坡向；从风的角度考虑，为了防风，可在场中面向冬季寒风的那一边堆积土方，阻挡冬季寒风。反过来，地形也可以被用来汇集引导夏季风，在炎热地区，夏季风可以被引导穿过高地之间所形成的谷地或洼地等，以改善通风条件，降低温度。

2.地形的表达方法

（1）等高线法　等高线是最常用的地形平面图表示方法。所谓等高线，就是绘制在平面图上的线条，它将所有高于或低于水平面、具有相等垂直距离的各点连接成线。等高线也可以理解为一组垂直间距相等、平行于水平面的假想面与自然界地形相切所得到的交线在平面上的投影。等高线表现了地形的轮廓，它仅是一种象征地形的假想线，在实际中并不存在。

等高线中还有一个需要了解的相关术语叫等高距。等高距是指在一个已知平面上任何两条相邻等高线之间的垂直距离，而且等高距是一个常数。

在地形设计时，用设计等高线和原地形等高线可以在图上表示地形被改动的情况。绘图时，设计等高线用细实线绘制原地形等高线则用细虚线绘制。

当设计等高线低于原地形等高线时，则需要在原地形上进行开挖，我们称之为“挖方”；反之，当设计等高线高于原地形等高线时，则需要在原地形上增加一部分土壤，我们称之为“填方”。

等高线有如下几个特点。

① 在同一条等高线上的所有点，其高程相等。

② 由于等高线之间的垂直距离即等高距是个常数，因此，等高线水平间距的大小就可以表示地形的倾斜度大小，等高线越密，则地形倾斜度越大；反之，等高线越疏，则地形倾斜度越小。当等高线水平距离相等时，则表示该地形坡面倾斜角度相同。

③ 所有等高线总是各自闭合的。由于设计线范围或图框所限，在图纸上不一定每根等高线都能闭合，但实际上它还是闭合的，只不过闭合处在红线范围或图框之外。

④ 等高线一般不相交或重叠。只有在表示某一悬吊物或一座固有桥梁时才可能出现相交的情况。在某些垂直于水平面的峭壁、挡墙处，等高线才会重合在一起。

等高线在地形设计中的应用如下。

① 陡坡变缓坡或缓坡变陡坡　等高线间距的疏密表示地形的陡缓。在形设计时，如果高差不变，可用改变等高线间距来减缓或增加地形的坡度。

② 平垫沟谷　在园林的建造过程，有些沟谷须垫平。平垫沟谷的设计，可以将平直的设计等高线和拟平垫部分的同值等高线连接。其相连接点就是不挖不填的点，叫“零点”，这些相邻零点的连线，称为“零点线”，“零点线”所围的范围就是扩建土的范围。如果平垫不需按某一指定的坡度进行，则设计时只需将拟平垫的范围，在图上大致框出，再以平直的同值等高线连接原地形等高线即可。如果要将沟谷部分依指定的坡度平整成场地，则所设计的设计等高线应互相平行，间距离相等。

③ 削平山脊　将山脊铲平的设计方法和平垫沟谷的设计方法相同，只是原地形等高线方向正好相反。

④ 平整场地　园林需要平整的场地很多（平整场地主要是挖与填），如铺装的广场、建筑地坪、各种文体活动场地、草坪、较宽的种植带等。非铺装场地对坡度要求较为灵活活，目的是垫洼平凸，地表坡度任其自然起伏，排水通畅即可。铺装场地的坡度则要求严格，各种场地因其使用功能不同，对坡度的要求也不同。平整场地的排水坡度可以是单面坡、两面坡，也可以是四面坡，这取决于周围的环境条件。一般铺装地面都应根据具体环境设计合理的坡面。

（2）土壤的自然倾斜角　在地形设计时，为了使地形稳定，其边坡坡度数值应参考相应土壤的自然倾斜角（安息角），土壤的自然倾斜角是指土壤自然堆积，经沉降稳定后的表面与地平面所形成的夹角，其大小受土壤类别和土壤含水量的影响。

3.地形的类型

地形可以通过各种途径加以分类和评价。这些途径包括它的地表形态，地形分割条件，地质构造，地形规模、特征及坡度等。在上述各种分类途径中，对于园林造景来说，坡度乃是涉及地形的视觉和功能特征的最重要的因素之一。从这个角度，我们可以把地形分为平地、坡地、山地三大类。

（1）平地　在现实世界的外部环境中绝对平坦的地形是不存在的，所有的地面都有不同程度甚至是难以察觉的坡度，因此，这里的“平地”指的是那些总的看来是“水平”的地面，更为确切的描述是指园林地形中坡度小于4%的较平坦用地。

（2）坡地　指倾斜的地面，园林中可以结合坡地地形进行改造，使地面产生明显的起伏变化，增加园林艺术空间的生动性。坡地地表径流速度快，不会产生积水，但是若地形起伏过大或坡度不大但同一坡度的坡面延伸过长，则容易产生滑坡现象，因此，地形起伏要适度，坡长应适中。坡地按照其华侨度的大小可以分为缓坡、中坡、陡坡3种。

① 缓坡　坡度为4%～10%，适宜运动和非正规的活动，一般布置道路和建筑基本不受地形限制。缓坡地可以修建为活动场地、游憩草坪、疏林草地等。缓坡地不宜开辟面积较大的水体，如要开辟大面积水体，可以采用不同标高水体叠落组合形成，以增加水面层次感。缓坡地植物种植不受地形约束。

② 中坡　坡度为10%～25%，在中坡地上爬上爬下显然很费劲，只有山地运动或自由游乐才能积极加以利用。在这种地形中，建筑和道路的布置会受到限制。垂直于等高线的道路要做成梯道，建筑一般要顺着等高线布置并结合现状进行地形改造才能修建，并且占地面积不宜过大。对于水体布置而言，除溪流外，不宜开辟河湖等较大面积的水体。中坡地植物种植基本不受限制。

③ 陡坡　坡度为25%～50%的坡地为陡坡。陡坡的稳定性较差，容易造成滑坡甚至塌方，因此，在陡坡地段的地形改造一般要考虑加固措施，如建造护坡、挡土墙等。陡坡上布置较大规模建筑会受到很大限制，并且土方工程量很。如布置道路，一般要做成较陡的梯道；如要通车，则要顺应地形起伏做成盘山道。陡坡地形更难设计较大面积水体，只能布置小型水池。陡坡地上土层较薄，水土流失严重，植物生根困难，因此陡坡地种植树木较困难，如要对陡坡进行绿化可以先对地形进行改造，改造成小块平整土地，或在岩石缝隙中种植树木，必要时可以对岩石打眼处理，留出种植穴并覆土种植。

（3）山地　与坡地相比，山地的坡度更大，其坡度在50%以上。山地根据坡度大小又可分为急坡地和悬坡地两种。急坡地地面坡度为50%～100%，悬坡地是地面坡度在100%以上的坡地。由于山地尤其是石山地的坡度较大，因此在园林地形中往往能表现出奇、险、雄等造景效果。山地上不宜布置较大建筑，只能通过地形改造点缀亭、廊等单体小建筑。山地上道路布置亦较困难，在急坡地上，车道只能曲折盘旋而上，浏览道需做成高而陡的爬山磴道；而在悬坡地上，布置车道则极为困难，爬山磴道边必须设置攀登用扶手栏杆或扶手铁链。山地上一般不能布置较大水体，但可结合地形设置瀑布、叠水等小型水体。山地尤其石山地的植物生存条件比较差，适宜抗性好、生性强健的植物生长。但是，利用悬崖边、石壁上、石峰顶等险峻地点的石缝石穴，配植形态优美的青松、红枫等风景树，却可以得到非常诱人的犹如盆景树石般的艺术景致。

### （二）土壤

土壤的类型很多，它们有着不同的物理性质。不同性质的土壤对土方工程的施工方法、工程量及工程投资等有着较大的影响，也涉及工程设计、施工技术和施工组织的安排。因此，需要对土壤类型与性质的基本知识有一定的了解。

#### 1. 土壤的类别

各地土壤分类方法不尽相同，常用的分类方法如下。

（1）松土　用铁锹即可挖掘的土，如砂土、壤土、植物性土坡等。

（2）半坚土　用锹和部分用十字镐能翻松的土。如黄土类黏土、15mm以内的中小砾石、砂质黏土、混有碎石和卵石的腐殖土等。

（3）坚土　需用人工撬棍或机具开挖，有的还得采用爆破的方法，如各种不坚实的页岩、密实黄土，含有体积在10%～30%，重在25kg以下块石的黏土。

2.土壤的特性

这里所列的土壤特性是指土壤的工程性质。它与土方工程的稳定性、施工方法、工程量及工程投资有很大关系，同时也涉及工程设计施工技术和施工组织安排。

（1）土壤容重　指单位体积内天然状况下的土壤重量，单位为千克/米$^3$（$kg/m^3$）。容重越大，挖掘越难。如植物性土壤在天然含水量状态下的容重为1200$kg/m^3$，只需用铁锹就可挖掘，而密实黄土的容重为1800$kg/m^3$，需由人工用撬棍、镐或用爆破的方法才能开挖。

（2）土壤含水量　指土壤孔隙中的水重和土壤颗粒重之比值。土壤含水量在5%以内称干土，在30%以内称潮土，大于30%称湿土。土壤含水量的多少对土方施工的难易也有直接的影响。

（3）土壤松散度　土方从自然状态被挖动后，会出现体积膨胀的现象。这种现象与土壤类型有着密切的关系。往往因土体膨胀而造成土方剩作，或因造成塌方而给施工带来困难和不必要的经济损失。土壤膨胀的一般经验数值是虚方比实方大14%～15%，一般砂为14%、砾为20%、黏土为50%。填方后土体回落的快慢要看利用哪种外力的作用。若任其自然回落则需要1年时间，而一般以小型运土工具填筑的土体比大型工具回落得快。当然如果随填随压，则填方较为稳定，但也要比实方体积大3%～5%。由于虚方在经过一段时间回落后方能稳定，故在进行土方量计算时，必须考虑这一因素。土壤的实方与虚方之比，就是土壤的松散度。

土壤松散度=原土体积（实方）/松土体积（虚方）

（4）土壤自然倾斜面　松散状态下的土壤颗粒自然滑落而形成的天然斜面，叫做土壤自然倾斜面。在工程设计时，为了使工程稳定，就必须有意识地创造合理的边坡，使之小于或等于自然安息角。随着土壤颗粒、含水量、气候条件的不同，各类型土壤的自然安息角亦有所不同。

（5）相对密实度　用来表示土壤在填筑后的密实程度。

$$D=(\varepsilon_1-\varepsilon_2)/(\varepsilon_2-\varepsilon_3)$$

式中：$D$为土壤相对密实度；$\varepsilon_1$为填土在最松散状况下的孔隙比（孔隙比是指土壤空隙的体积与固体颗粒体积的比值）；$\varepsilon_2$为经碾压或夯实后的土壤孔隙比；$\varepsilon_3$为最密实情况下的土壤孔隙比。

**（三）土方施工**

对地形的改造与设计最终需要土方工程施工才能得以实现，大凡园林工程建设必先动土。土方施工的速度与质量，将会直接影响到后续的其他工程，因此必须重视土方施工。土方施工一般分为四个阶段：挖、运、填、压。其施工方式有人力施工、半机械化施工、机械化施工等。可以根据施工现场的状况、条件和工程量等因素来决定施工方式。一般来说，规模大、土方较集中的工程应采用机械化施工；对于工程量小、施工点分散的工程，或因受场地限制等不便使用机械化施工地段，应采用人工施工或半机械化施工。

在土方施工前应对工程建设进行认真、周全的准备，合理组织和安排工程建设，否则容易造成窝工甚至返工，进而影响工效，带来不必要的浪费。施工准备工作应包括以下几个方面。

1.研究和审查图纸

检查图纸和资料是否齐全，图纸是否有错误和矛盾；掌握设计内容及各项技术要求，熟悉土层地质、水文勘察资料，进行图纸会审，搞清建设场地范围与周围地下设施管线的关系。

2.勘查施工现场

摸索清工程现场情况，收集施工相关资料，如施工现场的地形、地貌、地质、水文气象、运输道路、植被、邻近建筑物、地下设施、管线、障碍物、防空洞、地面上施工范围内的障碍物和堆积物状况，供水、供电、通讯情况，防洪排水系统等。

3.编制施工方案

在掌握了工程内容与现场情况之后，根据甲方要求的施工进度及施工质量进行可行性分析的研究，制订出符合本工程要求及特点的施工方案与措施。绘制施工总平面布置图和土方填挖图，对土方施工的人员、施工机具、施工进度进行周全、细致的安排。

4.清理现场

在施工土地范围内，凡是有碍于工程的开展或影响工程稳定的地面物和地下物均应予以清理，以便于后续的施工工作正常开展。

（1）生物性废物　有碍挖方和填方的草皮、乔灌木及竹类应先行挖除，凡土方挖深不大于50cm，或填方高度较小的土方施工，其施工现场及排水沟中的树木，都必须连根拔除。伐除树木可用锯斧等工具进行。在锯大树时，为了控制树的倒向，应在指定倒向的一面先砍一缺口，然后从另一侧开始锯伐。伐除树木还可以用推土机将树推倒，清除树墩时可用拖拉机的牵引力，或装在拖拉机上的起重绞车，通过钢丝绳将树墩拔出。

清除直径50cm以上的大树墩或在冻土上清除树墩时，还可采用推土机铲除或用爆破法清除。在此需要说明的是大树一般不允许砍伐，如遇到现场有古树名木，则更需要保存，必要时可与建设单位或设计单位共同考虑修正设计。

（2）非生物性废物　在拆除建筑物与构筑物时，应根据其结构特点，按照一定次序进行，一定要按照《建筑工程安全技术规范》的规定进行操作。另外，如果施工场地内的地面、地下或水中发现有管线通过或其他异常物体时，应事先请有关部门协调查清，在未查清前，不可动工，以免发生危险或造成其他损失。

5.做好排水设施

对场地积水应立即排除。特别是在雨季，在有可能流为地表水的方向都应设上堤或截水沟、排洪沟。在地下水位高的地段和河底、湖底挖方时，必须先开挖先锋沟，设置抽水井，选择排水方向，并在施工前几天将地下水抽干，或保证在施工面1.5m以下。施工期间，更需及时抽水。为了保证排水通畅，排水沟的纵坡不应小于0.2%，沟的边坡值为1 ：1.5，沟底宽及沟深不小于50cm。挖湖施工中的排水沟深度应深于水体挖深，沟可一次挖掘到底，也可以依施工情况分层下挖。

6.定点放线

清场之后，为了确定填挖土标高及施工范围，应对施工现场进行放线打桩工作。土方施工类型不同，其打桩放线的方法亦不同。

（1）平整场地的放线　平整场地的工作是将原来高低不平、比较破碎的地形按设计要求整理成为平坦的具有一定坡度的场地，如停车场、集散广场、体育场等。对土方平整工程，一般采用方格网法施工放线。将方格网放样到地上，在每个方格网交点处立桩木，桩木上应标有桩号和施工标高，木桩一般选用5cm×5cm×40cm的木条，侧面须平滑，下端削尖，以便打入土中，桩上的桩号与施工图上方格网的编号一致，施工标高中挖方注上“+”号，填方注上"–"号。在确定施工标高时，由于实际地形可能与图纸有出入，因此，如所改造地形要求较高，则需要放线时用水准仪重新测量各点标高，以重新确定施工标高。

（2）挖湖堆山的放线　对挖湖堆山的放线，仍可以利用方格作为控制网。堆山填土时由于土层不断加厚，桩可以被土埋没，所以常采用标杆法或分层打桩法。对于较高山体，采用分层打桩法。分层打桩时，桩的长度应大于每层填土的高度。土山不高于5m的，可用标杆法，即用长竹竿做标杆，在桩上把每层标高定好。挖湖工程的放线和山体放线基本相同，但由于水体挖深一般较一致，而且池底常年隐藏没在水下，放线可以粗放些，但水体底部应尽可能整平，不留土墩，这对养鱼和捕鱼有利。岸线和岸坡的定点放线应该准确，这不仅因为它是水上部分，有造景作用，而且和水体岸坡的稳定也有很大关系。为了精确施工，可以用边坡样板来控制边坡坡度。

7.修建临时设施及道路

修筑好临时道路，以供机械进场和土方运输之用，主要临时运输道路宜结合永久性道路的布置修筑。道路的坡度、转弯半径应符合安全要求，两侧做排水沟。此外，还要安排修建临时性生产和生活设施（如工具库、材料库、临时工棚、休息室、办公棚等），同时敷设现场供水、供电等管线并进行试水、试电等。

8.准备机具、物资及人员

准备好挖土、运输车辆及施工用料和工程用料，并按施工平面图堆放，配备好土方工程施工所需的各专业技术人员、管理人员和技术工人等。

## 二、园林给排水工程

园林经营服务和生产运转需要有充足的水源供给。从水源取水并进行处理，然后用输水配水管道将水送至各处使用。在这一过程中由相关构筑物和管道所组成的系统，就称为给水系统。被污染的水经过处理而被无害化，再和其他地面水一样通过排水管渠排出。在这个排水过程中所建立的管道网和地面构筑物所组成的系统，则称为排水系统。园林给排水工程就是建设园林内部给水系统和排水系统的工程。

### （一）给水工程施工

1.给水工程的组成

给水工程是由一系列构筑物和管道系统构成的。从给水的工艺流程来看，它可以分成以下三部分。

（1）取水工程　是从面上的河、湖和地下的井、泉等天然水源中取水的一项工程，取水的质量和数量主要受取水区域水文地质情况影响。

（2）净水工程　这项工程是通过在水中加药混凝、沉淀（澄清）、过滤、消毒等工序而使水净化，从而达到园林中的各种用水要求。

（3）输配水工程　它是通过输水管道把经过净化的水输送到各用水点的一项工程。

2.园林用水类型

公园和其他公共绿地既是群众休息和游览活动的场所，又是花草树木、各种鸟兽比较集中的地方。由于游人活动的需要、动植物养护管理及水景用水的补充等，园林绿地用水量是很大的。水是园林生态系统中不可缺少的要素。因此，解决好园林的用水问题是一项十分重要的工作。

公园用水的类型大致包括以下几个方面。

（1）生活用水　如餐厅、内部食堂、茶室、小卖部、消毒饮水器及卫生设备的用水。

（2）养护用水　包括植物灌溉、动物笼舍的冲洗及夏季广场道路喷泉洒用水等。

（3）造景用水　各种水体包括溪流、湖池等，以及一些水景如喷泉、瀑布、跌水和北方冬季冰景用水等。

（4）游乐用水　一些游乐项目如“激流探险”“碰碰船”及滑水池、戏水池、休闲娱乐的游泳池等，平常都要用大量的水，而且还要求水质比较好。

（5）消防用水　指公园中为防火灾而准备的水源，如消火栓、消防水池等。

园林给水工程的主要任务是经济、可靠和安全合理地提供符合水质标准的水源，以满足上述这几个方面的用水需求。

3.园林给水特点

园林绿地给水与城市居住区、机关单位、工厂企业等的给水有许多不同，在用水情况、给水设施布置等方面都有自己的特点。其主要的给水特点如下。

（1）生活用水较少，其他用水较多　除了休闲、疗养性质的园林绿地之外，一般园林中的主要用水是在植物灌溉、湖池水补充及喷泉、瀑布等生产和造景用水方面，而生活用水方面的则一般很少，只有园内的餐饮、卫生设施等属于这方面。

（2）园林中用水点较分散　由于园林内多数功能点都不是密集布置的，在各功能点之间常常有较宽的植物种植区，因此用水点也必然很分散，不会像住宅、公共建筑那样密集；就是在植物种植区内所设的用水点，也是分散的。由于用水点分散，给水管道的密度就不太大，但一般管道的长度却比较长。

（3）用水点水头变化大　喷泉、喷灌设施等用水点的水头与园林内餐饮、鱼池等用水点的水头就有很大变化。

（4）用水高峰时间可以错开　园林中灌溉用水、娱乐用水、造景用水等的具体时间都是可以自由确定的。也就是说，园林中可以做到用水均匀，不出现用水高峰。

4.水源的选择

园林给水工程的首要任务，是要按照水质标准来合理地确定水源。在确定水源的时候，不但要对水质的优劣、水量的丰缺情况进行了解，而且还要对取水方式、净水措施和输配水管道布置进行初步计划。

（1）地表水源　如山溪、大江、大河、湖泊、水库水等，都是直接暴露于地面的水源。

采用地表水作为水源时，取水地点及取水构筑物的结构形式是比较重要的问题。

保护水源，是直接保证给水质量的一项重要工作。

采用地表水作为水源的，必须对水进行净化处理后才能作为生活饮用水使用。净化地表水包括混凝沉淀、过滤和消毒三个步骤。

（2）地下水源　存在于透水的土层和岩层中。凡是能透水、存水的地层都可称为含水层或透水层。存在于砂、卵石含水层的地下水称为孔隙水。存在于岩层裂缝中的地下水则称为裂隙水。地下水主要是由雨水和河流等地表水渗入地下形成和不断补给的。地下水越深，它的补给地区范围就越大。地下水又分为潜水和承压水两种。

① 潜水。地面以下第一个隔水层（不透水层）所托起的含水层的水，就是潜水。潜水的水面称为潜水面，是从高处向低处微微倾斜的平面。潜水面常受降雨影响而发生升降变化。降雨、降雪、露水等地面水都能直接渗入地下而成为潜水。

② 承压水。含水层在两个不透水层之间，并且受到较大的压力，这种含水层中的地下水就是承压水；另外，也有一些承压水是由地下断层形成的。由于有压力存在，当打井穿过不透水层并打通水口时，承压地下水就会从水口喷出或涌出。溢出地表的承压水便形成泉水。因此，承压地下水又称为自流水。

（3）水源选择原则　选择水源时，应根据城市建设远期的发展和风景区、园林周边环境的卫生条件，选用水质好、水量充沛、便于防护的水源。水源选择中一般应当注意以下几点。

① 园林中的生活用水要优先选用城市给水系统提供的水源，其次则主要选用地下水。城市给水在自来水厂经过严格的净化处理，水质已完全达到生活饮用水水质标准，所以应首先选用。在没有城市给水条件的风景区或郊野公园，则要优先选择地下水做水源，并且按优先性的不同选用不同的地下水。地下水的优先选择次序是泉水、浅层水、深层水。

② 造景用水、植物栽培用水等，应优先选用河流、湖泊中符合地面水环境质量标准的水源。开辟引水沟渠将自然水体的水直接引入园林溪流、水池和人工湖，是最好的水源选择方案。植物栽培用水和卫生用水等就可以在园林水体中取用。如果没有引入自然水源的条件，则可选用地下水或自来水。

③ 风景区内，当必须筑坝蓄水作为水源时，应尽可能结合水力发电、防洪、林地灌溉及园艺生产等多方面用水的需要，做到通盘考虑，统筹安排，综合利用。

④ 水资源比较缺乏的地区，园林中的生活用水使用后，可以收集起来，经过初步的净化处理，再作为苗圃、林地等灌溉所用的第二水源。

⑤ 各项园林用水水源，都要符合相应的水质标准，即要符合《地表水环境质量标准》（GB 3838—2002）和《生活饮用水卫生标准》（GB 5749—2006）的规定。

⑥ 在地方性甲状腺肿地区及高氟地区，应选用含碘、含氟量适宜的水源。水源水中碘含量应在10μg/L以上，10μg/L以下时容易发生甲状腺肿病。水中氟化物含量在1.0mg/L以上时，容易发生氟中毒，因此，水源的含氟量一定要小于1.0mg/L。

5. 水质与给水

园林中除生活用水外，其他方面用水的水质要求可根据情况适当降低，但都要符合一定的水质标准。

（1）地表水标准　所有的园林用水，如湖池、喷泉瀑布、游泳池、水上游乐区、餐厅、茶室等的用水，首先都要符合国家颁布的《地表水环境质量标准》（GB 3838—2002）。在这个标准中，首先按水域功能的不同，把地表水的质量级别划分为以下5类。

① 主要适用于源头水、国家自然保护区。

② 主要适用于集中式生活饮用水地表水源地一级保护区、珍稀水生生物栖息地、鱼虾类产卵场、仔稚幼鱼的索饵场等。

③ 主要适用于集中式生活饮用水地表水源地二级保护区、鱼虾类越冬场、洄游通道、水产养殖区等渔业水域及游泳区。

④ 主要适用于一般工业用水区及人体非直接接触的娱乐用水区。

⑤ 主要适用于农业用水区及一般景观要求水域。

（2）生活饮用水标准　园林生活用水，如餐厅、茶室、冷热饮料厅、小卖部、内部食堂、宿舍等所需的水质要求比较高，应符合国家颁布的《生活饮用水卫生标准》（GB 5749—2006）。

（3）园林给水方式　根据给水性质和给水系统构成的不同，可将园林给水方式分为三种。

① 引用式　园林给水系统如果直接到城市给水管网系统上取水，就是直接引用式给水。

② 自给式　在野外风景区或郊区的园林绿地，如果没有直接取用城市给水水源的条件，就可考虑就近取用地下水或地表水。以地下水为水源时，因水质一般比较好，往往不用净化处理就可以直接使用，因而其给水工程的构成就要简单一些。一般可以只设水井（或管井）、泵房、消毒清水池、输水管道等。如果采用地表水做水源，其给水系统构成就要复杂一些。从取水到用水过程中所需布置的设施顺序是：取水口、集水井、一级泵房、加矾间与混凝

池、沉淀池及其排泥阀门、滤池、清水池、二级泵房、输水管网、水塔或高位水池等。

③ 兼用式。在既有城市给水条件，又有地下水、地表水可供采用的地方，接上城市给水系统，作为园林生活用水或游泳池等对水质要求较高的项目用水水源；而园林生产用水、造景用水等，则有另一个以地下水或地表水为水源的独立给水系统。

在地形高差显著的园林绿地，可考虑分区给水方式。分区给水就是将整个给水系统分成几区，不同区的管道水压不同，区与区之间可有适当的联系，以保证供水可靠和调度灵活。

6. 园林给水管网设计

园林给水管网开始设计时，第一，应该确定水源及给水方式。第二，确定水源的接入点。一般情况下，中小型公园用水可由城市给水系统的某一点引入；但对较大型的公园或狭长形状的公园用地，由一点引入则不够经济，可根据具体条件采用多点引入。采用独立给水系统的，则不考虑从城市给水管道接入水源。第三，对园林内所有用水点的用水量进行计算，并算出总用水量。第四，确定给水管网的布置形式、主干管道的布置位置和各用水点的管道引入。第五，根据已算出的总用水量，进行管网的水力学计算，按照计算结果选用管径合适的水管，最后布置成完整的管网系统。

7. 园林喷灌系统

采用喷灌系统对植物进行灌溉，能够在不破坏土壤通气和土壤结构的条件下，保证均匀地湿润土壤；能够湿润地表空气层，使地表空气清爽；还能够节约大量的灌溉用水，比普通浇水灌溉节约水量40%～60%。

喷灌系统的设计，主要是解决用水量和水压方面的问题。至于供水的水质，要求可以稍低一些，只要水质对绿化植物没有害处即可。

（1）喷灌的形式　按照管道、机具的安装方式及供水使用特点，园林喷灌系统可分为移动式、半固定式和固定式三种。

① 移动式喷灌系统　要求有天然水源，其动力水泵和干管、支管是可移动的。

② 半固定式喷灌系统　其泵站和干管固定，但支管与喷头可以移动，也就是一部分固定一部分移动。

③ 固定式喷灌系统　这种系统有固定的泵站，干管和支管都埋入地下，喷头既可固定于竖管上，也可临时安装。

（2）喷灌机与喷头　喷灌机主要是由压水、输水和喷头3个主要结构部分构成的。压水部分通常有发动机和离心式水泵，主要是为喷灌系统提供动力和为水加压，使管道系统中的水压保持在一个较高的水平上。输水部分是由输水主管和分管构成的管道系统，喷头部分则有以下类型。

① 旋转式喷头　又称为射流式喷头。其管道中的压力水流通过喷头而形成一股集中的射流喷射而出，再经自然粉碎形成细小的水滴洒落在地面。这类喷头因其转动机构的构造不一样，又可分为摇臂式、叶轮式、反作用式和手持式四种形式。还可根据是否装有扇形机构而分扇形喷灌喷头和全圆周喷灌喷头两种形式。

② 漫射式喷头　这种喷头是固定式的，在喷灌过程中所有部件都固定不动，而水流却呈圆形或扇形向四周分散开。喷灌系统的结构简单，工作可靠，在公园苗圃或一些小块绿地中有所应用。其喷头的射程较短，一般在5～10m；喷灌强度大，在15～20mm/h以上；但喷灌水量不均匀，近处比远处的喷灌强度大得多。

③ 也管式喷头　这种喷头实际上是一些水平安装的管子，在水平管子的顶上分布有一些整齐排列的小喷水孔，孔径仅1～2mm。喷水孔在管子上有排列成单行的，也有排列成两行以上的，分别称为单列孔管和多列孔管。

(3) 喷头的布置　喷灌系统喷头的布置形式有矩形、正方形、正三角形和等腰三角形4种。在实际工作中采用什么样的喷头布置形式，主要取决于喷头的性能和拟灌溉的地段情况。

**(二) 排水工程施工**

排水工程的主要任务是：把雨水、废水、污水收集起来并输送到适当地点排除，或经过处理之后再重复利用和排出。园林中如果没有排水工程，雨水、污水淤积园内，将使植物遭受涝灾，滋生大量蚊虫并传播疾病，既影响环境卫生，又会严重影响公园里的游园活动。因此，在每一项园林工程中都要设置良好的排水工程设施。

1. 园林排水的意义和特点

园林环境与一般城市环境很不相同，其排水工程的情况也和城市排水系统的情况有相当大的差别。因此，在排水类型、排水方式、排水量构成、排水工程的构筑物等多方面都有其自己的特点。

(1) 意义和作用　保持园林卫生状况良好，避免积水引起有机物腐烂及蚊蝇、病菌滋生。保证建筑物的稳固耐久。有利于植物的生长。不同的植物对于水分的要求是不同的，而大多数的植物不耐水湿，及时排水能使植物免受水涝害。避免地表径流冲刷和水土流失。保证园路畅通无阻。总之，园林排水工程能使园林景色更加动人，更有利于人们的游览赏景。

(2) 园林排水的种类　从排水的种类来说，园林绿地所排放的主要是天然降水、生产废水、游乐废水和一些生活污水。

① 天然降水　园林排水管网要收集、输送和排除雨水及融化的冰、雪水。这些天然的降水在落到地面前后，会受到空气污染和地面泥沙等的污染，但污染程度不高，一般可以直接向园林水体如湖、池、河流中排放。

② 生产废水　盆栽植物浇水时多浇的水，鱼池、喷泉池、睡莲等较小的水景池排放的水，都属于园林生产废水。

③ 游乐废水　游乐设施中的水体一般面积不大，积水太久会使水质变坏，所以每隔一定时间就要换水。如游泳池、戏水池、碰碰船池、冲浪池、航模池等，就常在换水时有废水排出。

④ 生活污水　园林中的生活污水主要来自餐厅、茶室、小卖部、厕所、宿舍等处。这些污水中所含的有机污染物较多，一般不能直接向园林水体中排放，而要经过除油池、沉淀池、化粪池等进行处理后才能排放。另外，做清洁卫生时产生的废水也可划入这一类中。

(3) 园林排水特点　根据园林环境、地形和内部功能等方面与一般城市给水工程情况的不同，可以看出其排水工程具有以下几个主要方面的特点。

① 地形变化大，适宜利用地形排水。园林绿地中既有平地，又有坡地，甚至还有山地。地面起伏度大，就有利于组织地面排水。利用低地汇集雨雪水到一处，集中排除比较方便，也比较容易进行净化处理。地面水可以不排入地下管网，而利用倾斜的地面和少数排水明渠直接排放到园林水体中。

② 与园林用水点分散的给水特点不同，园林排水管网的布置却较为集中。排水管网主要集中布置在人流活动频繁、建筑密集、功能综合性强的区域中，如餐厅、茶室、游乐场、游泳池、喷泉区等地方。而在林地区、苗圃区、草地区、假山区等功能单一而又面积广大的区域，则多采用明渠排水，不设地下排水管网。

③ 管网系统中雨水管多，污水管少。相对而言，园林排水管网中的雨水管数量明显地多于污水管。

④ 园林排水成分中，污水少，雨雪水和废水多。园林内所产生的污水，主要是餐厅、宿舍、厕所等的生活污水，基本上没有其他污水源。污水的排放量只占园林总排水量的很少

一部分。

⑤ 园林排水的重复使用可能性很大。由于园林内大部分排水的污染程度不严重，因而基本上都可以在经过简单的混凝澄清、除去杂质后，用于植物灌溉、湖池水源补给等方面，水的重复使用率比较高。一些喷泉池、瀑布池等，还可以安装水泵，直接从池中汲水，并在池中使用，实现池水的循环利用。

2.排水体制与排水工程组成

排水设计中所采用的排水体制不同，其排水工程设施的组成情况也会不同，这二者是紧密联系的。

（1）排水体制　将园林中的生活污水、生产废水、游乐废水和天然降水从产生地点收集、输送和排放的基本方式，称为排水系统的全制，简称排水体制。排水体制主要有分流制与合流制两类。

① 分流制排水　这种排水体制的特点是“雨、污分流”。因为雨雪水、园林生产废水、游乐废水等污染程度低，不需净化处理就可直接排放，为此而建立的排水系统称雨水排水系统。为生活污水和其他需要除污净化后才能排放的污水另外建立的一大独立的排水系统，则称为污水排水系统。两套排水系统虽然是一同布置，但互不相连，雨水和污水在不同的管网中流动和排除。

② 合流制排水　排水特点是“雨、污合流”。排水系统只有一套管网，既排雨水又排污水。这种排水体制已不适于现代城市环境保护的需要，所以在一般城市排水系统的设计中已不再采用。但是，在污染负荷较轻，没有超过自然水体环境的自净能力时，还是可以酌情采用的。

（2）排水工程的组成　包括从天然降水、废水和污水的收集、输送，到污水的处理和排放等一系列过程。从排水工程设施方面来分，主要可以分为两大部分：一部分是作为排水工程主体部分的排水管渠，共作用是收集、输送和排放园林各处的污水、废水和天然降水；另一部分是污水处理设施，包括必要的水池、泵房等构筑物。但从排水的种类来分，园林排水工程则是由雨水排水系统和污水排水系统两大部分构成的。

① 雨水排水系统的组成　园林内的雨水排水系统不只是排除雨水，还要排除园林生产废水和游乐废水。因此，它的基本构成部分就有：汇水坡地、集水浅沟和建筑物的屋面、天沟、雨水斗、竖管、散水；排水明渠、暗沟、截水沟、排洪沟；雨水口、雨水排水管网、出水口；在利用重力自流排水困难的地方，还可设置雨水排水泵站。

② 污水排水系统的组成　这种排水系统主要是排除园林生活污水，包括室内和室外部分。有：室内污水排放设施，如厨房洗物槽、下水管、房屋卫生设备等；除油池、化粪池、污水集水口；污水排水干管、支管组成的管道网；管网附属构筑物，如检查井、连接井、跌水井等；污水处理站，包括污水泵房、澄清池、过滤池、消毒池、清水池等；出水口，是排水管网系统的终端出口。

③ 合流制排水系统的组成　合流制排水系统只设一套排水管网，其基本组成是雨水系统和污水系统的组合。常见的组合部分是：雨水集水口、室内污水集水口；雨水管渠、污水支管；雨、污水合流的干管和主管；管网上附属的构筑物，如雨水井、检查井、跌水井，截流式合流制排水系统的截流干管与污水支管交接处所设的溢流井等；污水处理设施，如混凝澄清池、过滤池、消毒池、污水泵房等；出水口。

3.排水管网的附属构筑物

为了排除污水，除管渠本身外，还需在管渠系统上设置某些附属构筑物。在园林绿地中，这些构筑物常见的雨水口、检查井、跌水井、闸门井、倒虹管、出水口等。

（1）雨水口　雨水口是在雨水管渠或合流管渠上收集雨水的构筑物。一般的雨水口都由基础、井身、井口、井箅几部分构成的。雨水管的管口设在井身的底部。

与雨水管或合流制干管的检查井相接时，雨水口支管与干管的水流方向以在平面上呈60°交角为好。支管的坡度一般不应小于1%。雨水口呈水平方向设置时，井箅应略低于周围路面或地面3cm左右，并与路面或地面顺接，以方便雨水的汇集和泄入。

（2）检查井　对管渠系统需要做定期检查，必须设置检查井。检查井通常设在管渠交汇、转变或管渠尺寸、坡度改变及跌水等处以及相隔一定的构造距离的直线管渠段上。检查井在直线管渠段上的最大间距，一般可按表9-2-1采用。

**表9-2-1　检查井的最大间距**

| 管径或暗渠净高/mm | 最大间距/m | |
|---|---|---|
| | 污水管道 | 雨水（合流）管道 |
| 200～400 | 40 | 50 |
| 500～700 | 60 | 70 |
| 800～1000 | 80 | 90 |
| 1100～1500 | 100 | 120 |
| 1600～2000 | 120 | 120 |

注：摘自GB 50014—2006《室外排水设计规范》。

检查井基本有两类：雨水检查井和污水检查井。在合流制排水系统中，只设雨水检查井。由于各地地质、气候条件相差很大，在布置检查井的时候，最好参照全国通用的《给水排水标准图集》和地方性的排水通用图集，根据当地的条件直接在图集中选用合适的检查井，而不必再进行检查井的计算和结构设计。

（3）跌水井　由于地势或其他因素的影响，使得排水管道在某地段的高程落差超过1m时，就需要在该处设置一个具有水力消能作用的检查井，这就是跌水井。根据结构特点来分，跌水井有竖管式和溢流堰式两种形式。

① 竖管式跌水井　一般适用于管径不大于400mm的排水管道上，井内允许的跌落高度因管径的大小而异。

② 溢流堰式跌水井　多用于400mm以上大管径的管道上。当管径大于400mm而采用溢流堰式跌水井时，其跌水水头高度、跌水方式及井身长度等都应通过有关水力学公式计算求得。

跌水井的井底要考虑对水流冲刷的防护，要采取必要的加固措施。当检查井内上、下游管道的高程落差小于1m时，可将井底做成斜坡，不必做成跌水井。

（4）闸门井　由于降雨或潮汐的影响，使园林水体水位增高，可能对排水管形成倒灌；或者，为了防止非降雨时污水对园林水体的污染，控制排水管道内水的方向与流量，就要在排水管网中或排水泵站的出口处设置闸门井。

闸门井由基础、井室和井口组成。如单纯为了防止倒灌，可在闸门井内设活动拍门。

（5）倒虹管　由于排水管道在园路下布置时有可能与其他管线发生交叉，而它又是一种重力自流式的管道，因此，要尽可能在管线综合中解决好交叉管道之间的标高关系。但有时受地形所限，如遇到要穿过沟渠和地下障碍物时，排水管道就不能按照正常情况敷设，而不得不以一下凹的折线形式从障碍物下面穿过，这段管道就成了倒置的虹吸管，即所谓的倒虹管。

一般排水管网中的倒虹管是由进水井、下行管、上行管和出水井等部分构成的。倒虹管采用的最小管径为200mm，管内流速一般为1.2～1.5m/s，不得低于0.9m/s，并应大于上游管内流速。平行管与上行管之间的夹角不应小于150°，要保证管内的水流有较好的水力条件，以防止管内污物滞留。为了减少管内泥沙和污物淤积，可在倒虹管进水之前的检查井内设防一沉淀槽，使部分泥沙污物在此沉下来。

（6）出水口　排水管渠的出水口是雨水、污水排放的最后出口，其位置和形式应根据污水水质、下游用水情况、水体的水位变化幅度、水流方向、波浪情况等因素确定。

在园林中，出水口最好设在园内水体的下游末端，要与给水取水区、游泳区等保持一定的安全距离。

雨水出水口的设置一般为非淹没式的，即排水管出水口的管底高程要安排在水体的常年水位线以上，以防倒灌。当出水口高出水位很多时，为了降低出水对岸边的冲击力，应考虑将其设计为多级的跌水式出水口。污水系统的出水口则一般布置为淹没式，即把出水管管口布置在水体的水面以下，以使污水管口流出的水能够与河湖水充分混合，以减轻对水体的污染。

4.排水管网的布置形式

园林排水系统的布置，是在确定了所规划、设计的园林绿地排水体制、污水处理利用方案和估算出园林排水量的基础上进行的。在污水排放系统的平面布置中，一般应确定污水处理构筑物、泵房、出水口以及污水管网主要干管的位置。当考虑利用污水、废水灌溉林地、草地时，则应确定灌溉干渠的位置及灌溉范围。在雨水排水系统平面布置中，主要应确定雨水管网中主要的管渠、排洪沟、出水沟及出水口位置。在各处室网设施的基本位置大概确定后，再选用一种最适合的管网布置形式，对整个排水系统进行安排。

排水管网的布置形式主要有下述几种。

（1）正交式布置　当排水管网的干管总走向与地形等高线或水体方向大致呈正交时，管网的布置形式就是正交式。这种布置方式适用于排水管网总走向的坡度接近于地面坡度和地面向水体方向较均匀地倾斜时。采用这种布置，各排水区的干管以最短的距离通到排水口，管线长度短，管径较小、埋深小，造价低。在条件允许的情况下，应尽量采用这种布置方式。

（2）截流式布置　在正交布置的管网较低处，沿着水体方向再增设一条截流干管，将污水截流并集中引到污水处理站。这种布置形式可减少污水对于园林水体的污染，也便于对污水进行集中处理。

（3）扇形布置　在地势向河流湖泊有较大倾斜的园林中，为了避免因管道坡度和水的流速过大而造成管道被严重冲刷的现象，可将排水管网的主干管布置成与地面等高线或与园林水体流动方向相平行或夹角很小的状态。这种布置方式又可称为平行布置。

（4）分区式布置　当规划设计的园林地形高低差别很大时，可分别在高地形区和低地形区各设置独立的、布置形式各异的排水管网系统，这种形式就是分区式布置。低区管网可按重力自流方式直接排入水体，则高区干管可直接与低区管网连接。如低区管网的水不能依靠重力自流排除，那么就将低区的排水集中到一处，用水泵提升到高区的管网中，由高区管网依靠重力自流方式把水排除。

（5）辐射式布置　在用地分散、排水范围较大、基本地形是向周围倾斜和周围地区都有可供排水的水体时，为了避免管道埋设太深和降低造价，可将排水干管布置成分散的、多系统的、多出口的形式，这种形式又称为分散式布置。

（6）环绕式布置　这种方式是将辐射式布置的多个分散出水口用一条排水主干管串联起来，并在主干管的最低点集中布置一套污水处理系统，以便污水的集中处理和再利用。

园林绿地多依山傍水，设施繁多，自然景观与人工造景结合，因此在排水方式上也有其本身的特点。其基本的排水方式一般有两种：利用地形自然排除雨、雪水等天然降水，可称为地面排水；利用排水设施排水，这种排水方式主要是排除生活污水、生产废水、游乐废水和集中汇流到管道中的雨雪水，因此可称为管道排水。另外，还可有第3种排水方式，就是地面排水与管道排水结合的方式。

5.地面与沟渠排水

（1）地表径流系数的确定　地面排水设计所需要的一个重要参数，就是地表的径流系数。当雨水降落到地面后，便形成了地表径流。在径流过程中，由于渗透、蒸发、植物吸收、洼地截流等原因，雨水并不能全部流入园林排水系统中，流入排水系统的只是其中的一部分。地面雨水汇水面积上的径流量与该面积上降雨量之比称为径流系数，用符号$\Psi$表示，即

$$\Psi=\text{地表径流量}/\text{降雨量}$$

具体地方径流系数值的大小，与汇水面积上的地形地貌、地面坡度、地表土质及地面覆盖情况有关，并且也和降雨强度、降雨时间长短等密切相关。例如，屋面、水泥或沥青路面是由不透水层所覆盖的，其$\Psi$值就比较大；草坪、林地等能够截流、渗透部分雨水，其$\Psi$值当然就比较小。地面坡度大，降雨强度大，降雨历时短，都会使雨水径流损失较小，径流量增大。反之，则会使雨水径流损失增大。由于影响径流的因素是多方面的，因此要确定一个地区的径流系数是比较困难的。

（2）地表径流的组织与排除　在园林竖向设计中，既要充分考虑地面排水的通畅，又要防止地表径流过大而造成对地面的冲刷破坏。因此，在平地地形上，要保证地面有0.3%～0.8%的纵向排水坡度和1.5%～3.5%的横向排水坡度。当纵向坡度大于0.8%时，还要检查其是否对地面产生冲刷，冲刷程度如何。如果证明其冲刷较严重，就应对地形设计进行调整，或者减缓速度，或者在坡面上布置拦截物，以降低径流的速度。

设计中，应通过竖向设计来控制地表径流，要多从排水角度来考虑地形的整理与改造，主要应注意以下几点。

地面倾斜方向要有利于组织地表径流，使雨水能够向排洪沟或排水渠汇集。

注意控制地面坡度，使之不至过陡。对于过陡的坡地要进行绿化覆盖或进行护坡工程处理，使坡面稳定，抗冲刷能力强，也减少水土流失。两面相向的坡地之间，应当设置有汇水的浅沟，沟的底端应与排水干渠和排洪沟连接起来，以便及时排除雨水。

同一坡度的坡面，即使坡度不大，也不要持续太长；太长的坡面使地表径流的速度越来越快，产生的地面冲刷越来越严重。对坡面太长的应进行分段设置。坡面要有所起伏，要使坡度的陡缓变化不一致，才能避免径流一冲到底，造成地表设施和植被的破坏。坡面不要过于平整，要通过地形的变化来削弱地表径流流速加快的势头。

要通过弯曲变化的谷、涧、浅沟、盘山道等组织起对径流的不断拦截，并对径流的方向加以组织，一步步减缓径流速度，把雨雪水就近排放到地面的排明渠、排洪沟或雨水管网中。

对于直接冲击园林内一些景点和建筑的坡地径流，要在景点、建筑上方的坡地面边缘设置截水沟拦截雨水，并且有组织地排放到预定的管渠之中。

（3）截水沟与排水沟渠设计

① 截水沟设计　截水沟一般应与坡地的等高线平行设置，其长短、宽窄和深浅依具体的截水环境而定。宽而深的截水沟，其截面尺寸可达100cm×70cm；窄而浅的截水沟，截面则可以做得很小。宽而深的截水沟，可用混凝土、砖石材料砌筑而成，也可仅开挖成沟底、沟壁夯实的土沟；窄而浅的截水沟，则常常开成小土沟或者直接在岩面凿出浅沟。

② 排水明渠设计　除了在园林苗圃中排水渠有三角形断面之外，一般的排水明渠都

设计为梯形的断面。梯形断面的最小底应不小于30cm（但位于分水线上的明沟底宽可达20cm），沟中水面与沟顶的高度差应不小于2cm。道路边排水沟渠的最小纵坡不得小于0.2%；一般明渠的最小纵坡为0.1%～0.2%。各种明渠的最小流速不得小于0.4m/s，个别地方酌减；土渠的最大流速一般不超过1.0m/s，以免沟底冲刷过度。各种排水明渠允许的最大流速见表9-2-2。

**表9-2-2　排水明渠允许的最大流速**

| 明渠类别 | 允许最大流速/（m/s） | 明渠类别 | 允许最大流速/（m/s） |
|---|---|---|---|
| 粗砂及贫砂质黏土 | 0.8 | 干砌块石面 | 2.0 |
| 砂质黏土 | 1.0 | 浆砌块石面或浆砌砖面 | 3.0 |
| 黏土 | 1.2 | 石灰岩或中砂岩 | 4.0 |
| 草皮护面 | 1.6 | 混凝土 | 4.0 |

③ 排洪沟设计　在设计排洪沟前，要对设计范围内洪水的迹线（洪痕）进行必要的考察，设计中应尽量利用洪水迹线安排排洪沟。在掌握了有关洪水方面的资料后，就应当对洪峰的流量进行推算。最适于推算园林用地内洪峰流量的方法，是利用小面积设计流量公式进行计算。另外，也可以采用排水明渠设计流量的公式

$$Q=C\cdot F\cdot m$$

式中：$Q$为设计径流量，$m^3/s$；$C$为径流模数；$F$为流域面积，$km^2$；$m$为面积指数。

不同洪水频率下的径流模数$C$及面积指数$m$见表9-2-3。

**表9-2-3　不同洪水频率下的径流模数$C$及面积指数$m$**

| 地区＼洪水频率 | 径流模数$C$ 50% | 20% | 10% | 7% | 5% | 面积指数$m$ |
|---|---|---|---|---|---|---|
| 北 | 8.1 | 12.0 | 16.5 | 18.0 | 19.0 | 0.75 |
| 东北 | 8.0 | 11.5 | 13.5 | 14.6 | 15.8 | 0.85 |
| 东南沿海 | 11.0 | 15.0 | 18.0 | 19.5 | 22.0 | 0.75 |
| 西南 | 9.0 | 12.0 | 14.0 | 14.5 | 16.0 | 0.75 |
| 华中 | 10.0 | 4.0 | 17.0 | 18.0 | 19.6 | 0.75 |
| 黄土高原 | 5.5 | 6.0 | 7.5 | 7.7 | 8.5 | 0.80 |

排洪沟通常都采用明渠形式，设计中应尽量避免用暗沟。排洪沟的断面形状一般为梯形或矩形。排洪沟不宜采用土明渠方式，因为土渠的边坡不耐冲刷。

排洪沟的纵坡应自起端至出口不断增大。但坡度也不应太大，坡度太大则流速过快，沟体易被冲坏。如果地形坡度太陡，则应采取跌水措施，但不得在弯道处设跌水。

④ 排水盲渠设计　盲渠，也称为盲沟，是一种地下排水渠道，用于排除地下水，降低地下水位、效果不错。修筑盲渠的优点是：取材方便、造价低廉、地面完好、不留痕迹。在一些要求排水良好的活动场地（如高尔夫球场、一般大草坪等）或地下水位高的地区，为了给某些不耐水的植物生长创造条件，都可采用这种方法排水。

布置盲渠的位置与盲渠的密度要求视场地情况而定。通常以盲渠的支渠集水，再通过干渠将水排除掉。以场地排水为主的，盲渠可多设，反之则少设。盲渠渠底纵坡不应小于0.5%，如果情况允许的话，应尽量取大的坡，以便于排水。

（4）防止地表径流冲刷地面的措施　当地表径流流速过大时，就会造成地表冲蚀。解决这一问题的方法，主要是在地表径流的主要流向上设置障碍物，以不断降低地表径流的流

速。这方面的工作可以从竖向设计及工程措施方面考虑。

① 植树种草，覆盖地面　对地表径流较多、水土流失较严重的坡地，可以培植草本地被植物覆盖地面；还可以栽种乔木与灌木，利用树根坚固较深层的土壤，使坡地变得很稳定。覆盖了草本地被植物的地面，其径流的流速能够得到很好的控制，地面冲蚀的情况也能得到充分的抑制。

② 设置护土筋　沿着山路坡度较大处，或与边沟同一纵坡且坡面延续较长的地方敷设护土筋。其做法是：采用砖石或混凝土块等，横向埋置在径流速度较大的坡面上，砖石大部分埋入地下，只有3～5cm露出地面，每隔一定距离（10～20m）放置3～4道，与道路成一定角度，如鱼翅状排列于道路两侧，以降低径流流速，削减冲刷力。

③ 安放挡水石　利用山道边沟排水，在坡度变化较大处（如在台阶两侧），由于水的流速大，容易造成地面冲刷，严重影响道路路基。为了减少冲刷，在台阶两侧置石挡水，以缓解雨水流速。

④ 做谷方，设消能石　当地表径流汇集在山谷或地表低洼处时，为了避免地表被冲刷，在汇水线地带散置一些山石，作延缓阻碍水流用。这些山石在地表径流量较大时，可起到降低径流的冲力，缓解水土流失速率的作用。所用的山石体量应稍大些，并且石的下部应埋入土中一部分，避免因径流过大时石底泥土被掏空，山石被冲走。

（5）出水口处理　当地表径流利用地面或明渠排入园林水体时，为了保护岸坡，出水口应做适当的处理。常见的处理方法如下。

① 做簸箕式出水口　即所谓做水簸箕，这是一种敞口式排水槽。槽身可采用三合土、混凝土、浆砌块石或砖砌体做成。

② 做成消力出水口　排水槽上、下口高差大时可以在槽底设置消力阶或消力块。

③ 做造景出水口　在园林中，雨水出水口还可以结合造景布置成小瀑布、叠溪涧、峡谷等，一举两得，既解决了排水问题，又使园景生动自然，丰富了园林景观内容。

④ 埋管排水口　这种方法在园林中运用很多，即利用路面或道路两侧的明渠将水引至适当位置，然后设置排水管作为出水口。排水管口可以伸出园林水体水面以上或以下，管口出水直接落入水面，可避免冲刷岸边；或者，也可以从水面以下出水，从而将出水口隐藏起来。

（6）管网排水　排水管网的水力计算是保证管网系统正确设计的基本依据。通过计算，要求使管网系统的设计达到：第一，要保证管道不溢流。如果发生溢流，将会对园林环境与景观产生很不好的影响。第二，要使管道中不发生淤积、堵塞现象，这就要求管道内的污水保证有一定的自净流速，这一流速能够避免管道的淤积。第三，应使管道内不产生高速冲刷，以免管道过早因冲刷而毁坏；管道内雨水、污水的流速要控制在一个不发生较大冲刷的最高限值以下。第四，要保证管道内通风排气，以免污物产生的气体发生爆炸。

（7）雨水管网设计　雨水排水系统的作用，就是要及时和有效地收集、输送和排除天然降水及园务废水。雨水排水管网的计算和设计，必须满足迅速排除园林内地表径流的要求。

在设计中，应注意以下具体问题。

要尽量利用地形条件，就近排水。可将出水口的位置分散布置，安排到距离最近的水体边。当遇到地形坡度较大时，雨水主干管应布置在地形的较低处；当地形比较平坦时，则以布置在相应排水区域的适中地带为好。尽量避免设置雨水泵站。

雨水管的埋深应稍深一些，最小覆土深度可采用0.5～0.7m，但一定要在冬季冻土层以下。

雨水口的设置位置，应能迅速有效地收集地面雨水。一般应在园路交叉口的雨水汇流点、路侧边沟的一定距离处和地势低洼的草坪、树木种植地以及设有道路边石的低洼地方设置雨水口，道路上雨水口的间距一般为20 ～ 50m，在低洼段和易积水地段，可多设雨水口。

## 三、园林水景工程

### （一）湖景工程

（1）人工湖的基址　应选择土质细密、土层厚实、渗透力不大的地方作为湖址，如果渗透力较大，必须采取工程措施设置防漏层。

（2）人工湖的驳岸与护坡　人工湖需要有稳定、美观的岸线，为防止水岸坍塌而影响水体，应在水体的边缘修筑驳岸或进行护坡处理。

① 驳岸　园林驳岸是一面临水的挡土墙，是在园林水体边缘与陆地交界处，为稳定岸壁、保护湖岸不被冲刷、防止岸壁坍塌而建造的水工构筑物。驳岸又分为砌石驳岸、桩基驳岸。

砌石驳岸是园林工程中最为主要的护岸形式。它主要依靠墙身自重来保护岸壁的稳定，抵抗墙后土壤的压力。是由基础、墙身、压顶三部分组成。

基础是驳岸的承重部分，上部重量经基础传给地基，因此，要求基础坚固，基础宽度要求在驳岸高度的0.6 ～ 0.8倍的范围内，如果土质较松，必须作基础处理。

墙身是基础与压顶之间的主体部分，多用混凝土、毛石、砖砌筑。墙身承受压力最大，主要包括垂直压力、水的水平压力及墙后土壤的侧压力，因此，要确保墙身有一定的厚度。墙体高度可根据最高水位和水面浪高来确定。由于墙体土体压力和地基沉降不均匀变化，应设置沉降缝。为避免因温差变化而引起墙体破裂，一般每隔10 ～ 25m设一道伸缩缝，缝宽20 ～ 30mm。岸顶以贴近水面为好，便于游人接近水面，并显得蓄水丰盈饱满。

压顶为驳岸的最上部，其作用是阻止墙体土壤流失，增强驳岸稳定，美化岸线。压顶用混凝土或大块石做成，宽度为30 ～ 50cm。如果水体水位变化大，即雨季水位很高，平时水位较低，可将岸壁迎水面做成台阶状，以适应水位的升降。

桩基驳岸是水景工程常用的一种处理手法。基础桩的主要作用是增强驳岸的稳定，防止驳岸滑落或倒塌，同时可加强地基的承载力。其特点是：坚实土层或基岸位于松土层下，桩尖打下去，通过桩尖将上部荷载传给下面的基岸或坚实土层；若桩打不到基岩处，则利用摩擦桩，借木桩侧表面与泥土间的摩擦力将荷载传到周围的土层中，以达到控制驳岸沉陷的目的。

桩基驳岸由桩基、碎填料、盖桩石、混凝土基础、墙身和压顶等部分组成。碎填料多用石块，填于桩间，主要是保持木桩的稳定。盖桩石为桩顶浆砌的条石，作用是找平桩顶，以便浇灌混凝土基础。基础以上部分与砌石驳岸相同。

② 护坡　护坡是保护坡面、防止雨水径流冲刷及风浪拍击对岸坡造成破坏的一种水工措施。护坡可采用以下三种方法。

a. 草皮护坡：适于坡度为1∶5 ～ 1∶20的湖岸缓坡，即在坡面种植草皮，利用草根固土，使土坡能够保持较大的坡度而不滑坡。可用假俭草、狗芽根等耐水湿、根系发达、生长快、生存能力强的草种。

b. 灌木护坡：适于大水面旁平缓的坡岸。护坡灌木应具有速生、根系发达、株矮常绿等特点。

c. 铺石护坡：在坡岸较陡、风浪较大的情况下，或因造景需要，在园林中常使用铺石护坡，护坡的石料最好选用密度大、吸水率小的花岗岩、石灰岩、砂岩等。

## （二）瀑布工程

1.瀑布的构成

瀑布一般由背景、水源、落水口、瀑身、承水潭五部分构成。人造瀑布常以山体上的树木、山石组成浓郁的背景，上游积聚的水或水泵动力提上的水流至落水口，落水口也称瀑布口，其形状和光滑程度影响到瀑布水态，其水流量是瀑布设计的关键，瀑布承水潭宽度至少应是瀑布高度的2/3，以免水花溅出，且保证落水点为承水潭的最深部位。如需安装照明设备，其基本水深应在30cm左右。

2.瀑布的类型

按瀑布的跌落方式分，有直瀑、分瀑、跌瀑、滑瀑4种。

按瀑布口的设计形式分，有布瀑、带瀑、线瀑3种。

3.瀑布施工

瀑布施工流程：放线—管线安装—蓄水池施工—承水潭施工—瀑布装饰—试水。

（1）现场放线　进行现场踏查，熟悉施工设计图样，用测量仪器进行现场放线。

（2）管线安装　埋地管可结合基础施工同步进行，出水口的位置要求准确。

（3）顶部蓄水池施工　要特别注意防水处理。

（4）承水潭施工　要注意夯实地基，并确定好溢水管和泄水管的位置。

（5）瀑布落水口的处理　这是瀑布施工的关键。为保证瀑布效果，要求堰口水平光滑。

（6）瀑布装饰与试水　根据设计的要求对瀑道和承水潭进行必要的点缀。最后要进行试水。

# 四、园路铺装工程

## （一）园路的线形

园路工程在我国已有悠久的历史。在我国古典园林中的道路，多以砖、瓦、卵石、碎瓷片等组成各种图案，即经济实用，又美观大方。在现代园林中，除继承传统的铺路手法外，还出现了不少用新材料、新工艺建筑的新型路面，为园林增色不少。

1.园路的作用

园路是园林中的脉络，它联系着全园的各个景点，是构成园景的重要因素，具体作用如下。

（1）引导游览　园路能组织园林风景的动态序列，它能引导人们按照设计的意愿、路线和角度来欣赏景物的最佳画面，能引导人们到各功能分区。

（2）组织交通　园路承担了游客的集散、疏导，满足园林绿化、建筑维修、养护、管理等工作的运输任务和安全、防火、职工生活、公共餐厅、小卖部等园务工作的运输任务。

（3）组织空间，构成景色　园林中常常利用地形、建筑、植物或道路把全园分隔成各种不同功能的景区，同时又通过道路，把各个景区联系成一个整体。并且园路优美的曲线、丰富多彩的路面铺装，可与周围的山、水、建筑、花草、树木、石景等景物紧密结合。

（4）奠定水电工程的基础　园林中的给排水、供电系统常与园路相结合，所以在园路设计时也要考虑到这些因子。

2.园路的类别

园路根据划分依据的不同可以有许多不同的分类体系。常用的分类方法有以下两种。

（1）依游览通行的功能分类

①主要园路　景园内的主要道路，从园林景区入口通向全园各主景区、广场、公建、观景点、后勤管理区，形成全园骨架和环路，组成导游的主干路线，并能适应园内管理车辆

的通行要求。主要园路要求路面坚固，宽度在4m以上。路面铺装以水泥路和沥青路为主。

② 次要园路　是主园路的辅助道路，网状连接各景区内景点景观建筑，车辆可单向通过，为园内生产管理和运输服务。路宽可为主园路的1/2，自然曲度大于主园路，以优美舒展和富有弹性的曲线线条构成有层次的风景画面。次要园路宽度在2～4m，路面铺装的形式比较多样。

③ 游憩小路　是园路系统的最末梢，是供游人休憩、散步、游览的通幽曲径。可通达园林绿地的各个角落，是通达广场、园景的捷径，允许有手推童车通行，宽度在0.8～1.5m，并结合园林植物小品建设和起伏的地形，形成亲切自然游览步道。这类小路不允许车辆驶入。

（2）按铺装材料分

① 整体路面：包括水泥混凝土路面和沥青混凝土路面。这类路面也称为胶结路。

② 块料路面：包括各种天然块料和各种预制块料铺装的路面。

③ 碎料路面：用各种碎石、瓦片、卵石等组成的路面。

④ 简易路面：由煤屑、三合土等组成的路在。多用于临时性或过渡性园路。

（3）园路断面组成及坡度

① 园路断面：由路基和路面两大部分组成。而路面包括垫层、基层、面层三部分。

a.路基：整个道路的基础。要求有一定的强度和稳定性。因此，做路基的土壤要求密实、透水。

b.路面

垫层：又称为结合层，其作用是加强路面表面及排除园路积水。

基层：它的作用是把面层所受到的压力传到路基，因此基层要求耐压，不受外界环境影响。

面层：面层在园路的最表面，直接承受载重和磨损。

② 道路的横坡　即路面横向坡度，又称为路拱。其作用是使路面上的水迅速排向边沟。道路横坡一般为2%～3%。

3.园路路面铺装设计

（1）园路路面铺装的艺术设计　路面应有装饰性，纹样设计要求色彩协调，考虑质感对比和尺度划分，同时图案设计讲求个性，要遵循以下原则。

① 整体统一原则　地面铺装的材料、质地、色彩、图纹等都要协调统一，不能有割裂现象，要坚持突出主体，主次分明。

② 简洁实用原则　铺装材料、造型结构、色彩图纹的采用不要太复杂，应适当简单一些，以便于施工。

③ 形式与功能统一原则　铺地的平面形式和透视效果与设计主题相协调，烘托环境氛围。

④ 园路路面应有柔和的光线和色彩，减少反光、刺眼感觉，如可用各种条纹水泥混凝土砖按不同方向排列，以产生很好的光彩效果，使路面既朴素又丰富，并且减少了路面反光的强度。

⑤ 路面应与地形、植物、山石等配合。

⑥ 在进行路面图案设计时，应与景区的意境相结合，既要根据园路所在的环境选择路面的材料、质感、形式、尺度，同时还要研究路面图案的寓意、趣味，使路面更好地成为园景的组成部分。

⑦ 设计时应考虑就地取材，物美价廉又接近自然。充分重视废料和新材料的引入，低材高用。

（2）常见园路铺装类型

① 整体路面　主要是沥青混凝土或水泥混凝土铺筑的路面，平整度好，耐压、耐磨，施工和养护管理简单，多用于公园主次园路或一些附属道路。

② 块料路面　用规则或不规则的石材、砖、预制混凝土块做路面面层材料，一般结合层要用水泥砂浆，起路面找平和结合作用。这类铺地适用于园林中的游步道、次路等，也是现代园林中应用比较普遍的形式之一。

③ 卵石路面　是园林中最常用的一种路面面层材料，一般用于公园游步道或小庭园中的道路。

④ 嵌草　是把天然石块和各种形状的预制水泥混凝土块铺成冰裂纹或其他花纹，铺筑时在块料间留3～5cm的缝隙，填入培养土，然后种草。

⑤ 步石　在自然式草地或建筑附近的小块绿地上，可以用一至数块天然石块预制成圆形、树桩形、木纹板形等混凝土块，自由组合于草地之中。

⑥ 汀步　即在水中设置步石，使游人可以平水而过。

⑦ 磴道　即利用天然山石、露岩等凿出的或用水泥混凝土仿树桩、假石等塑成的上山的道路。

⑧ 木栈道　选择耐久性强的木材，或加压注入的防腐剂对环境污染小的木材，并应在木材表面涂饰防水剂、表面保护剂，且最好每两年涂刷一次着色剂。

### （二）园路工程施工

#### 1.修筑路槽

在修建各种路面之前，应在要修建的路面下先修筑铺路面用的浅槽，经碾压后使用，使路面更加稳定、坚实。

一般路槽有挖槽式、培槽式和半挖半培式三种，修筑时可由机械或人工进行。通常按设计路面的宽度，每侧放出20cm挖槽，路槽的深度应等于路面的厚度，槽底应有2%～3%的横坡度。路槽做好后，在槽底上洒水，使其潮湿，然后用蛙式跳夯2～3遍。

在低温和雨季施工时应注意以下问题。

低温施工必须编制低温施工组织设计。尽量做到当日挖至规定深度（或培垫高度），及时碾压成形。尽量利用土壤的天然含水量进行压实，不要另行洒水。培槽式的路肩培土，应在培垫前清除原地面冰雪，而且不能用冻土壤填筑。若条件限制只能用冻土块填筑时，冻土块间的空隙应用干土灌满填实。

雨季施工时要提前预防，安排计划应集中力量，采取分段突击方法，在雨前做到碾压坚实。为了防止施工期间路槽积水，应每隔6～10m在路肩处挖一道横沟，以便排水，逐层铺筑路面，逐层填实。挖方工程段应注意疏通边沟，以利路槽积水能通过横沟排除。雨后要随时疏通横沟、边沟，以保证排水良好。如路槽因雨水造成翻浆时，应立即挖除换土或用石灰土、砂石等进行处理。处理翻浆应分段进行，切忌全线挖开。挖翻浆应彻底，全部挖出软泥。小片翻浆相距较近时，应一次挖通处理。路槽在雨后严禁交通，施工人员也不能乱踩，以免扩大破坏范围。

#### 2.基层施工

（1）干结碎石基层　是指在施工过程中，不洒水或少洒水，依靠充分压实及用嵌缝料充分嵌挤，使石料间紧密锁结构成的具有一定强度的结构。材料要求石料强度不低于八级，软硬不同的石料不能掺用。碎石最大粒径视厚度而定，一般不宜超过厚度的0.7倍，50mm以上的大粒料占70%～80%，0.5～20mm粒料占5%～15%，其余为中等粒料。要做的准备工作包括清理路槽内浮土杂物，对于出现的个别坑槽等应予以修理。补打沿线边桩、中桩，以便随时检查标高、宽度、路拱。在备料中，就注意材料的质量，大、小料应分别整齐堆放在路外料场上或路肩上。

基层施工程序：摊铺碎石—稳压—撒填充料—压实—铺撒嵌缝料—碾压。

① 摊铺碎石　摊铺虚厚度为压实厚度的1.1倍左右。

② 稳压　先用10～12t压路机碾压，碾速宜慢，25～30m/min，后轮重叠宽1/2，先沿整修过的路肩一齐碾压，往返压两遍，即开始自路面边缘压至中心。碾压一遍后，用路拱板及小线绳检验路拱及平整度。局部不平处要去高垫低。

③ 撒填充料　将粗砂或灰土（石灰剂量8%～12%）均匀撒在碎石层上，用竹扫帚扫入碎石缝内，然后用洒水车或喷壶均匀洒一次水。水流冲出的空隙再以砂或灰土补充，至不再有空隙并露出碎石尖为止。

④ 压实　用10～12t压路机继续碾压，碾速稍快，60～70m/min，一般碾4～6遍（视碎石软硬而定），切忌碾压过多，以免石料过于破碎。

⑤ 铺撒嵌缝料　大块碎石压实后，立即用10～21t压路机进行碾压，一般碾压2～3遍，碾压至表面平整稳定且无明显边迹为止。

⑥ 碾压　嵌缝料扫匀后，立即碾压。

（2）天然级配砂砾基层　天然级配砂砾基层是用天然的低塑性砂料，经摊铺整型并适当洒水碾压后所形成的具有一定密实度和强度的基层结构。其一般厚为10～20cm，若厚度超过20cm，应分层铺筑。适用于园林中各级路面，尤其是有荷载要求的嵌草路面如草坪停车场等。

砂砾材料要求颗粒坚韧，大于20mm的粗骨料含量达40%以上，其中最大料径不大于基层厚度的0.7倍，即使基层厚度大于14cm，砂石材料最大料径一般也不得大于10cm。5mm以下颗粒含量应小于35%，塑性指数不大于7。

施工前需要做准备工作包括检查和整修运输砂砾的道路，对于沿线已遗失或松动的测量桩橛要进行补打或补修。对于砂料的质量和数量要进行检查。若为平地机摊铺，粒料场选好后，用汽车或其他运输工具随用随运，也可预先备在路边上。若为人工摊铺，粒料可按条形堆放在路肩上。

施工程序：摊铺砂石—洒水—碾压—养护。

① 摊铺碎石　砂石材料铺前，最好根据材料的干湿情况，在料堆上适当洒水，以减少摊铺时粗细料分离的现象。虚铺厚度随颗粒级配、干湿情况不同而不同，一般为压实厚度的1.2～1.4倍。可用平地机摊铺也可人工摊铺。

② 洒水　摊铺完一段（200～300m）后用洒水车洒水（无洒水车用喷壶代替），用水量应以使砂石料全部湿润又不致使路槽发软为度。

③ 碾压　洒水后待表面稍干时，即可用10～12t压路机进行碾压。碾速60～70m/min，后轮重叠宽1/2，碾压方法与干碎石同。碾压1～3遍初步稳定后，用路拱板及小线检查路拱及平整度，及时去高垫低，一般掌握宁低勿高的原则。

④ 养护　碾压完后，可立即开放交通，要限制车速，控制行车全幅均匀碾压，并派专人洒水养护，使基层表面经常处于湿润状态，以免松散。

3. 结合层施工

一般用水泥、白泥、砂混合砂浆或白灰泥砂浆。砂浆摊铺宽度应大于铺装面，已混合好的砂浆应当日用完。也可用粗砂均匀摊铺而成。特殊的石材铺地，如整齐石块和条石块，结合层采用水泥砂浆。

4.面层施工

在完成的路面基层上，重新定点、放线，每10m为一施工段落，根据设计标高、路面宽度定放边桩、中桩，打好边线、中线。设置整体现浇路面边线处的施工挡板，确定砌块路面的砌块列数及拼装方式。面层材料运入现场。现以水泥混凝土面层施工为例。

① 核实、检验和确认路面中心线、边线及各设计标点正确无误。

② 若是钢筋混凝土面层，则按设计选定钢筋并编扎成网。钢筋网接近顶面设置要比在底部加筋更能保证防止表面开裂，也更便于充分捣实混凝土。

③ 按设计的材料比例，编配、浇筑、夯实混凝土，并用长1m以上的直尺将顶面刮平。顶面稍干一点，再用抹灰尘砂板抹平至设计标高。施工中要注意做出路面的横坡和纵坡。

④ 混凝土面层施工完成后，应及时开始养护。养护期为7d以上，冬季施工后的养护期还应更长些。

⑤ 水泥路面装饰方法有很多种，要按照设计的路面铺装方式来选用合适的施工方法。

## 五、假山工程

人工假山是指在传统灰塑和假山的基础上，采用混凝土、玻璃钢、有机树脂等现代材料和石灰、砖、水泥等非石材料人工塑造假山。假山有许多优点，如可节省采石、运石工序，造型不受石材限制，体量可大可小，施工期短和见效快等；缺点在于混凝土硬化后表面有细小的裂纹，表面皴纹的变化不如自然山石丰富，使用期不如石材长等。

### （一）施工程序

1.基础施工

假山基础施工可以不用开挖地基而直接将地基夯实后做基础层，既可减少土方工程量，又可节约山石材料。如假山设计中要求开挖基槽，应先挖基再做基础。

在做基础时，一般应先将地基土面夯实，再按设计摊铺和压实基础的各结构层，只有做桩基础可以不夯实地基，而直接打下基础桩。

打桩基时，桩木按梅花形排列，称“梅花桩”。桩木相互的间距约为20cm。桩木顶端可露出地面或湖底10～30cm，其间用小块石嵌紧嵌平，再用平整的花岗石或其他石材铺一层在顶上，作为桩基的压顶石。或不用压顶石而在桩基的顶面用一层灰土平铺并夯实，做成灰土桩基也可以。混凝土桩基的做法和木桩桩基一样，也有在桩基顶上设顶石与设灰土层2种做法。

如果是灰土基础的施工，则要先开挖基。基的开挖范围按地面绘出的基础施工边线确定，即应比假山山脚线宽50cm。桩基一般挖深为50～60cm。基槽挖好后，将槽底地面夯实，再填铺灰土做基础。灰土基础所用石灰应选新出窑的块状灰，在施工现场浇水化成细灰后再使用。灰土中的泥土一般就地采用素土，泥土应整细、干湿适中，土质黏性稍强的比较好。灰、土应充分混合，铺一层（一步）就要夯实一层，不能几层铺下后只作一层来夯实，顶层夯实后，一般还应将表面找平，使基础的顶面成为平整的表面。

浆砌石基础施工，其块石基础的基槽宽度也和灰土基础一样，要比假山底面宽50cm左右。基槽地面夯实后，可用碎石、灰尘土或水泥干沙按一定比例铺在地面做一个垫层。垫层之上再做基础层。做基础用的块石应为棱角分明的、质地坚实的、有大有小的石材，一般用水泥砂浆砌筑。用水泥砂浆砌筑块石可采用浆砌与灌浆两种方法。浆砌就是用水泥砂浆将块石逐块拼砌；灌浆则是先将块石嵌紧铺装好，然后再用稀释的水泥砂浆倒在块石层上面，并促使其流动灌入块石的每条缝隙中。

混凝土基础的施工也比较简便。首先，挖掘基础的槽坑，挖掘范围按面基础施工边线，挖槽深度一般可按设计的基础层厚度，但在水下做假山基础时，基槽的顶应低于水底10cm左右。基槽挖成后夯实底面，再按设计做好垫层。然后，按照基础设计所规定的配合比，将水泥、砂和卵石搅拌配制成混凝土，浇筑于基槽中并捣实铺平。待混凝土充分凝固硬化后，即可进行山脚施工。

2.山脚施工

假山山脚直接落在基础之上，是假山的起始部分。山脚施工的主要工作内容是拉底、起脚和做脚三部分。这三方面的工作是紧密联系在一起的。

（1）拉底

① 定义和分类。拉底是在山脚线范围内砌筑第一层山石，即做出垫底的山石层。假山拉底的方式有满拉底和周边拉底两种。

满拉底就是在山脚线的范围内用山石铺一层。这种拉底的做法适宜规模较小、山底面积也较小的假山，或在北方冬季有冻胀破坏地方的假山。

周边拉底就是先用山石在假山山脚沿线砌成一圈垫底石，再用碎石碎砖或泥土将石圈内全部填起来，压实后即成为垫底的假山底层。这一方式适合基底面积较大的大型假山。

② 山脚线的处理。拉底形成的山脚边线也有两种处理方式：露脚方式和埋脚方式。

露脚是在地面上直接做起山底边线的垫脚石圈，使整个假山就像是放在地上似的。这种方式可以减少山石的用量和用工量，但假山的山脚效果稍差一些。

埋脚是将山底周边垫底山石埋入土下约20cm深，可使整座假山仿佛是从地下长出来似的。在石边土中栽植花草后，假山与地面的结合就更加紧密、更加自然了。

在拉底施工中要注意：第一，要注意选择适合的山石来做山底，不得用风化过度松散的山石。第二，拉底的山石底部一定要垫平垫稳，保证不能摇动，以便于向上砌筑山体。第三，拉底的石与石之间要紧连互咬，紧密地扣合在一起。第四，山石之间还是要不规则地相间，有断有连。第五，拉底的边缘部分，要错落变化，使山脚线弯曲时有不同的半径，凹进时有不同的凹深和凹陷宽度，要避免山脚的平直和浑圆形状。

（2）起脚　在垫底的山石层上开始砌筑假山，称为起脚。

① 起脚边线的做法可采用点脚法、连脚法或块面脚法。

所谓点脚就是先在山脚线处用山石做成相隔一定距离的点，点与点之上再用片状石或条状石盖上，这样，就可在山脚的一些局部造出小的洞穴，加强了假山的深厚感和灵秀感。

连脚法就是做山脚的山石依据山脚的外轮廓变化，呈曲线状起伏连接，使山脚具有连续、弯曲的线形。一般的假山都常用这种连续做脚方法处理山脚。采用这种山脚做法，主要应注意使做脚的山石以前错后移的方式呈现不规则的错落变化。

块面脚法这种脚也是连续的，但与连脚法不同的是，块面脚要使做出的山脚线呈现大进小退的形象，山脚突出部分与凹进部分各自的整体感都要很强，而不是像连脚法那样小幅度的曲折变化。

② 起脚的技术要求。起脚石直接作用于山体底部的垫脚石，它和垫脚石一样，都要选择质地坚硬、形状安稳、少有空穴的山石材料，以保证能够承受山体的重压。

除了土山和带石土山之外，假山的起脚安排宜小不宜大，宜收不宜放。起脚一定要控制在地面山脚线的范围内，宁可向内收一些，也不要向山脚线外突出。

起脚时，定点、摆线要准确。先选到山脚突出点的山石，并将其沿着山脚线先砌筑上，待多数主要的突出点山石都砌筑好了，再选择和砌筑平直线、凹进线处所用山石。这样，既保证了山脚线按照设计侧于弯曲转折状，避免山脚平直，又使山脚突出部位具有最佳的形状和最好的皴纹，增加了山脚部分的景观效果。

（3）做脚　是用山石砌筑成山脚，它是在假山的上面部分山形山势大体施工完成以后，于紧贴起脚石外缘部分拼叠山脚，以弥补起脚造型不足的一种操作技法。

① 凹进脚　山脚向山内凹进，随着凹进的深浅宽窄不同，脚坡做成直立、陡坡或缓冲坡都可以。

② 突出脚　是向外突出的山脚，其脚坡可做成直立状或坡度较大的陡坡状。

③ 断连脚　山脚向外突出，突出的端部与山脚本体部分似断似连。

④ 承上脚　山脚向外突出，突出部分对着其上方的山体悬垂部分，起着均衡上下重力和承托山顶下垂之势的作用。

⑤ 悬底脚　局部地方的山脚底部做成低矮的悬空状，与其他非悬底山脚构成虚实对比，可增强山脚的变化。这种最适于用在水边。

⑥ 平板脚　片状、板脚山石连续地平放山脚，做成如同山边小路一般的造型，突出了假山上下的横竖对比，使景观更为生动。

### （二）假山分类

人工塑山根据其结构骨架材料的不同可分为钢筋铁丝结构骨架塑山和砖石结构骨架塑山。

钢筋铁丝网塑石构造假山，适用于大型假山的塑造。先用钢筋编扎成山石的模胚形状，作为其结构骨架。钢筋的交叉点用电焊焊牢，然后再用铁丝网蒙在钢筋骨架外面，并用细铁丝扎牢。接着用粗砂配制的水泥砂浆，从内外两面进行抹面。一般要抹面2～3遍，使塑石的石面壳体总厚度达4～6cm。采用这种结构形式的塑山作品，山内一般是空的，故不能受猛烈撞击，否则山石容易遭到破坏。

砖石填充物塑石构造假山，适用于小型塑山及塑石。先用废旧砖石材料砌筑，砌体的形状大致与设计石形差不多。可在砌体内砌出内空的石室，然后用钢筋混凝土板盖顶，留出门洞和通气口，这样可节省材料。当砌体胚形完全砌筑好后，用水泥砂浆，仿照自然山石石面进行抹面。以这种结构形式做成的人工塑石，石内有实心的，也有空心的。

### （三）塑山（假山）施工的技术要点

#### 1.基架设置

根据山形、体量选择塑山的基架结构，如砖石基架结构、钢筋铁丝网基架结构。对于山形变化较大的部位，可结合钢筋砼悬挑。坐落在地面的塑山要有相应的地基处理，坐落在室内的塑山则须根据楼板的构造和荷载条件进行结构计算。施工中应在主基架的基础上加大支撑体系的框架密度，使框架的外形尽可能接近设计的山体形状。

#### 2.泥底塑底

塑山骨架完成后，若为钢筋骨架，则应先抹白水泥麻刀灰两遍，再堆抹混凝土，并于其上进行山石皴纹造型；若为砖石骨架，则以混合砂浆打底，然后于其上进行山石皴纹造型。

#### 3.塑面

塑面是指在塑体表面进一步细致地刻画石的质感、色泽、纹理等。质感和色泽可根据设计要求，用石粉、色粉按适当比例配白水泥或普通水泥调成砂浆，按粗糙、平滑、拉毛等塑面手法进行处理。纹理的塑造，一般来说有三种情况：直纹为主、横纹为辅的山石；横纹为主、直纹为辅的山石；综合纹样的山石。

#### 4.设色

设色应在塑面水分未干透时进行，基本色调用颜料粉和水泥加水拌匀，逐层洒染。在石缝孔洞或阴角部位略洒稍深的色调，待塑面九成干时，在下陷处洒上少许绿、黑等疏密、大小不同的斑点，以增强立体感和自然感。近年来，人们将真石漆用在塑山最后一道工序上，发现效果不错，但要求塑面养护15d以上，才可喷漆。

石色泥浆的配制方法主要有以下两种。

用彩色水泥直接配制。如塑红石假山时采用红色水泥，塑黄石假山则用黄色水泥。此法简便易行，但色调过于呆板和生硬，且颜色种类有限。

设色水泥中掺加颜料。此法可配制成各种石色，且色调较为自然逼真，但技术要求高，操作也比较繁琐。

## 六、绿化种植工程

绿化是园林建设的主要组成部分。没有绿的环境，是不可能称其为园林的。按照建设施工程序，先理水，再改造地形、辟筑道路、铺装场地、营造建筑、构筑工程设施，而后实施绿化。绿化工程就是按照设计要求，植树、栽花、铺草并使其成活，尽早发挥效果。

### （一）园林种植

种植，就是人为地栽种植物。

生物是自然界能量转化和物质循环的必要环节。植物的活动及其产物，与人类经济文化生活关系极其密切，衣、食、住、行、医药和工业原料以及改造自然如防沙造林、水土保持、城镇绿化、环境保护等，都离不开植物。

人类种植植物的目的，除了依靠植物的栽培成长，取得收获物以外，另一个目的就是植物的存在对于人类的影响。前者为农业、林业的目的，后者为风景园林、环境保护的目的。

园林种植是利用植物形成环境和保护环境，构成人类的生活空间。这个空间，小则从日常居住场所开始；大则风景区、自然保护区乃至全部国土范围。

### （二）园林种植的特点

园林种植是利用有生命的植物材料来构成空间，这些材料本身就具有“生物的生命现象”的特点，包括生长及其他功能。目前，生命现象还没有充分研究解释清楚，还不能充分地进行人工控制，因此，园林种植有其困难的一面。

植物材料在均一性、不变性、加工性等方面不如人工材料。相反地，由于它有萌芽、开花、结果、叶色变化、落叶等季节性变化，生长而引起的年复一年的变化以及形态、色彩、种类的多样性等特征，又是人工材料所不及的。充分了解植物材料生长发育变化规律，以达到人为控制，是可能的。例如，树木的生长度（生长的程度），依树种不同而不同。即使是同一树种，也要看树龄、当地条件、人为的情况如何，不能一概而论。但是，了解树木的生长度在栽植时是十分必要的。树木全年的生长度，春芽的生长在5～6月份结束，某些树木（如橡树类），夏芽在5～6月份以后才生长。树木在地表上和地下部（根部）的生长期，稍微有些不同。以上规律对种植期的确定以及在种植中应采取的技术措施均提供了理论依据。

### （三）影响植物成活的因素

植物移植的时候，总会使根部受到不同程度的损伤，其结果造成植株地上部分和地下部分生理失去平衡，往往使移植不成功。

移植时植物枯死的最大原因，是由于根部不能充分吸收水分。茎、叶蒸腾量大，水的收支失去平衡所致。植物体蒸腾的部位是叶的气孔、叶的表皮和枝干的皮孔。其中，叶的气孔蒸腾量为全部蒸腾量的十分之八九，叶表皮的蒸腾量为全部的十分之一以下，枝茎皮孔的蒸腾量不过数十分之一。所以，当植物体处于缺水状态时，叶的气孔封闭了，叶的表皮和枝茎皮孔的蒸腾就成了问题的焦点。

根部吸收水分的功能主要靠须根顶端的根毛，须根发达，根毛多，吸收能力强，移植前能经过多次断根处理，促使其原土内的须根发达，移植时由于带有充足的根土，就能保证成活。此外，当根部处于容易干燥的状态时，植物体内的水分由茎叶移向根部。若不能改变根部干燥的状态，便使茎叶日趋干燥。当茎叶水分损失超越水分生理补偿点后，枝茎干枯，树叶脱落，芽变干缩。至此，植株死亡，植株成活可能性极小。再者，在移植的时候根被切断、根毛受损伤，树整体的吸收能力下降，这时，老根、粗根均会通过切口吸收水分，有利于水分收支平衡。

根的再生能力是靠消耗树干和树冠下部枝叶中储存物质产生的。所以，最好在储存物质多的时期进行移植。

移植的成活率，依据根部有无再生力、树体内储存物质的多寡、曾断根否、移植时及移植后的技术措施是否适当等而有所不同。

**（四）移植期**

移植期是指栽植树木的时间，可以说，全年均可进行移植，特别是在科技发达的今天，更有充分把握做到这点。树木是有生命的机体，在一般情况下，夏季树木生命活动最旺盛，冬天生命活动最微弱或近乎休眠状态，因此树木种植是有很明显的季节性的。选择树木生命活动最微弱的时候进行移植，才能保证树木的成活。

在寒冷地区以春季种植比较适宜。特别是在早春解冻发芽以前，这个时期土壤内水分充足，新栽的树木容易发根。到了气候干燥和刮风的季节，或是气温突然上升的时候，由于新栽的树木已经长根成活，已具有抗旱、抗风的能力，可以正常成长。

在气候比较温暖的地区以秋末冬初种植比较相宜。这个时期的树木落叶后，对水分的需求量减少，而外界的气温还未显著下降，地温也比较高，树木的地下部分并没有完全休眠，被切断的根系能够尽早愈合，继续生长新根。到了春季，这批新根既能继续生长，又能吸收水分，可以使树木更好地生长。

华北地区大部分落叶树和常绿树在3月上中旬至4月中下旬种植。常绿树、竹类和草皮等，在7月中旬左右进行雨季栽植。秋季落叶后可选择耐寒、耐旱的树种，用大规格苗木进行栽植。这样可以减轻春季植树的工作量。一般常绿树、果树不宜秋天栽植。

华东地区落叶树的种植，一般在2月中旬至3月中下旬，在11月上旬至12月中下旬也可以。早春开花的树木，应在11～12月份种植。常绿阔叶树以3月下旬种植为宜，梅雨季节（9～10月）进行种植也可以。香樟、柑橘等以春季种植为好。针叶树春、秋都可以栽种，但以秋季为好。竹子一般在9～10月份种植为好。

东北和西北北部严寒地区，在秋季树木落叶后，土地封冻前，种植成活更好。冬季采用带冻土移植大树，其成活率也很高。

由于某些工程的特殊需要，也常常在非植树季节栽植树木，这就需要采取特殊处理措施。随着科学技术的发展，大容器育苗和移植机械的推出，全年栽植已成事实。

**（五）栽植对环境的要求**

植物的自然分布和气温有密切关系，不同的地区，就应选用能适应该区域条件的树种。实践证明，当日平均气温等于或略低于树木生物学最低温度时，栽植成活率高。

植物的同化作用，是光反应，所以除二氧化碳和水以外，还需要波长为460～760nm的绿色和红色光。

一般光合作用的速度，随着光的强度的增加而加强。弱光时，光合作用吸收的二氧化碳和其呼吸作用放出的二氧化碳是同一数值时，这个数值称为光饱和点。

植物的种类不同，光饱和点也不同。光饱和点低的植物耐荫，在光线较弱的地方也可以生长。反之，光饱和点高的植物喜阳，在光线强的情况下，光合作用增强；在光线弱的情况下，光合作用减弱，甚至不能生育。

土壤是树木生长的基础，它是通过水分、肥分、空气、温度等来影响植物生长的。适宜植物生长的最佳土壤是：矿物质45%、有机质5%、空气20%、水30%（以上按体积比）。土壤中的土粒并非单独存在着，而是集合在一起，成为块状，最好是构成团粒结构。适宜植物生长的团粒大小为1～5mm，小于0.1mm的孔隙，根毛不能侵入。

土壤水分和土壤的物理组成有密切的关系，对植物生长有很大影响，它是植物从根毛吸收土壤盐分的溶剂，是叶内发生光合作用时水分的源泉，同时还能从地表蒸发水分，调节地温。

根据土粒和水分的结合力，土壤中的水分可分为吸附水、毛细水、重力水三种。其中，毛细水可供植物利用。当土壤不能提供根系所需的水分，植物就开始枯萎，达到永久枯萎点，植物就死亡，因此，在初期枯萎以前，必须开始浇水。在永久枯萎点时，不同土质的含水量不同。掌握土壤含水率，即可及时补水。

地下水位的高低，对深层土壤的湿度影响很大，种植草类必须在–60cm以下，最理想在–100cm，树木再深些更好。在水分多的湿地里，则要设置排水设施，使地下水下降到所要求的值。

植物在生长过程中所必需的元素有16种之多，其中碳、氧、氢来自二氧化碳和水，其余的都是从土壤中吸收的。一般说来，养分的需要程度和光线的需要程度是相反的。当阳光充足时，光合作用可以充分进行，养分较少也无妨碍；养分充足时阳光接近最小限度时，也可维持光合作用。

土壤养分充足对于种植的成活率、种植后植物的生长发育有很大影响。

树木有深根性和浅根性2种。种植深根性的树木需深厚的土壤，在移植大乔木时比小乔木、灌木需要更多的根土，所以栽植地要有较大的有效深度。

一般的表土，有机质的分解物随雨水一起慢慢渗入到下层矿物质土壤中去，土色带黑色，肥沃、松软、孔隙多，这样的表土适宜树木的生长发育。在改造地形时，往往是剥去表土，这样不能确保栽植树木有良好的生长条件。因而，应保存原有表土，在栽植时予以有效利用。此外，有很多种土壤不适宜植物的生长，如重黏土、砂砾土、强酸性土、盐碱土、工矿生产污染土、城市建筑垃圾等。因而如何改善土壤性状，提高土壤肥力，为植物生长创造良好的土壤环境则是一项重要工作。常用的改良方法有：通过工程措施，如排灌、洗盐、清淤、清筛、筑池等及通过栽培技术措施如深耕、施肥、压砂、客土、修台等方法。此外还可以通过生长措施改良土壤，如抗性强的植物、绿肥植物、养殖微生物等。

**（六）乔灌木种植工程**

1.种植前的准备

乔灌木种植工程是绿化工程中十分重要的部分，其施工质量的好坏，直接影响到景观及绿化效果，因而在施工前需要作好充分准备。

（1）明确设计意图及施工任务量　在接受施工任务后应通过工程主管部门及设计单位明确以下问题。

①工程范围及任务量。其中包括栽植乔灌木的规格和质量要求及相应的建设工程，如土方、上下水、园路、灯、椅及园林小品等。

②工程的施工期限。包括工程总的进度和完工日期以及每种苗木要求栽植完成日期。

③工程投资及设计概（预）算。包括主管部门批准的投资数额和设计预算的定额依据。

④设计意图。即绿化的目的、施工完成后所要达到的景观效果。

⑤了解施工地段的地上、地下情况，有关部门对地上物的保留和处理要求等；地下管线特别是要了解地下各种电缆及管线情况，与有关部门配合，以免施工时造成事故。

⑥ 定点放线的依据。一般以施工现场及附近水准点作为定点放线的依据，如条件不具备，可与设计部门协商，确定一些永久性建筑作为依据。

⑦ 工程材料来源。其中以苗木的出圃地点、时间、质量为主要内容。

⑧ 运输情况。行车道路、交通状况及车辆的安排。

（2）编制施工组织计划　在前项要求明确的基础上，还应对施工现场进行调查，主要项目有施工现场的土质情况，以确定所需的客土量；施工现场的交通状况，各种施工车辆和吊装机械能否顺利出入；施工现场的供水、供电；是否需办理各种拆迁，施工现场附近的生活设施等。根据所了解的情况和资料编制施工组织计划，其主要内容为：施工组织领导，施工程序及进度，制订劳动定额，制订工程所需的材料、工具及提供材料工具的进度表，制订机械及运输车辆使用计划及进度表，制订栽植工程的技术措施和安全、质量和要求；绘出平面图（在图上应标有苗木假植位置、运输路线和灌溉设备等的位置），制定施工预算。

若施工现场有垃圾、渣土、废墟建筑垃圾等要进行清除，一些有碍施工的市政设施、房屋树木要进行拆迁和迁移，然后可按照设计图纸进行地形整理，主要使其与四周道路、广场的标高合理衔接，使绿地排水通畅。如果用机械平整土地，则事先应了解是否有地下管线，以免机械施工时造成管线的损坏。

2.定点放线

定点放线即现场测出苗木栽植位置和株行距。由于树木栽植方式各不相同，定点放线的方法也有很多种，常用的有以下三种。

（1）自然式配置乔、灌木放线法

① 坐标定点法　根据植物配置的疏密度先按一定的比例在设计图及现场分别打好方格，在图上用尺量出树木在某方格的纵横坐标尺寸，再按此位置用皮尺量在现场相应的方格内。

② 仪器测放　用经纬仪或小平板仪依据地上原有基点或建筑物、道路将树群或孤植树依照设计图上的位置依次定出每株的位置。

③ 目测法　对于设计图上无固定点的绿化种植，如灌木丛、树群等可用上述2种方法划出树群树丛的栽植范围，其中每株树木的位置和排列可根据设计要求在所定范围内用目测法进行定点，定点时应注意植株的生态要求并注意自然美观。

（2）整形式（行列式）放线法　对于成片整齐式种植或行道树的放线法，也可用仪器和皮尺定点放线，定点放线的方法是先将绿地的边界、园路广场和小建筑物等的平面位置作为依据，量出每株树木的位置，钉上木桩，写明树种的名称。

一般行道树的定点是以路牙或道路的中心为依据，可用皮尺、测绳等，按设计的株距，每隔10株钉一木桩作为定位和栽植的依据，定点时如遇电线杆、管道、涵洞、变压器等障碍物应躲开，不应拘泥于设计的尺寸，而应遵照与障碍物相距的有关规定距离。

（3）等距弧线的放线　若树木栽植为一弧线，如街道曲线转弯处的行道树，放线时可从弧的开始到末尾以路牙或中心线为准，每隔一定距离分别画出与路牙垂直的直线，在此直线上，按设计要求的树与路牙的距离定点，把这些点连接起来就成为近似道路弧度的弧线，于此线再按株距要求定出各点来。

3.掘苗

（1）选苗　在掘苗之前，首先要进行选苗，除了根据设计提出对规格和树形的特殊要求外，还要注意选择生长健壮、无病虫害、无机械损伤、树形端正和根系发达的苗木。做行道树种植的苗木分枝点应不低于2.5m，选苗时还应考虑起苗包装运输的方便，苗木选定后，要挂牌或在根基部位划出明显标记，以免挖错。

（2）掘苗前的准备工作　起苗时间最好是在秋天落叶后或土冻前、解冻后均可，因此时正值苗木休眠期，生理活动微弱，起苗对它们的影响不大，起苗时间和栽植时间最好能紧密配合，做到随起随栽。

为了便于挖掘，起苗前1～3d可适当浇水使泥土松软，对起裸根苗来说也便于多带宿土，少伤根系。

（3）起苗方法　起苗时，要保证苗木根系完整。裸根乔、灌木根系的大小，应根据掘苗现场的株行距及树木高度、干径而定。一般情况下，乔木根系可按灌木高度的1/3左右确定，而常绿树带土球移植时，其土球的大小可按树木胸径的10倍左右确定。

起苗的方法常有两种：裸根起苗及土球起苗。裸根起苗的根系范围可比土球起苗稍大一些，并应尽量多保留较大根系，留些宿土。如掘出后不能及时运走，应埋土假植，并要求埋根的土壤湿润。

掘土球苗木时，土球规模视各地气候及土壤条件不同而各异。对于特别难成活的树种一定要考虑加大土球。土球的高度一般可比宽度少5～10cm。土球的形状可根据施工方便而挖成方形、圆形、长方的半球形等。但是要注意保证土球完好。土球要削光滑，包装要严，草绳要打紧不能松脱，土球底部要封严不能漏土。

4. 包装、运输和假植

落叶乔、灌木在掘苗后装车前应进行粗略修剪，以便于装车运输和减少树木水分的蒸腾。

苗木的装车、运输、卸车、假植等各项工序，都要保证树木的树冠、根系、土球完好，不应折断树枝、擦伤树皮和损伤根系。

落叶乔木装车时，应排列整齐，使根部向前，树梢向后，注意树梢不要拖地。装运灌木可直接装车。凡远离的裸根苗运送时，常把树木的根部浸入事先调制好的泥浆中然后取出，用蒲包、稻草、草席等包装，并在根部衬以青苔或水草，再用苫布或湿草袋盖好根部，以有效地保护根系而不致使树木干燥受损，影响成活。

装运高度在2m以下的土球苗木，裸根苗木可以平放地面，覆土或盖湿草即可，也可在距栽植地较近的背风处，事先挖好宽1.5～2m，深0.4m的假植沟，将苗木码放整齐，逐层覆土，将根部埋严。如假植时间过长，则应适量浇水，保持土壤湿润。土球苗木临时假植时应尽量集中，将树直立，将土球垫稳、码严，周围用土培好。如时间较长，同样应适量喷水，以增加空气湿度，保持土球湿润。此外，在假植期还应注意防治病虫害。

5. 挖种植穴

在栽苗之前应以所定的灰点为中心沿四周向下挖坑，坑的大小依土球规格及根系情况而定。栽土球苗的坑应比土球大16～20cm，坑的深度一般比土球高度稍深些（10～20cm），栽裸根苗的坑应保证根系充分舒展。坑的形状一般为圆形，但必须保证上下口大小一致。

种植穴挖好后，可在坑内填些表土，如果坑内土质差或瓦砾多，则要求清除瓦砾垃圾，最好是换新土。

6. 栽植

（1）栽植前的修剪　在栽植前，苗木必须经过修剪，其主要目的是为了减少水分的散发，保证树势平衡以保证树木成活。

修剪时其修剪量依不同树种的要求有所不同，一般对常绿针叶树及用于植篱的灌木不多剪，只剪去枯病枝、受挫枝即可。对于较大的落叶乔木，尤其是生长势较强、容易抽出新枝的树木如杨、柳、槐等可进行强修剪，树冠可剪去1/2以上，这样可减轻根系负担，维持树木体内的水分平衡，也使得树木栽后稳定，不致招风摇动。对于花灌木及生长较缓慢的树木进行疏枝，短截去全部叶或部分叶，去除枯病枝、过密枝，对于过长的枝条可剪去1/3 ～ 1/2。

修剪时要注意分枝点的高度。灌木的修剪要保持其自然树形，短截时应保持外低内高。

树木栽植之前，还应对根系进行适当修剪，主要是将断根、劈裂根、病虫根和过长的根剪去。修剪时剪口应平而光滑，并及时涂抹防腐剂以防过分蒸发、干旱、冻伤及病虫危害。

（2）栽植方法　苗木修剪后，即可栽植，栽植的位置应符合设计要求。

栽植裸乔、灌木的方法是一人将树干扶直，放入坑中，另一人将坑边的好土填入。在泥土填入1/2时，用手将苗木向上提起，使根茎交接处与地面相平，这样树根不易卷曲，然后将土踏实，继续填入好土，直到与地平或略高于地平为止，并随即将浇水的土堰做好。

栽植带土球树木时，应注意使坑深与土球高度相符，以免来回搬动土球。填土前要将包扎物去除，以利根系生长，填土时应充分压实，但不要损坏土球。

（3）栽植后的养护管理

① 栽植较大的乔木时，在栽植后应设去除支撑，以防浇水后大风吹倒苗木。

② 栽植树木后24h内必须浇水，水要浇透，使泥土充分吸收水分，树根紧密结合，以利根系发育。

③ 树木栽植后应时常注意树干四周泥土是否下沉或开裂，如有这种情况应及时加土填平踩实。此外，还应及时进行中耕，扶直歪树，并进行封堰，封堰时要使泥土略高于地面，要注意防寒，其措施应依树木的耐寒性及当地气候而定。

## 思考题

1. 园林地形的作用包括哪几部分？地形有哪些表达方法？
2. 园林给排水工程的组成有哪些？
3. 园林水景工程包括哪些？瀑布工程的施工流程如何？承水潭施工内容有哪些？
4. 简述园路的作用与类别，园路基层的施工程序与操作工艺。
5. 假山的种类有哪些？
6. 山脚施工的主要工作内容有哪些？山脚线如何处理？起脚如何做？
7. 园林种植的关键点有哪些？
8. 简述乔灌木种植掘苗程序。

# 参考文献

[1] 卢瑛，龚子同，张甘霖．南京城市土壤特性及其分类的初步研究[J]．土壤，2001，33（1）．
[2] 章家恩，徐　琪．城市土壤的形成特征及其保护[J]．土壤，1997（4）．
[3] 彭海平．园林绿化中地形的营造[J]．北京园林，2009，25（2）．
[4] 陈杰，李莉．自然式园林地形造型的基本原则和方法[J]．现代园艺，2006（10）．
[5] 褚泓阳，屈永健．园林艺术．西安：西北工业大学出版社，2002.
[6] 刘卫斌．园林工程[M]．北京：中国科学技术出版社，2003.
[7] 杨向青．园林规划设计[M]．南京：东南大学出版社，2004.
[8] 张志金．王艳红．园林构成要素事例解析——水体[M]．沈阳：辽宁科学技术出版社，2004.
[9] 徐峰．城市园林绿地设计与施工[M]．北京：化学工业出版社，2004.
[10] 魏开云．园林绿地中微地形处理研究[J]．西南林学院院报，2001.
[11] 管宁生．论造园中的地形改造[J]．西部林业科学，2005.
[12] 田园．景观规划设计审美思想的整合趋势——以长春净月潭风景林总体规划为例[J]．北京地景，2006.
[13] 王锋，曲璐，连志巧．园林绿化中微地形的处理[J]．河北林业科技，2009（2）．
[14] 曹洪虎．园林规划设计[M]．上海：上海交通大学出版社．2011.
[15] 卢新海．园林规划设计[M]．北京：化学工业出版社．2005.
[16] 臧德奎．园林植物造景．北京：中国林业出版社．2008.
[17] 许冲勇，翁殊斐，吴文松．城市道路绿地景观[M]．乌鲁木齐：新疆科学技术出版社，2005.
[18] 孙明．城市园林•园林设计类型与方法[M]．天津：天津大学出版社，2007.
[19] 赵世伟，张佐双．园林植物景观设计与营造2[M]．北京：中国城市出版社，2001.
[20] 赵世伟，张佐双．园林植物景观设计与营造4[M]．北京：中国城市出版社，2001.
[21] 杨永胜，金涛．现代城市景观设计与营建技术[M]．北京：中国城市出版社，2002.
[22] 梁永基，王莲清．居住区园林绿地设计[M]．北京：中国林业出版社，2002.
[23] （英）罗宾•威廉姆斯．小庭园设计[M]．郭春华，译．陈锡沐，译审．贵州：贵州科技出版社，2001.
[24] 郭春华，周厚高，欧阳秀明．水景设计[M]．绵阳：西南科技大学出版社，2005.
[25] 卢圣．植物造景[M]．北京：气象出版社，2004.
[26] 卢圣．图解园林植物造景与实例[M]．北京：化学工业出版社，2004.
[27] 朱钧珍．中国园林植物景观艺术[M]．北京：中国建筑工业出版社，2003.
[28] 耿欣．园林花卉应用[M]．武汉：华中科技大学出版社，2009.
[29] 李尚志．城市环境绿化景观[M]．广州：广东科技出版社，2003.
[30] 唐文跃．园林生态学[M]．北京：中国科学技术出版社，2006.
[31] 王玉晶．城市公园植物造景[M]．沈阳：辽宁科学技术出版社，2003.
[32] 车生泉．室内装饰植物[M]．北京：中国农业出版社，2002.
[33] 徐峰．花坛与花境[M]．北京：化学工业出版社，2008.
[34] 曹洪虎．园林规划设计[M]．上海：上海交通大学出版社，2011.
[35] 卢新海．园林规划设计[M]．北京：化学工业出版社，2005.
[36] 唐学山．园林设计[M]．北京：中国林业出版社，2008.
[37] 王晓俊．风景园林设计[M]．南京：江苏科学技术出版社，2009.
[38] 韩玉林．园林工程[M]．重庆：重庆大学出版社．2006.
[39] 赵兵．园林工程[M]．南京：东南大学出版社　．2011.
[40] 王良桂．园林工程与施工管理[M]．南京：东南大学出版社，2009.
[41] 潘福荣，王振超，胡继光．园林工程施工[M]．北京：机械工业出版社．2010.
[42] 李静．园林概论[M]．南京：东南大学出版社．2009.